U0396091

行走

苏州园林

Walking Around Suzhou Gardens

贺宇晨 著

苏州大学出版社
Soochow University Press

图书在版编目(CIP)数据

行走苏州园林/贺宇晨著. —苏州:苏州大学出版社,2015.9
ISBN 978-7-5672-1509-2

Ⅰ.①行… Ⅱ.①贺… Ⅲ.①古典园林-园林艺术-鉴赏-苏州市 Ⅳ.①TU986.625-33

中国版本图书馆 CIP 数据核字(2015)第 223808 号

书　　名	:	行走苏州园林
著　　者	:	贺宇晨
责任编辑	:	王　亮
出版发行	:	苏州大学出版社
社　　址	:	苏州市十梓街 1 号　邮编:215006
网　　址	:	http://www.sudapress.com
印　　刷	:	苏州工业园区美柯乐制版印务有限责任公司
开　　本	:	700 mm×1 000 mm　1/16
印　　张	:	17.25
字　　数	:	320 千
版　　次	:	2015 年 9 月第 1 版
印　　次	:	2015 年 9 月第 1 次印刷
书　　号	:	ISBN 978-7-5672-1509-2
定　　价	:	36.00 元

苏州大学版图书若有印装错误,本社负责调换
苏州大学出版社营销部　电话:0512-65225020

序 言

　　苏州有 2500 多年的建城历史,文化积淀更是丰厚浓重。苏州的人文典故、历史文化、城乡名胜、民风民俗等等,得用丛书的形式才可能讲深讲透。不过现代人的读书习惯也在变化,越来越多地在碎片化时段进行阅读,真正泡上一壶茶,静下心来读一本书的时间已属难得,更何况将系列丛书一一读过。

　　这本小书,显然毫无野心去涵盖苏州和苏州文化的方方面面。在反复掂量后,本书精准地选择了一个切入点——苏州园林。苏州园林本身是世界遗产名录项目,更与苏州一大批非物质文化遗产有着千丝万缕的联系。可以说,园林与城市肌理纠结缠绕,园林与吴文化密不可分。从行走苏州园林起步,是走读苏州的最好方式。

　　不过,苏州园林的专著已经有很多,这一本有什么特别之处呢?

　　行走苏州园林的第一步,从城市讲述园林的发展。作者从规划经济专业角度,简单分析了城市的兴衰历程,并推导出苏州园林与其他园林的最本质区别,在于这座城市和这座城市的特点:千年的水城,紧凑的尺度,粉墙黛瓦的建筑风格,以及和合崇文的历史文化。

　　行走苏州园林的第二步,是追溯苏州园林的发展历程与发展基础。自然气候、山水环境给予苏州园林发展的条件,更重要的是,作者从历史角度,去解读古代名士、民间艺匠和当代学者的贡献,而他们正是苏州园林内涵的提供者。例如,现已默默无闻的苏州工业专门学校与苏州园林的重要关系,属于全新的观点。

　　行走苏州园林的第三步,作者用概括勾勒的方式,独创地提出苏州园林的三种表情——"居"、"隐"、"禅",并且与法式古典、英式乡村、日式禅庭等世界园林形式进行比较。吴地园林众多,难于也不必一一点评。因此,每一种表情,仅选取最有代表性的两个园林加以解读。

行走苏州园林的第四步,按照艺术美学和视觉美学的角度,文艺范地解构苏州园林;第五步,从山水、建筑、园艺三个方面,技术控地解构苏州园林。虽然各类园林著述对于这些方面讲得很多,本书中也不乏新的观点。

行走至此不难体会,作者的意图很明显,就是基于苏州,说透苏州园林;同时基于苏州园林,讲述苏州的人物、故事与文化。因此,书中有节制地用两个章节,描述了与苏州园林最密切的苏工与苏艺。最后第八章,从苏州园林,谈到了园林苏州的建设与发展。

综上所述,这本书找到了一条深刻了解苏州园林的脉络主线,提供了很多新颖的视角与让人思考的观点。

最后说说行文。每个章节以与苏州相关的古诗楹联开篇,可谓匠心独具。文中引用的古文不仅与章节内容密切相关,而且大都有解释与点评,有深度但并不显得艰涩。同时,全书并没有为了迎合轻阅读、快阅读,而过于浮光掠影。可以说,作者找到了一个深与浅、简与繁之间的平衡点,行文流畅自然。

书虽然不长,但真正是为读者了解苏州园林、了解苏州文化打开了一扇窗。从窗里看过去,是苏州园林与园林苏州的繁花似锦。

青 波

2015 年

前 言

航站楼 v.s. 园林

机场航站楼，是一种特别的建筑形式。无论是身处繁华都市、行政首府，还是岛屿林间、荒漠冰原，航站楼的总体布局、功能规划、设施配置都有着较强的一致性。可以说，无论是身处哪个国家地区、哪种地域文化、哪类自然环境，航站楼的建筑本体和建筑内涵是趋同，甚至一致的。

用文艺范的语境解读，航站楼是个亚文化圈，既联结又游离于当地主流文化。机场航站楼，就像是一个英姿飒爽的青年人，西装笔挺，在任何地方都能一眼被认出来，具有极高的辨识度。

而园林则完全是另一种风格，身处世界的某个地区，就能把那里的地形、山水、建筑、花木、装饰作为载体，张扬地表达着当地的文化与艺术，鲜明地反映出本地居民的审美理念，以及园主本身的精神意趣。

在凡尔赛，她是个处女座的贵妇人，恨不得连小草都用圆规直尺规划，一个角度都不能偏离；在英国郊野，她是个感性的村姑，用四季植物围合着生活起居，又与周边的乡村田园风光融为一体；在日本，她是个比丘尼，用看似随意的枯山水，将禅意印刻在血脉里；在美国社区，她是个美剧中的标准主妇，用大片青草、泳池、秋千和烤肉架，打造浓厚的家庭气息……

当然，也有远嫁的姑娘，例如现在国内众多的欧美别墅，将娘家的起居做派带过来，又是别样的一番风情。

苏州园林 in 中国园林

正因为园林与地域文化联系紧密，历史上园林流派众多，与当地自然风貌与文化历史相结合，形成中国自然山水园林、意大利台地式别墅园林、法国宫廷式花园、英国自然风致式园林、伊斯兰园林、日本枯山水园林等等。即使在中国，也因为地域特点、历史文化的不同，分为皇家园林、江南私家园林、岭南园林、寺观园林等。

中国有四大名园，它们是北京的颐和园、河北承德的避暑山庄、苏州的拙

政园和留园,分别是皇家园林与私家园林的代表作品。

颐和园占地面积 290 公顷,也就是近 3 平方公里的大手笔,避暑山庄更是达到 564 公顷。皇家园林集全国之人力,集华夏之精品,遵循的原则就是"高大上",用大开大阖的山水,用雄伟壮美的建筑,用描金绘彩的装饰,体现君临天下的豪气。

苏州城中,占地仅 5 公顷和 2 公顷的拙政园和留园,连接小街小巷,普普通通的白墙黑瓦,即使是走到门楼跟前,也仅仅是门头比周边民居略显阔绰些,它们究竟是如何跻身中国四大名园之列的呢?

要回答这个问题,首先要说的是名园生于名城,苏州园林的兴盛归因于苏州这个城市。苏州这个城市,历史悠长,物产丰盈,经济繁荣,文风鼎盛。我们说,城市的历史脉络决定了苏州园林的发展走向,城市的整体风格决定了苏州园林的特有风格,城市的张弛尺度圈定了苏州园林的谋篇布局,城市的人文精神书写了苏州园林的精神实质。

基于苏州的千年历史文脉,苏州园林在不断传承发展。从现存的众多苏州园林来看,具有规划风格上的相似性与一致性。具体到每个园林,又各有其巧妙不同之处:有的是隐于繁华市集里的田居庄园,有的是名仕居所内的听雨院落,有的是用来参悟人生的静思禅庭。

行走记录 @ 苏州园林

实际上,苏州园林都不大,以旅游团的节奏两天便可基本搞定。但我们常说,相识容易,相知太难,园林之美需要的是细酌慢品。在现代工作生活的超快节奏中,把步子和心态稍稍放缓些、再放缓些,才能领会园林的真谛,才能领会这个城市独特的生活意趣,才能真正感受到吴地山水、吴文化的静静滋养。

在国内的学科体系中,园林大都属于建筑学范畴。其实,对于苏州园林的研究应该是建筑学的,也应该是文学的;是农林学的,也是艺术学的;是旅游学的,也是城市管理学的……

这本小书想要做的,是串珠成线,串线成帘,揭帘引风月,细述苏州园:先由城市讲起,看园林的张弛尺度、文化积淀;追溯园林的发展脉络、繁盛基础;归纳苏州园林的三种"表情";解析园林的艺术特点、画意诗情,以期读懂苏州园林的意境。接着开始解构园林的各种构件、审美关系,掌握苏州园林的结构;同时从吴文化着眼,看苏工,赏苏艺,领悟园林生活的意趣。最后一章,是重构园林本体,延伸到园林街区、城市重生,以期参透苏州园林与园林苏州的意旨。

说园林,其实,更是道苏州。

目　录

第一章　城市，园林的张弛尺度

在世界的各个地方，大都有园林的存在。园林在中国称为园苑、别业，在日本叫庭园、园池，在欧美叫 garden、park……

提法虽然不同，但都是在一定的区域范围内，结合园林主体建筑，改造区域地形地貌，栽种各种植物花卉，提供观园赏景、游憩休闲、居住生活的小环境。从规划角度说，园林植根于一方水土，吸取地域文化养分，在城市机理中生长。

苏州园林，同样植根于苏州这个城市。提到苏州，人们便会想到水墨画般的水乡风景，秀美温婉的江南女子，精致甜糯的江南美食……自古以来，这里就是个自然生态环境优美，经济社会发达的城市。

行走苏州，在城外：姑苏台榭倚苍霭，太湖山水含清光（白居易）；在城中：市河到处堪摇橹，街巷通宵不绝人（唐伯虎）。

行走苏州园林，踏入园中：隔断城西市语哗，幽栖绝似野人家（汪琬）；不由得感叹：一迳抱幽山，居然城市间（苏舜钦）。

苏州园林在江南温润的环境中发芽，攀援着千年的文化脉络，在阖闾大城的城市机理中，不急不躁不傲娇，散发着淡淡幽香。理解苏州园林，第一步便是要读懂苏州。

这一章，我们说说这个城市的沿革、机理与底蕴。

虎丘思千年

第一节　城市沿革

一、吴地吴国·文化发轫

1

> 泰伯让天下,仲雍扬波涛。
> 清风荡万古,迹与星辰高。
>
> ——〔唐〕李白《叙旧》

苏州地区属于吴地,当地人说吴语,春秋时期的吴国有过短暂的强盛,逐渐形成了以这一地区为核心区域的吴文化圈层。李白咏颂的泰伯、仲雍,正是吴国与吴文化可以追溯到的源头。

穿越到上古时代,如今的江南地区还是一片蛮荒之地,先民们靠山吃山,在苍苍的丘陵中狩猎;靠水吃水,在茫茫的太湖边打渔。《史记》的吴太伯世家和周本纪中,对于泰伯仲雍来到江南立国,都有记载:

吴泰伯,弟仲雍,皆周太王之子,而王季历之兄也。季历贤,而有圣子昌,太王欲立季历以及昌,于是泰伯、仲雍二人乃奔荆蛮,文身断发,示不可用,以避季历。季历果立,是为王季,而昌为文王。太伯之奔荆蛮,自号勾吴。荆蛮义之,从而归之千余家。

古公有长子曰太伯,次曰虞仲。太姜生少子季历,季历娶太任,皆贤妇人,生昌,有圣瑞。古公曰:"我世当有兴者,其在昌乎?"长子太伯、虞仲知古公欲立季历以传昌,乃二人亡如荆蛮,文身断发,以让季历。

——殷商末年,周族的部落首领古公亶父有三个儿子:泰伯、仲雍和季历。季历本身素质不错,孙子姬昌又深受爷爷喜爱,所以古公欲传位季历。一天,古公亶父当着一堆族人的面,赞叹道:我的后代有能成事兴国者,大概就是姬昌吧?话都讲到这个份上了,想来泰伯、仲雍也"拎得清"了,两个人结伴向南方迁徙,来到当时的荆蛮地区。

——在江南，他们入乡随俗，按当地习惯来了个"文身断发"，也就是剃个板寸头，身上纹满刺青，以这种非常直观的方式，一是告诉中原这辈子都不会回去了，二是取得了原住民的信任。当地一千来家土著居民心悦诚服，将泰伯立为部族君长，称为"句吴"，也作勾吴、丁吴、攻吴，这就是吴国的起源。

对这则古代谦让识礼的楷模故事，倒也不必过于认真。首先，古公在考虑哪个儿子贤德之外，不排除三家姻亲间的量级权衡，要知道季历的夫人、姬昌的母亲太任，是商朝贵族挚任氏的女儿。其次，从历史地理的角度看，凭当时交通条件，能从山西陕西一带周族领地，跑到太湖流域，与其说是两位君子依依不舍地离开故土，不如说是拿着铺盖卷儿，一路不停地亡命到天涯、到海角。

上古时代，神话虚构与历史史实相互穿越，你中有我，我中有你，无法不信，但也无法全信。听听《诗经·大雅》中的这首《绵》，就能找到属于那个时代的感觉：

> 绵绵瓜瓞。民之初生，自土沮漆。古公亶父，陶复陶穴，未有家室。古公亶父，来朝走马。率西水浒，至于岐下。爰及姜女，聿来胥宇。周原膴膴，堇荼如饴。爰始爰谋，爰契我龟。曰止曰时，筑室于兹。

——大瓜连小瓜，绵绵不会断啊。周族的老家，在杜河、沮河、漆河之间。古公亶父，挖了个窑洞，还没来得及把房子搭。古公亶父，早晨骑着马，顺着西水岸，来到歧山下。和夫人太姜，找地方重新安家。周原土地真肥美，苦菜吃起来都像糖。大伙儿商量占个卜吧，神的主张显现在龟板上，说的是："停下"、"立刻"、"就在这儿盖房吧"！简直与《旧约》中流着奶与蜜的迦南故事如出一辙。就是这儿了！周族大神用龟板敲定了筑城的地方。

唐代苏州诗人陆龟蒙就对此发了一通感慨："故国城荒德未荒，年年椒奠湿中堂。逦来父子争天下，不信人间有让王。"（《泰伯庙》）——现今的父子都在争夺天下，哪还有人相信什么将王位让与他人的美好传说啊。话说回来，无论泰伯是主动还是被迫南奔，对于吴地文化的意义之大，毋庸置疑。

根据《苏州地理》对于古文化遗址的分类，脉络的顶端是太湖中的小岛——三山岛上的旧石器文化遗址（距今约一万年），而后依次是新石器时代的马家浜文化、崧泽文化、良渚文化、马桥文化。在泰伯南奔时，苏州地区原有的土著文化，或称"先吴文化"，还属于马桥文化后期，没有进入青铜时代。

而在此时，商代晚期的黄河流域，正处于青铜时代的鼎盛期。推断起来，跟着这两位贵族的亲信、仆从和奴隶数量也不会少，否则也镇不住一千户纹身土著。北方移民，带来了甲骨文字、王朝思想制度、青铜制造技术，提升了当地的生产水平与社会文化水平。

夏商史料比较缺乏，有时甚至需要从逻辑混乱的神话故事中找寻只言片语的历史真实。学界对于泰伯这一个体是真是幻，对于两兄弟最初落脚的棚屋究竟在何处，有诸多争论。但有一点是可以肯定的：泰伯南奔的那个时期，可以被视作吴地的重要历史节点——第一次中原文化融合期。

在这一时期，中原地区的商周文化与太湖流域的土著文化不断碰撞与融合；在这一时期，吴国初步形成，吴文化发端起源，吴地逐渐兴盛起来。

姑苏台上乌栖时，吴王宫里醉西施。
吴歌楚舞欢未毕，青山欲衔半边日。

——〔唐〕李白《乌栖曲》

姑苏台尚未高耸，吴伯也尚未称王。话说"勾吴"这个小小的部族，因为泰伯无子，后传位给弟弟仲雍；仲雍传位于子季简，再是子叔达，子周章。向北望去，在周族的大本营，季历传位于子文王姬昌，姬昌传位于子武王姬发。姬发大会八百诸侯，经牧野之战攻入朝歌，于公元前1046年灭了商朝，建立了周王朝。

姬发坐稳了江山，也知道"让王"的美丽传说，就派人满世界寻找。最后终于在吴地找到了堂侄周章，并正式册封他为"吴伯"。吴伯的"吴国"是姬姓的同姓国，根红苗正资历深。讲究谱系的司马迁，在《史记》中把吴国排在世家的第一位。

再经过十五代吴伯传来传去，在公元前585年，吴伯寿梦继位。当时的吴国，国力逐渐走强，在各诸侯国中也有点儿发言权了。从寿梦开始，吴伯正式升格，自称"吴王"了。

近年来，吴地的苏州、无锡、常州等城市不断发现春秋古迹。目前主流的学术观点是，从吴国立国开始，主城有一个东迁变化的过程：最初泰伯的千户小部落在今天的无锡梅里附近（也有学者认为在南京、镇江一带）；吴王寿梦或他的儿子诸樊开始向东迁徙,选在苏州吴中区木渎胥山以北,建造了都城。也有学者根据遥感数据,认为寿梦城是在苏州高新区东渚姚江山南麓,并无定论。

到了公元前514年,阖闾继位时,吴国国境包括了今天的江苏、安徽南部,以及浙江北部地区,太湖与苏州是吴国的核心。吴国作为诸侯强国,正式进入春秋争霸序列。吴王阖闾、齐桓公、晋文公、楚庄王、越王勾践,被后世称为"春秋五霸"。

阖闾刚登基时,得力重臣伍子胥提出治国理政的合理化建议:"凡欲安君治民,兴霸成王,从近制远者,必先立城郭,设守备,实仓廪,治兵库,斯则其术也。"(《吴越春秋》)——从古至今,想要自己安心、百姓服帖、兴霸成王、远近臣服,必须做好四件事:立城郭,设守备,实仓廪,治兵库。其中,立城郭就是大搞城市基建。阖闾采纳了伍子胥的建议,举全国之力,在现在苏州姑苏区的位置,建起了一座宏伟的阖闾大城。

> 吴王恃霸弃雄才,贪向姑苏醉醁醅。
> 不觉钱塘江上月,一宵西送越兵来。
>
> ——〔唐〕胡曾《咏史诗·姑苏台》

其实,历代吴王都有个心结,就是搞不定邻居越国。近年来,各地出土了多把吴王剑。其中一柄阖闾剑上,铭刻着"攻吾王光自作用剑以战越人"的文字,气势逼人,战斗指数爆棚。

公元前495年,阖闾信心满满,亲率大军伐越。不过,不仅没有取得胜利,反倒在战场上被砍伤了一个脚趾。当时的战地医生,一般是用酒或火油消毒,再用一些草药外敷,很难逃过伤口感染的并发症。强大的英雄,竟然真的碰上了"阿喀琉斯之踵",轰然倒下。

公元前495年,夫差继位。他接过老子的吴王剑,继续亲自率兵攻打越国。这次战役一举成功,大败越军于太湖夫椒。越王勾践被打得只剩残部五千人,逃回会稽后还是被吴王抓了回来。不过,当俘虏期间,勾践一直表现出温柔"暖男"形象,夫差竟然心一软将其释放。根据《吴越春秋》记载,"赦越王归国,送于蛇门之外"。——不仅赦免,还礼送于苏州城南的蛇门之外。

也难怪相国公伍子胥发飙,说这明显是放虎归山啊。虽然伍相是阖闾的托孤重臣,不过辅佐少君在哪个朝代都是极其危险的活儿:夫差不仅不听劝,还丢了一柄吴王剑,看着伍相自刎。然后,就一门心思地去攻打齐国,争霸中原了。

在春秋争霸过程中,吴国用了二十多年时间,取得了一系列骄人战绩:柏举之战西破楚,夫椒之战南服越,艾陵之战北败齐,最后在黄池之会与晋结盟,成为春秋中后期最为强大的诸侯国。不过,穷兵黩武搞扩张,面子有了,但是削弱了吴国的综合实力。

而在越国,勾践卧薪尝胆,全心全力做着复仇准备。在浙江诸暨苎萝村,勾践的谋臣范蠡又找了一段底子非常好的"源代码"——西施,放进吴宫作为木马病毒。此时,胜负的天平已经悄悄地向越国倾斜了。

经过十年战争,吴越反复拉锯。公元前475年,越国彻底结束了吴国的国运,只留下了故事戏文里吴越争锋的传奇、成王败寇的演绎,还有虎丘剑池、馆娃宫、消夏湾等一众吴国遗迹,让人感怀。

作为苏州的父母官,唐代白居易登上灵岩山,寻访吴王遗迹——响屧廊、砚池、采香径……宫殿早已经倾颓不见,对着墙基废池长叹一声:"娃宫屧廊寻已倾,砚池香径又欲平。二三月时何草绿,几百年来空月明。"(《题灵岩寺》)

到了明代,苏州才子唐寅也去寻访了一番,半点儿古迹也没看见,就只能对着古木枯草,发思古之幽情了:"响屧长廊故几间,于今惟见草班班。山头只有旧时月,曾照吴王西子颜。"(《姑苏八咏》)

吴国核心区

到了清代,诗人庞鸣连古树都寻不到了,只能对着地名想象,用强烈对比将人物点透:"屧廊移得苎萝春,沉醉君王夜宴频。台畔卧薪台上舞,可知同是不眠人。"(《吴宫词》)——同是夜深不眠人,一个在台上笙歌宴舞,一个在台畔尝胆卧薪,就别去哀叹什么造化弄人了。

> 操吴戈兮被犀甲，
> 车错毂兮短兵接。
>
> ——〔先秦〕屈原《国殇》

后世学者大多把楚国士兵列装的"吴戈"解释为"吴戟"，一种吴国制造的锋利平头戟；也有学者认为是"吴科"，一种坚盾。吴国人不仅刚勇擅战，冶铸兵器的技术也比较先进。干将与莫邪，就是当时著名的军火商。吴钩，也是吴国士兵的标准配置之一，似剑而曲，是一种杀伤力较强的曲刀。吴钩形制优美，后来也泛指宝剑，成为英俊威武的象征物：杜甫吟"少年别有赠，含笑看吴钩"（《后出塞》）；李贺唱"男儿何不带吴钩，收取关山五十州"（《南园》），辛弃疾吼"把吴钩看了，栏杆拍遍，无人会，登临意"（《水龙吟》）；写得最入味的，还是李白那让人背脊发凉的侠客咏叹调："赵客缦胡缨，吴钩霜雪明。银鞍照白马，飒沓如流星。十步杀一人，千里不留行。事了拂衣去，深藏身与名"（《侠客行》）……

吴文化的一个代表性特征，是吴地的语言——吴语。吴语轻柔文雅，常被人称作"吴侬软语"。至今，苏州的城市或是居民，都给人以温和细致的第一印象。不过，从吴文化发端时的断发文身，直到成为拥有吴戈吴钩的军事强国，这里都是一片气质刚劲的土地。吴地人，竟然也曾有过尚武强悍的一面。

吴地民众崇拜名将，为了纪念伍子胥，在苏州有胥门、胥口、胥山、胥江等一众地名。吴国大将孙武，曾在苏州吴中区的穹窿山下隐居，著《孙子兵法》，影响更是持续至今。

直至东汉，史学家班固这样描述吴地："皆好勇，故其民至今好用剑，轻死易发。"（《汉书·地理志》）——吴地民风彪悍，至今百老姓都喜欢耍剑，轻生死，易冲动。

吴国有七百年历史，从称霸到消失的时间很短，仿佛是昙花一现。但阖闾大城奠定了苏州城市的基础与框架，这一影响，一直持续了二千五百多年，直到今天。

> 夜市卖菱藕,春船载绮罗。
> 遥知未眠月,乡思在渔歌。
>
> ——〔唐〕杜荀鹤《送人游吴》

经历过短暂辉煌后,苏州在中国历史宏大版图上,并不能算作一个重要城市。战国后期,这里是四公子之一——春申君黄歇的封地;秦代,吴县是会稽郡治所;汉代,先后为会稽郡和吴郡治所。

据《史记·货殖列传》记载,这一带是无冻饿之人,亦无千金之家的地方。也就是说,苏州是个中不溜秋,并不起眼的城市。不过,由于良好的自然、气候、地理、水文因素,随着农业生产技术的不断提升,吴地逐渐成为全国的重要粮仓之一。

从地质学角度看,苏州属于长江三角洲地区,古城西部太湖片区有天目山余脉,点缀着很多零星丘陵。其他地区,都属于长江等水系长期沉积而成的平原,土壤比较肥沃。从气候学角度看,吴地属于亚热带季风气候,温暖湿润,还具有"雨热同期"的特点,非常有利于农业生产。

根据《史记·平准书》记载,在战国时,江南已经有"火耕水耨"的农业生产方式。就是用火烧去田里的野草与蓬蒿后再播种,谓之"火耕";等禾苗长出七八寸后,将伴生的杂草去除,再将水灌入田中淹没并闷死杂草,使之腐烂成为肥料以助稻秧生长。

在苏州,人们因地制宜,在丘陵周边就用"火耕水耨"的方法种植水稻;而在大量的平原地区,还采用开渠筑塘的方式种植水稻,这种"塘田"易于管理,旱涝保收。经过数百年的耕种施肥,大量土壤被培育成为肥沃的"水稻土"。

> 复叠江山壮，平铺井邑宽。
>
> 人稠过杨府，坊闹半长安。
>
> ——〔唐〕白居易《齐云楼晚望偶题十韵》

　　吴地经济社会快速发展，达到"人稠过杨府，坊闹半长安"的程度，除了大自然的特别眷顾，以及吴地人民的辛苦劳作之外，还要归功于苏州历史上的第二次中原文化融合。

　　三国两晋南北朝时期，中原长期陷入动荡与战乱之中，但是由于北方民族大融合、士族阶层形成、生产技术发展、佛教思想盛行等一系列因素相互叠加，成了中国文化的又一个繁荣期。

　　江南一带，从孙吴政权开始，也经历了东吴、东晋、宋、齐、梁、陈等朝代更迭，但是与战乱频繁的北方相比，总体仍然平稳安定。因此，大量北方士庶南迁，既带来了劳动力，也带来了较为先进的农业生产技术。南迁移民与当地百姓一起，兴修水利、开垦荒地，改"火耕水耨"为精耕细作。

　　农田耕种的精细化，直接影响了单位面积产量。江南经济发展开始追赶上了北方，自隋代开始，民间有了"苏湖熟，天下足"的说法。同时，北方士族文化与江南文化的融合混搭，也促进了苏州文化的大发展。

　　隋文帝时，阖闾大城正式有了"苏州"这个城市名称，隋炀帝时一度复称"吴郡"。说起隋炀帝，是属于那种用力过猛的领导，心骄气傲、信心爆棚，想在一届任期里干完几代人的活，营洛阳、凿运河、伐辽东、下江南，哪一项都是百万徭役的大手笔。其中，南北运河对于苏州的贡献最大。苏州盛产稻米，本已是个富足小城。南北运河的贯通，让吴地一下子成为水陆交通要冲，各地货物在这里集散转运。随着 GDP 噌噌地向上猛蹿，当时苏州的富庶繁荣已经是全国知名了。

　　唐代诗人皮日休写得非常中肯："尽道隋亡为此河，至今千里赖通波。若无水殿龙舟事，共禹论功不较多。"（《汴河怀古》）——杨广啊杨广，大家都说隋朝灭亡是因为这条运河，但如今千里航运仍然是靠它。如果你不搞这些水上宫殿、龙头大船巡行的奢靡之风，就是将你的功绩与大禹相比都不算过分啊！

补充一下，隋朝时的南北运河以东都洛阳为中心，将华北平原和江南平原连接起来；后来元明的京杭运河则是直接将首都与江南相连，承担漕运任务。2014 年，中国大运河被列入世界文化遗产，而作为大运河沿线重要的文化古城，苏州以古城概念被列入了世遗名录。

3

> 阊门四望郁苍苍，始觉州雄土俗强。
>
> 十万夫家供课税，五千子弟守封疆。
>
> ——〔唐〕白居易《登阊门闲望》

唐玄宗时，苏州为江南东道治所，吴县作为州府，下辖六七个县。从此"苏州"被用作古城的一个通称，后来明清两代也以苏州作为城市名称。从"苏"的繁体——"蘇"字来看，是毫不含蓄地自我表扬：我是鱼与禾的城市，我是"鱼米之乡"！

在唐代，全国州郡分为辅、雄、望、紧、上、中、下七等，这最好等级——"辅"只有一个，就是京畿，而雄州听名字就是大州强州。当时的苏州，就像白居易诗中所说："十万夫家供课税，五千子弟守封疆。"由于经济地位的不断提高，社会安定，农桑丰稔，各业兴盛，在公元 778 年，苏州被升格成江南唯一的雄州。

根据北宋书学理论家、本地土著朱长文记载，唐朝天宝年间苏州人口已达到 63 万之多（《吴郡图经续记》）。这里农桑丰稔，商业兴盛，成为全国的财赋重地。城市经济的繁荣，为苏州园林发展创造了坚实的物质基础。

唐末五代中原纷争，苏州迎来了历史上第三次中原文化融合期：

吴越王钱镠及其子孙割据一方，建都临安。这个藩镇小国在 71 年中，扩建杭州、苏

绿荫向人浓

州等中心城市,加强农田水利建设,发展手工业、商贸业和文化事业。钱镠非常注重治水,修筑钱塘江沿岸捍海石塘,在太湖周边设"撩水军"八千人,专门负责浚内湖、筑长堤、疏通河浦,使得苏州等地享受灌溉之利。在"休兵息民"的安定局面下,鼓励"募民能垦荒田者,勿收其税",稳定繁荣的江南又一次成为北方移民的首选之地。

关于钱镠有则八卦,相传他的原配夫人每年总要回娘家,有一年回王城晚了几天,老钱就差人送去书信"陌上花开,可缓缓归矣"——田间小路上的花都开了,正好可以踏春赏景,不必急着往回赶啊。古人有时弯弯绕绕,放到现在就是一个微信:老婆大人我想你了,还不快点回来啊!

钱氏小王国治下的苏州安定富足。朱长文以"超唐代、冠东南"来形容当时苏州的城市面貌:"井邑之富,过于唐世,郛郭填溢,楼阁相望,飞杠如虹,栉比棋布,近郊隘巷,悉甃以甓,冠盖之多,人物之盛,为东南冠。"(《吴郡图经续记》)

鉴于唐末藩镇割据的教训,赵宋王朝削减地方权力,收夺高级将领兵权,形成所谓"偃武修文"的政治制度。虽然北方边境上持续遭受着军事威胁,但国家内部经济文化发展迅速,人口众多,经济繁庶。苏州一带"长洲草绿"、"吴田水暖",一派富足和谐光景。

到了南宋,朝廷定都临安,大量北方人口随之南迁至江南地区。《宋史·郑毅传》记载:"天下贤俊多避地吴越。"苏州迎来了第四次中原文化融合。随着农业技术提高和水利工程不断完善,江南地区的粮食亩产量进一步得到提升。

因此,范成大称这一带是"天上天堂,地下苏杭",就是我们今天常说的"上有天堂,下有苏杭"。公卿大夫们纷纷在都城临安周边城市营宅造园,吴中成为他们卜居最佳的选择。例如,名将韩世忠买下了北宋诗人苏舜钦所建的沧浪亭,范成大则在石湖建筑园宅。

第一章 城市,园林的张弛尺度

宋代苏州领"平江府"，吴县是州治所在地。回顾唐宋两代，随着科举制度不断完善，江南士人在全国政坛上分量加重，这对于吴地的文化繁荣也具有一定的推动作用。

元朝占领平江府时，对城市破坏极大。但政局稳定后，在江南采取了一系列发展生产的措施，凭借雄厚的基础，苏州得到了迅速的恢复和发展。苏州北依长江，在入海口处的刘家港，海舟巨舰可以直抵运粮，成为江南漕粮运输元大都的转运基地和重要的对外通商港口。

三、明清两代·经济中心

> 阖庐城外木兰舟，朝泛横塘暮虎丘。
> 三万六千容易过，人生只合住苏州。
>
> ——〔明〕沈明臣《苏州曲》

诗人坐在船中，从横塘游到虎丘，感叹人生百年，最好就是住在苏州。从唐宋元一路走来，伴随着城市的繁荣，苏州常住人口也在迅速增长。传统农业社会里，地区人口的自然增长和外来移民直接增加了劳动力，对经济发展具有决定性意义。

在四个中原文化融合期，北方人口、技术与文化进一步促进了江南发展，苏州经济因而不断走强。但是，边际收益减少的问题也慢慢浮出水面：江南地区自然条件优越，经过两千年的开发，农业高度发达，但是生产技术、生产水平已经接近极值。再下一波，就得等到农业机械化、农业生物技术等现代概念了。

在传统耕种方式下，土地能够供养的人口是有上限的。明朝苏州人口已经接近饱和，对很多农户而言，耕地难以满足税赋与自身消费需要。我国明代的人口在崇祯二年（1629）达到 2 亿（《中国人口史》），清初 1 亿左右，到嘉庆年间已经增长到 3.5 亿。

在明清两代，苏州人口一般被认为在 300 万左右。据估算，嘉庆十五年（1810），苏州的人均耕地仅 1.95 亩，嘉庆二十五年（1820）为 1.06 亩（《苏州文化概论》），远低于清代学者型官员——洪亮吉推算的每人每年 4 亩地的

"饥寒界线"。也就是说,苏州的粮食已经不能满足自身需要。

怎么办?按现代语汇,就是"转方式,调结构"啊。不过,靠政府强势推行,是非常考验决策水平的,因为花大力气猛拳挥出,有时会因为点没找准,一下子闪了腰;有时虽然看准了地方,但市场反应不佳,投入产出并不能尽如人意,又好似拳头打在棉花上。

好在这一时期,转型是市场之手的顺势而为,属于水到渠成:在苏州府,粮食贸易每年达数百万石,据统计,在枫桥一带集聚米行超过 200 家,粮食大多从湖南、湖北、江西、安徽调运,能够满足消费需要。

同时,本地农村产业结构发生变化,大量耕地由水稻改种桑、棉、果、茶等经济作物,附加值更高,能让农户在换取输入的粮食后还有盈余;经济作物促进了丝织和棉纺业迅速发展,使得苏州地区一跃成为全国的丝织、棉织、染整中心。

阊门古嵯峨

新兴产业不断发展,进而让更多农民从事手工业生产和商业贸易。在吴地,雇用和被雇用的生产关系开始出现,整个城市社会结构发生了改变,最终出现了资本主义萌芽。

正是工商业的发展,让苏州从宋元的农业重镇走上了一条更为繁华的工商业之路。20 世纪中期开始,欧美学界出版了很多专著,专题研究明代苏州资本主义萌芽,从另一视角看古代苏州,亦别有一番风韵。

> 亚字城西柳万条,金阊亭下水迢迢。
> 吴娃买得蜻蜓艇,穿过红栏四百桥。
> ——〔清〕朱方蔼《吴中杂咏》

苏州古城外有很多市镇,由于水路四通八达,一叶蜻蜓小艇便能到达。

按照赵冈的观点,中国的城市化过程,按大类分为行政城郡(Cities)和贸易市镇(Market Towns)两种。明代苏州周边,以及杭嘉湖和松江地区,形成了一批贸易市镇。这些市镇从服务自然经济的简单手工业中心,发展成为生产专业化、商品经济繁荣的经济中心(《中国城市发展史论集》)。从区域规划学的角度看,这些市镇群落密度高,相互间的人流物流频繁。这在整个中国的城市发展史上都是一道独特的景观。

清代康熙永不加赋的政策重新将农民固化在农村,有利的方面是保持相对稳定,但是总体城市化水平反倒比明朝有所下降。但这并没有影响吴地商品经济的发展,苏州的优势主要是区位,通过连通长江、大运河和海运网络,成为东南地区最大的商品集散地。清代刘献廷记录了当时的"天下四聚——北则京师,南则佛山,东则苏州,西则汉口"(《广阳杂记》)。也就是说,在全国的市场网络中,苏州成为最重要的节点之一。

值得一提的是,正是因为明清苏州商业繁盛,经商几乎获得与为官相仿的社会地位。这样一来,中国传统的社会结构也产生了一些松动与变化。经济基础决定上层建筑,商品经济的发展为城市和城市文化繁盛奠定了坚实的基础。

> 世间乐土是吴中,中有阊门又擅雄。
>
> 翠袖三千楼上下,黄金百万水西东。
>
> 五更市贾何曾绝,四远方言总不同。
>
> 若使画师描作画,画师应道画难工。
>
> ——〔明〕唐寅《阊门即事》

繁华市景的信息量太大,的确难以描摹,"画师应道画难工"。不过过些年,总会有个把出类拔萃的画师出现。清代乾隆年间,苏州籍宫廷画家徐扬用一幅《盛世滋生图》把苏州的盛世繁华尽收于长卷之中。这幅绘画长卷又称《姑苏繁华图》,以写实的手法,"拍摄"了一部行走苏州的纪录片,"编辑"了一套清代苏州的百科书:

画面从城西南的灵岩山起,经木渎镇,越横山,渡石湖,过上方山、狮山、何山,入苏州城,过盘门、胥门、阊门,穿山塘街,至虎丘山止。作者自西向东,画笔所至,连绵数十里内的湖光山色、水乡田园、村镇城池、社会风情跃然纸上,完整地表现了古城苏州的市井风貌。

有心人做过统计,整幅画中共有熙来攘往的各色人物 1.2 万人,可辨认的商铺 260 余家,房屋建筑 2000 余间,各种客货船只 400 余艘……完整地描绘了苏州城内外风景秀丽、物产富饶、百业兴旺、人文荟萃的繁华景象。

清中叶开放海禁后,随着海运业迅速发展,上海县城逐渐繁荣,人称"小苏州"。根据罗兹·墨菲(Rhoads Murphey)统计,苏州城约有 50 万人口,上海城有 27 万(《上海——现代中国的钥匙》)。在 1840 年成为通商口岸后,拥有优良海港和铁路枢纽的上海,迅速成为大宗货物运输集散地。从经济地理角度说,长江三角洲中心城市的旗帜,已经从苏州传到了上海手中。

随着外国商品涌入,吴地标志性的家庭棉纺织业迅速没落。再加上从太平天国起的多次战争,对于城市工商业破坏巨大。原先商业繁华的城西一派寥落,在当时的苏州,已经再难寻觅《盛世滋生图》中的繁华了。根据陆允昌的计算,民国初年上海城市人口已近 200 万,而苏州城里才 17 万人(《苏州洋关史料》)。

近 40 年来,苏州先是抢抓了一波乡镇经济发展机遇;而后接受上海浦东开发开放的辐射带动,以外向型经济迅速崛起;近年来,更以科技创新引领转型升级。地区生产总值从 1980 年的 40 亿,1990 年的 200 亿,2000 年的 1500 亿,2010 年

东方门临波

的 9000 亿,到 2014 年的 1.35 万亿,又一次成为经济重镇。

笔者攻读研究生时念的专业——Planning, Growth & Regeneration(规划发展与城市重生),主要就是从城市规划、地理经济角度,分析解读城市的兴、衰、再复兴的历程。其实,家乡苏州就是一个最好的研究课题:

苏州在唐宋元逐渐发力,明清两代引领转型、经济崛起;进入近代,随着世界经济体系发生巨变,海港成为区域经济中心,海外货物冲击传统生产方式,苏州失去了一直以来的区位优势,又没有力量及时转型,迅速泯然众人,成为江南风景画中的一座普通小城;在当代近 40 年时间里,超高速崛起,快速走过小康、迈入基本现代化,已经成为一个国内外知名的经济科技强市……

第二节　城市机理

一、相天法地·城市滥觞

1

> 吴王初鼎峙，羽猎骋雄才。
>
> 辇道阊门出，军容茂苑来。
>
> 山从列嶂转，江自绕林回。
>
> 剑骑缘汀入，旌门隔屿开。
>
> ——〔唐〕孙逖《长洲苑》

"吴王初鼎峙，羽猎骋雄才"，吴王麾下有位复合型规划大师——伍子胥。其实，规划是个非常宽泛的词：城市规划、经济规划，到个人的职业规划、日程规划……不一而足。

首先，伍子胥是个意志坚定的"命运规划师"。从楚平王把伍子胥的父兄杀死的那一刻开始，一个宏大的复仇计划就拉开了帷幕：他星夜逃亡到与楚国一直不对路的吴国，辅佐吴王阖闾积累军事实力，与另一个牛人——军事理论家孙武合作，带兵攻入楚国都城。不仅掘了楚平王的大墓，还拉出来鞭尸三百下。的确残忍了些，但放在那处处豪侠意气，人人肾上腺素爆棚的春秋时代，倒也并不让人意外。

同时，伍子胥还是个非常优秀的"城市规划师"。他圈定下了阖闾大城的位置，搞了总体规划，并且实施了整个建设工程。城市规划，可不是一件容易的事情。当代规划大师彼得·霍尔（Peter Hall）曾经拿登月计划来与城市规划相比较（《城市和区域规划》）：

> 城市和区域规划远比人类登月困难，登月非常复杂，但其目标单一、过程都是物理性的；而城市规划的一个基本特征就是多维度（Multi-dimensional）和多目标（Multi-objective）的规划。

即使到了现在,城市设计者们左手 CAD,右手大数据,但在整体性、协调性、可持续性等宏观层面,都难免把控力不足。对于伍子胥来说,带兵伐楚虽然困难危险,好在目标单一,知道力气往哪里使;然而建设新城的任务,要复杂棘手得多:

从城市定位角度看,在那战火纷飞的年代,邻居个个都不是吃素的,作为一国之都,要围绕军备竞赛的总思路来考虑。一要选择攻守兼顾的地点;二要保证城池自身的防御能力;三要保证周边稳定的军粮供应;四要水陆交通便捷,便于调兵远征……

从城市规模角度看,又有点小矛盾、小纠结。虽然说周室衰微,说话也没人听,但作为诸侯毕竟不能过于僭越,因此新城规模、建筑规制都得有所节制;不过,在群雄并起的年代,王城又要建设得气派十足,必须镇得住来访使节,提升吴王的"国际"形象。

从城市设计角度看,总体按照《周礼·考工记》的营国制度,结合吴地的地理水文特质,进行城市形制和功能片区规划。当然,后面还有一连串让他头痛的具体事宜,例如预算编制,人力调配,工程管控、实施进度,等等。

《吴越春秋》对伍子胥的工作作了如下记录——"相土尝水,象天法地"。说明这位高级干部还是非常接地气的。他深入勘测一线,"相土尝水",考察吴地的地质水文等状况。然后,大张旗鼓地"象天法地",观天象测风水。要知道,春秋时期正向理性人文时代转型,但是卜巫文化的氛围还很浓厚,如果能"争取"点祥瑞出来,对上说服、对下动员的事情,就都迎刃而解了。

公元前 514 年,阖闾登上了吴国国君的宝座。也正是在这一年,伍子胥为"阖闾大城"选定了位置,并开始动工筑城。

2

黄鹂巷口莺欲语,乌鹊河头冰欲销。

绿浪东西南北水,红栏三百九十桥。

——〔唐〕白居易《正月三日闲行》

从水文地理角度而言,阖闾大城中"绿浪东西南北水,红栏三百九十桥",向西联通着浩瀚太湖和点状丘陵山区;东面则是河网密布的平原地带,水陆交通,四通八达。

以地缘政治角度来看,面对周边的军事竞争,阖闾大城虽然并非据险可守的山城,但在太湖以东的广阔平原间,毕竟有一定的战略纵深,可以协调配合西部丘陵地区的屯兵基地和湖河要路的水军防区,有利于军事攻防调度。

从经济学角度去分析,城市周边太湖、阳澄湖、金鸡湖、独墅湖、澄湖等大小湖泊,河道纵横,有利于农业生产,粮食储运调配也非常方便。

因为伍子胥的选择正确合理,2500多年来,苏州城市的基础从来没有变动过。当然,随着历史朝代更替,文化商业发展,甚至建筑工艺的发展,城市内部的规划变化非常多。

吴国的姑苏台和西施醉卧的吴王宫早已经湮灭不在,城区内部的调整也是不断进行。南宋平江知州李寿朋重建平江坊市后,在1229年主持石刻了《平江图》,为我们留下了珍贵的苏州总规划图。从《平江图》上可以看出,城市街区有两个重要变化:

一是苏州有内城"吴子城",即现在公园路、锦帆路、十梓街、干将路中间的区域。子城最早是阖闾大城内的小城,根据《越绝书》记载,吴小城"周十二里",中间有"东宫周一里二百七十步","西宫周一里二十六步"。子城后来一直为行政府署,宋朝时是平江府的所在地,卧龙街边的吴县则是州署。子城在明初被废,现在老苏州还称这一带为"皇废基"。

二是传统的市坊制度在唐中后期逐步改变。商业街区不再限制在东市、西市内,严格规划分区的消失促进了城区的商业发展,例如城西阊门外,由于水路交通便捷,通往大宗物流节点浒墅关,又临近郊游胜地虎丘,逐渐形成了一片繁荣的

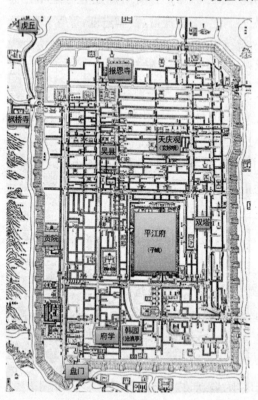

宋代《平江图》

商业街区。

随着人口的增减,城区居住的范围也在不断变化:明朝城市化最高峰时,苏州阊门城外居住区和商业区与枫桥镇连接起来,绵延二十余里。到了清末,苏州受到多重影响:一是太平天国的战乱,二是棉纺业受到进口货物的冲击而衰落,三是上海的崛起对于苏州人口、资金的虹吸效应。城市规模缩小,阊门外繁华不再。直到 20 世纪 80 年代,苏州的城区规模一直不大。在记忆中,古城城墙内,例如市实验小学原址新市路附近,仍然有大片农田。

翻翻规划大师刘易斯·芒福德(Lewis Mumford)的鸿篇巨著《城市发展史》,便能发现,世界城市的兴衰历程,不可能个个都是线性发展,越长越大的。时间就像流水,有的城市在时间长河中渐渐沉沦,有的城市如海底火山般短时间崛起,有的则是随着波浪浮浮沉沉。城市的悲喜,更多的时候体现时代的悲喜。

2500 多年沧海桑田,随着战乱与和平,人口的增减,居住区域的变化,苏州的城垣屡遭破坏、迭经重修,但是苏州古城依然屹立在当年伍子胥画的那个圈上。阖闾大城的位置,就在现在的苏州国家历史文化名城保护区内。

历史证明,这个城市总规划师,"来赛格"(吴语:好、行、不错)!

二、延续千年,规划经典

> 阖闾城碧铺秋草,乌鹊桥红带夕阳。
> 处处楼前飘管吹,家家门外泊舟航。
> ——〔唐〕白居易《登阊门闲望》

阖闾城碧,乌鹊桥红,苏州的城址竟然在 2500 年间保持了基本"不变",确实令人惊讶。近些年来,我们已经习惯了高速度与扩张性,工作节奏一定要"白加黑",发展方式必须是"跨越式",说起"不变"是优点,还真有点儿不适应。但翻翻城市发展史,一个城市的城址历经两千多年不变,的确非常罕见。春秋时期,与阖闾大城规模相似的城市,要么位置迁移,要么早已湮灭。正因为阖闾大城"不变",才成为了一个城市规划的经典案例。

周人讲究"礼制",城市规划当然也得有一套规范。《周礼·考工记》就是这样一本指导如何按礼制建设理想都城的"指南"。书中对于城市的形态,宗庙、宫殿和市场等布局都作了归纳,可以算作我国最早的城市规划规范。

《周礼·考工记》对城市的营建规范是:"方三里,而都邑则为九里"——宫城周长12里,都邑周长当为36里。春秋时大小诸侯国的都邑,形态虽然各有不同,但大体还是按照规定套路出牌的。根据《吴越春秋·阖闾内传》和《越绝书》中的记载,阖闾大城的周长略微"超标":

> 子胥造筑大城,周回四十七里。陆门八,以象天八风。水门八,以法地八聪。筑小城,周十里,陵门(陆门)三。

> 吴大城周四十七里二百一十步二尺。陆门八,其二有楼。水门八。南面十里四十二步五尺,西面七里百一十二步三尺,北面八里二百二十六步三尺,东面十一里七十九步一尺。阖庐所造也。吴郭周六十八里六十步。吴小城,周十二里。

吴郭就是外城,吴小城里有东西两个宫殿。吴郭、吴大城与小城,组成了三重城的形制。在吴大城每个方向的城垣上各开两个城门,分别为胥门、盘门、蛇门、匠门(现称相门)、娄门、齐门、平门和阊门,八个城门象征"八卦"。水陆城门基本上都能找到古今对应的地理位置,名称大部分沿用至今。

历史上,苏州城市的总体变化不大。在唐代,叛将战乱导致城墙毁损,唐末刺史张傅主持修复,整体呈"亚"字形状,称为罗城。据记载,当时的苏州城墙南北长12里,东西宽9里。在宋代,《平江图》中刻录的城墙南北长约9里,东西宽约7里,周约32里。直到如今,苏州护城河内的古城区面积仍是14平方公里左右。

近年来,考古证据表明,苏州西南部山区木渎、胥口一带山间盆地存在春秋晚期聚落遗址。吴国的泰伯在梅里发家,在从部落到早期国家的发展阶段中,他的后人曾多次向东迁徙。

根据历史记载,寿梦(第19代次,正式称为"吴王")、诸樊(第20代次)迁吴筑城,可能就是选在苏州木渎一带。后来阖闾(第24代次)令伍子胥筑新城,选定在了如今的苏州古城区。也有学者认为,木渎一带的春秋遗址,是吴王的西部行宫和吴军的军事要塞。

《越绝书》中,称吴王"秋冬治于城中,春夏治姑胥之台"。到了阖闾的儿子,也就是吴国末代君主——夫差手上,在王城外造了许多小城,如邗城、鸭城、鱼城、铜城等,还有姑苏台、馆娃宫等郊外建筑群。

这些离宫别苑特别值得注意,因为它们都是苏州园林的乳莺初啼啊。

半酣凭槛起四顾,七堰八门六十坊。

远近高低寺间出,东西南北桥相望。

——〔唐〕白居易《九日宴集醉题郡楼》

"七堰八门六十坊","东西南北桥相望",对于苏州的记录不仅局限于诗文,更出现在众多史料之中。《越绝书》是古代地方志中的经典,成书于汉代。《吴越春秋》也是汉代对吴越所作的编年史。从上文可以发现,两书所记载的大城完全重合一致。而且,苏州的城市规模、城市形制被后世各类官方典籍、民间记载反复印证。例如,唐代陆广微的《吴地记》,张守节的《史记正义》,宋代范成大的《吴郡志》,朱长文的《吴郡图经续记》,等等。除了史书记载外,苏州城乡文物和遗迹比比皆是,许多以吴国典故命名的老地名,至今仍在沿用。

在苏州平门古城墙遗址,考古发现了西周到战国时期的夯窝遗存和印纹陶片等文物,从硬证据角度,印证了这座城市在战国时期的地理位置。阖闾大城外围,除现在的苏州市吴中区一带分布着很多春秋遗址外,散落于苏州高新区的几个春秋墓葬,也是非常有力的考古佐证。在浒墅关的真山、通安的鸡笼山、东渚镇的宝山先后发现了春秋墓葬,从墓冢规模形制和墓中残存文物看,应属于吴国国君或王室成员。

如今各个城市对于历史资源的追求,有的是出于对历史的尊重,也有的是出于历史文化搭台,经济唱戏,没什么对与错。吴文化是长江下游、太湖流域诸多城市的共同财富,但是阖闾大城作为苏州城市的起源,作为吴文化的中心城市,是毋庸置疑的。

竹树掩窗扉

不过,从城市管理者的角度来说,城乡建设与考古之间的关系可以处理得更柔和些。不然,随着城市化进程的加速,一些考古实证的"硬证据"可能就会永远封存在高楼大厦之下了。在热衷于营造新景点、洋景点的同时,若能在保护的基础上,将吴地留存的真古董串珠成线,其文化旅游的价值应该更大。

> 凤泊鸳飘别有愁,三生花草梦苏州。
>
> 儿家门巷斜阳改,输与船娘住虎丘。
>
> ——〔清〕龚自珍《已亥杂诗》

三生花草梦苏州,古城一梦,做了 2500 年。其实苏州城的"不变",除了伍大师选址选得恰当外,还结合了很多客观因素。

首先,苏州建城后没有碰到毁灭性地震,近 500 年来苏州市域范围内发生破坏性地震 8 次,最高为 5.1 级(《苏州地理》)。我们常举虎丘塔为例,因为地震少,落成于北宋建隆二年(961)的古塔历经千年,斜而不倒。

其次,由于周边地形特点和历代水利经营,洪涝对于城市的影响较少,更没有河流改道等对城市有重大影响的事件。

第三,在古代历史上,战争也是城市变迁的重要因素。在历代王朝更替中,苏州不可避免被波及,其中南宋金兵入侵,元军、清军入城,太平天国战乱等,都对城市有重大影响,不乏屡毁屡建的经历。例如 1279 年,元兵攻占苏州城后,城墙全部被毁,废弃的城堞上成了百姓的杂居之处。好在由于经济与文化的积累,医治战争创伤的时间更短,苏州城很快恢复了元气,并没有衰落或移址重建。

不过,说苏州古城在 2500 年中完全不动窝,也不准确。在隋朝统一天下后,由于在隋军灭陈过程中,古城曾遭较严重的破坏,同时,出于军事需要,于公元 592 年将州治迁移至城西南横山脚下建造"新郭"。35 年后的唐初,又觉得不合适,移回古城旧址。当然,这又成为当初伍大师选址正确的一个有力证明。

北宋朱长文在《吴郡图经续记》中对此有一段到位的评论:

自吴亡至今仅二千载，更历秦、汉、隋、唐之间，其城洫、门名，循而不变。陆机诗云：阊门何峨峨，飞阁跨通波。其物象犹存焉。隋开皇九年，平陈之后，江左遭乱。十一年，杨素帅师平之，以苏城尝被围，非设险之地，奏徙于古城西南横山之东，黄山之下。唐武德末，复其旧，盖知地势之不可迁也。观于城中，众流贯州，吐吸震泽，小浜别派，旁夹路衢，盖不如是，无以泄积潦安居民也。故虽有泽国，而城中未尝有垫溺荡析之患，非智者创于前，能者踵于后，安能致此哉？

——从吴国灭亡已经2000年了，这个城市经历秦汉隋唐，城墙河道、城门名称都没有变化。陆机在《吴趋行》中描写"阊门何峨峨，飞阁跨通波"，事物景象留存至今。隋开皇九年（589）平陈后，江左叛乱。十一年（591），杨素平灭叛乱后，认为苏州城曾被围，无险可倚，向上汇报后把府治移到古城西南横山东、黄山下。到唐代武德年末，又将府治恢复到古城原址，才知道这地势不能迁啊。你看看这城市中，很多河流贯穿，通达大湖，小河众多，河路相傍，不然就不能排积水、安民心。虽然是水城，城中却没有水患。不是智者开创城池，能人跟在后面完善，又怎么做得到呢？

三、沧浪之水·和谐之美

1

> 把钓丝随浪远，采莲衣染香浓。
> 绿倒红飘欲尽，风斜雨细相逢。
>
> ——〔唐〕陆龟蒙《和胥口即事》

陆龟蒙是苏州土著，常乘船于江湖间吟游，写景小诗句句透着"湿"意。现在都说"大数据"，从统计数据来看，苏州是个如假包换的水城：北枕长江，西濒太湖，雨量充沛，水资源丰富。区域内水道纵横，湖泊密布，构成河湖交织、江海通连的水网格局。

以现在的苏州市行政管辖区域面积计算，水面达到42.5%，平原占55%，丘陵不到3%。水域面积中，包括了太湖水面的约四分之三，星罗棋布的300多个大小湖荡，以及2万余条河道。苏州城乡500亩以上的湖荡就有129个，千亩以上的湖荡 87 个。

对于拥有悠悠历史的苏州来说,水是滋养城市的本源所在。正是这城内城外纵横密布的水网湖荡,将苏州城市的个性勾勒出来,成为苏州作为历史文化名城的魅力之源。我们常说,无论是小桥流水人家的城市风貌,温婉儒雅的民风特质,还是昆曲、评弹、苏绣、苏工技艺等文化传承,都是在水的浸润中积淀成的瑰宝。

伍子胥在画他的规划草图时,就已经勾勒奠定了苏州的水城特色。在苏州古城的规划中,充分利用了水乡泽国的资源优势。古城西面靠太湖地区多丘陵,地势较高,到了城区一带水势渐为平缓,众水绕城后东流而去,有利于防洪泄洪。以小河将水系引入城内,一是解决居民生活用水需求;二是兼具防涝的蓄水排水功能;三是提供交通运输的功能,为此城垣上还设计有四个水城门,便于水上交通管控。

在阖闾大城内,有三横四纵的骨干河道网络。从《平江图》中可看出,到了宋代,在三横四纵的骨干河道基础上,城区河道已发展为六纵十四横,共二十条河流;相应的道路也有二十条,其中贯穿南北的卧龙街,就是现在的人民路。整个城区,形成了"水陆相邻,河街并行"的双棋盘格局。

经过历年的不断完善,明代《吴中水利全书》记载,苏州除"城内河流三横四直之外,如经如纬尚以百计,皆自西趋东,自南趋北,历唐、宋、元不湮"。在水陆并行的交通格局中,必须架设很多桥梁,平江图上就刻画了 350 多座桥。根据不完全统计,在苏州古城内,至今仍保留着 160 余座桥梁,其中古桥 70 座左右。

其实,从水利工程的角度来说,这种"双棋盘"的城建格局,施工起来也比较经济:在疏浚河道时,将挖出的河泥堆在一侧道路上,用以夯实路基和河堤。唐代诗人白居易在苏州做过父母官,在他的任期内有个最大的"政绩工程"——山塘街。据史料记载,他组织人力疏浚开通七里山塘河,并用挖出的河泥为基础,在山塘河侧修建道路。这条山塘街,将苏州古城与西北郊外的虎丘景区连接起来,逐渐形成了繁华的商业片区。

在城外,也有很多这样的水利工程。例如,北宋时曾筑吴江塘路,一直通到浙江嘉兴,长百余里,七里一纵浦,十里一横塘,堤岸与道路纵横,既有利于农田水利建设,又有利于水陆交通。虽然不像古城内那样规整划一,但也可以看作是双棋盘格局的"放大版"。

君到姑苏见，人家尽枕河。

古宫闲地少，水港小桥多。

——〔唐〕杜荀鹤《送人游吴》

水港小桥，枕河人家……从空中鸟瞰苏州古城：以公里为尺度，古城城区面积在各个时期虽有增扩或是缩减，但是总体位置、格局保持稳定；以百米为尺度，城市平面布局的"双棋盘"形态直接影响着城内街区的空间布局。

一个典型的苏州古城街区（Zoning）南面是街巷，街巷南侧就是河道；北临河道，河道再往北又是街巷。换句话说，就是大多数住宅片区前街后河，民居、公建、交通体系相互作用，形成了独具魅力的城市特色。

枕河人家的生活方便惬意，把后门一开，从石级踏步向下，就可以触碰流淌的河水。主妇们在这里洗菜、淘米、浣衣；同时，这里又能临时停靠船只，让农家将最新鲜的鱼虾、瓜果、蔬菜直接送上门来，效率堪比现在的快递小哥。

在苏州，沿河的建筑有高有低，哪一条河道都不是平铺直叙的。这里一处建筑伸到河面上方，那里出现一个内凹码头；这里岸边点缀三两树木，那里沿河斑驳墙壁上嵌有各式花窗；加上石桥点缀，整个水巷景观非常丰富。难怪一说到烟雨姑苏，总会拿这幅画面作为标准镜头。美则美

亭阁绕碧池

矣，但有一个问题：既然城市总轮廓变化不大，随着明清经济繁荣，人口快速增长与有限宅基地间的现实矛盾，古人是如何应对的呢？

首先，由于江南木结构建筑的特点，苏州民居以单门独户居多，最多两层。要提升容积率，向上争取不行，就只有依靠提高建筑密度了。如今古城内，有很多保留完好的小巷子，民居沿街沿河，蜿蜒连绵，重重叠叠，错落有致，构成了"小桥流水人家"的意境特色。

在笔者儿时,即使是穿城而过的南北主干道——人民路也并不宽阔,就像是一条"大弄堂"。大石块垒砌的路面,虽然坐在公交车上有些颠簸,但古朴漂亮。正是这种高密度,催生了建筑群落中的地域特征。例如,小街区共用一片水井场地,住宅之间以窄巷备弄链接,屋宇之间点缀非常小巧的天井,等等。

其次,在"双棋盘"的紧凑格局中,与邻居的房子已经是在跳"贴面舞"了,没法左右拓展。不能向前去侵占街巷路面,就只能向后面河道做最大程度的争取工作了。宋代,苏州城内的河岸达到164里以上。关键是这些河道的驳岸是官家修建的,由花岗石层层冷叠砌筑,质量非常好。于是,很多民居就以驳岸为一侧房基,压着驳岸建房。更厉害的,用大木桩直插河底床来承重,或者利用驳岸上的"挑筋",也就是驳岸上伸出河面的石条作为支撑点,从水面争取一点点居住面积。

这种与水相伴、空间紧凑的建筑形式,与威尼斯的街区异曲同工。威尼斯人也是借水面来构筑民居,并以水巷沟连交通,在冈多拉那不紧不慢的桨声欸乃中,伴随着意式清梦。难怪大家都说:苏州是"东方的威尼斯"。其实,威尼斯也是"西方的阖间城"啊!

上文我们谈到了城市的整体格局、街区的张弛尺度、民居的紧凑特点。这时再看苏州园林,多是几亩的小个子,甚至出现很多"螺蛳壳里做道场"的袖珍园林,就一丁点儿也不奇怪了。

水道脉分梓鳞次,里间棋布城册方。
人烟树色无镈隙,十里一片青茫茫。
——〔唐〕白居易《九日宴集醉题郡楼》

郡楼高耸,从上往下看,民居群落的屋顶,呈现出青茫茫的一片。多年来随着经济社会的快速发展,古城保护虽有很多遗憾之处,但总体上说还属完整协调。只要是选个好天气,登上北寺塔,也能感受到白居易当年的视域。

当代中国可以说是世界建筑设计师的盛宴,求亮点搏出位的建筑设计师,有钱任性的甲方,再加上时隐时现的长官意志,让很多大型公用建筑一定得求新求变、求难求异。但是常常会遇到这样的情况,单体建筑设计在效果图上、在 PPT 汇报中奇异美观,但若真的栽种到一个街区中,建设完工后,效果却差强人意。

与之对比的,是苏城的古代建筑。无论行走在苏州的大街小巷、周边古镇,还是太湖中的小岛,一色的粉墙黛瓦青砖地。粉墙是指雪白的墙壁,黛瓦是指青黑色的瓦。苏州古城建筑的主色调,便是在这青山绿水之间的雪白与青黑。这种风格是由当地工匠,用代代相传的工艺,因地制宜,一栋栋房屋,一个个街区,经年累月积攒起来的,也可以称为一种诗意的自然生长。虽然单体建筑细究起来平淡无奇,但只要将广角镜头向后猛地一拉,整体的美感就迸发出来,铺陈开去。

宝岛的建筑学家汉宝德,有这样一段分析:

> 建筑的环境有时候不是单栋建筑的问题,而是建筑集体呈现的效果。他们不是建筑师,只是一些匠师,使用代代相传的技术,在约定俗成的一些社会规范下,按照各家的财力所建造出来的。这样的环境常常是几百年间陆续累积而成。对于外来的游客,由于很自然地呈现了地方文化的特色,常带来极大的心灵冲击,而被感动。在这方面,绝不是建筑师个人的创造力及其设计的独栋建筑所可企及的。

建筑的单体设计重要,但更加重要的是,建筑是否能与城市环境相和谐,建筑是否能与当地文化相和谐,建筑是否能与建筑的使用者相和谐。除了江南小镇、安徽宏村之外,类似的例子其实还有很多,例如凤凰、丽江、平遥、苗家古寨、圣托里尼、佛罗伦萨等等。

也正因为建筑的和谐之美,有时甚至只有化作飞鸟,才能发现苏州园林大宅的存在。而以平视的角度,从街道上看园林,只是门楼稍显高举,并没有描金画银的豪奢装饰;在白

艺圃隐窄巷

色的围墙上,偶尔有两扇栗壳色窗户,下面是普通的花岗石或青石勒脚,上面是灰黑色屋面,与周边一、两进的小民居没有太大分别。

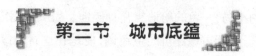

第三节　城市底蕴

一、和合致远·兼容并蓄

> 枫桥西望碧山微,寺对寒江独掩扉。
> 船里钟催行客起,塔中灯照远僧归。
>
> ——〔明〕高启《赋得寒山寺送别》

　　唐代张继的一首《枫桥夜泊》,让地球人都知道了寒山寺。寒山寺始建于六朝,最初的名字叫妙利普明塔院。相传唐贞观年间,寒山、拾得两位高僧从天台山来到苏州,担任寺院主持。此后,寺院改名为寒山寺。现在到寺中参观,能够看见寺内供奉的寒山拾得的木雕金身像,以及扬州八怪之一——罗聘所绘的寒山拾得画像石刻。

　　寒山、拾得,也就是民间传说中的"和合二仙"。先看看一段对话,约略感受一下他们的卓然风采:寒山问,世间有人谤我、欺我、辱我、笑我、轻我、贱我、恶我、骗我,如何处治乎?拾得答道,只是忍他、让他、由他、避他、耐他、敬他,不要理他,再待几年你且看他……

　　与这种超然态度相配套的,是二仙胖嘟嘟的身材,笑盈盈的模样。他们一位手持荷花,一位手捧圆盒,这"荷"与"盒"就衍生出"和谐合好"的意思;而且手中的荷花还得是"并蒂莲",从盒中还得再飞出五只蝙蝠,寓意着五福临门。一大堆口彩叠加在一起,成为大吉大利的 N 次方。

　　苏州桃花坞木刻年画中,《一团和气》是代表作品之一。年画将和合二仙图进行了艺术加工,演绎成为一位明亮绚丽、花团锦簇的胖老太太,体现"家和万事兴"、"和气生财"、"和合致祥"等理念。

在姑苏城东面的金鸡湖畔，矗立着一座不锈钢的现代雕塑，高约 12 米，由两个动态扭转的圆紧密相叠而成，中间有一方窗，面对着碧波千顷的湖面。这座雕塑名叫"圆融"，蕴含了中新两国紧密合作、相辅相成、相互交融的深意。它以抽象的表达，诠释着现代苏州开放借鉴、兼容并蓄的精神。

2

> 欲上姑苏望虎丘，小邦宁有此风流。
> 山川形势今三辅，人物英雄古列侯。
> ——〔宋〕刘过《上袁文昌知平江五首》

小城风华，名人辈出，原因之一就在于这"和合"二字。说起和合，"老美"最喜欢，基础英文教材中大多总有一章，讲自己是个文化大熔炉（Big Melting Pot）。的确，文化由传播而接触，由接触而碰撞，由碰撞而调整，由调整而融合，形成一种新的文化体系，现代美国文化就是多种文化融合的结果。

前文在梳理 2500 年苏州城市的历史脉络时，曾经总结了从泰伯开始的四次中原文化与江南文化的大融合。其实，在漫长的城市历史中，还有一次次小规模的碰撞与融合，时时在吴地发生。正是文化的融合与发展，成为推动吴地经济社会快速发展的引擎。

林转亭方现

实际上，从改革开放后近 40 年来苏州走过的发展道路来看，可以清晰地看到对于和合传统的传承与坚守：承接上海等地的先进技术，乡镇工业遍地开花，吴地经济一路小跑；承接外商投资热潮，外向型经济飞速发展，吴地经济提速增量；承接国际技术转移，引进国内外科研机构、大学，吸引培育科技型企业与人才，以创新引领带动转型，吴地经济换档升级……其实，这些都是吴地开放包容的文化传统为今日苏州所做的铺垫与贡献。

第一章　城市，园林的张弛尺度

论语中有句话大家非常熟悉——"智者乐水,仁者乐山"。水漾苏城,水养苏城,正因为古城具备了滋养智者的人文条件,和合精神才能在这里传承,在这里致远。以更细微的视角来看,和合文化早就已经将触角延伸到每个市民中。柔美的吴语吴歌,礼貌的待人接物,包容的社会氛围,细致的合作精神……都是苏州人给人留下的印象。以更宏大的视角来看,吴文化本是和合包容的文化,作为吴文化的中心城市,依托历史底蕴和经济社会基础,苏城有着强烈的文化自信、不懈的精神追求。

二、崇文重教 · 书院学风

1

> 崇文睿智,开放包容,
> 争先创优,和谐致远。
>
> ——苏州城市精神

城市精神,是一座城市对于自身文化传承、发展方向的高度浓缩与凝练。从苏州的城市精神中,可以看到这个城市对于文化传统的重视。苏州曾经多次用公开方式征集、评选出城市精神。有意思的是,最近两次的第一个主题词都是"崇文"。这反映了苏州各界的一种共识,反映了各方对于古城浓郁文化氛围的一种认同。

隋唐开科举,后世逐步完善。虽然"八股文"的考试方式让文化缺失了应有的活力,但客观说来,是一种相对合理的人才遴选模式。首先,无论贵贱,不分年龄,以学问作为取吏的标准,将读书人吸引到官员队伍中来,保证政府在接受过儒家教育的文吏手中运作,有利于古代治国理政体系的稳定性。其次,参试者机会的相对公平,给了普通民众一条向上的通道,激励整个社会获取文化知识。从更深层次来看,由于官僚身份不能世袭,加上其家产田地又会被分散给几个儿子,官僚的后人很容易在两三代后变回平民;与此同时,平民可以通过科举考试取得功名,从而再次进入士绅、官僚阶层。只要有循环与对流,就能在一定程度上缓和社会矛盾。

学而优则仕的愿景,让大量吴地平民学子们刻苦攻读。至今,苏州老一辈人教育孙辈好好学习,都会用"书包翻身"这句吴地旧谚。在整个科举时代里,苏州及下辖各县,出了近 3000 个进士,其中状元人数为 50 人;明清两代,一共产生过 202 个状元,其中苏州人就有 35 名,比例高得吓人。

苏州城里的三元坊牌楼已经湮灭,只留下地名和清代钱棨连中三元的故事。好在在苏州西南的东山陆巷村王鏊故居前,仍保留着三元牌楼。王鏊是明朝户部尚书、文渊阁大学士。有意思的是,陆巷三元牌楼是"解元"、"会元"和"探花",最后一块并非"状元"。当地流传这样一则故事,主考官自己是个三元及第的大牛人,不想让王鏊抢了风头,所以将他降为探花。

能金榜题名的,毕竟只是金字塔尖上的少数骄子。状元的数量,其实更多地体现了吴地文教之隆,体现了文化金字塔塔基的宏大敦实。

2

> 高压郡西城,观风不浪名。
> 山川千里色,语笑万家声。
> 碧寺烟中静,红桥柳际明。
> 登临岂刘白,满目见诗情。
>
> ——〔宋〕范仲淹《苏州十咏·观风楼》

公元 1035 年,范仲淹来到"碧寺烟中静,红桥柳际明"的苏州当父母官。古代地方官员要轮岗,在一个城市短短几年,能明断是非,多为百姓争取些灾荒免徭役之类的,就已经是好官了。而有"功成不必在我"心态,大搞长线项目的,实在属于凤毛麟角,老范就是这样一位"关键少数"。

苏州坊间传说,范仲淹在卧龙街(现在的人民路)的南园购买了一片土地,准备建个自家的园林宅院。正巧某位知名大师来到苏州,经过一番勘察后,称赞这里是块风水宝地,正是卧龙的龙头处,安家于此必能子孙兴旺,世代卿相不断。

范仲淹听了这话,说道:我一家富贵,哪能比得上天下有志之士在此接受教育,源源不断地培育出有用

府学吴郡始

之才呢？于是他献出了这块宅地，修建了苏州州学（府学）。州学府学，成为苏州官办教育的滥觞。

范仲淹有个"断齑划粥"的故事：他小时候生活困难，每天只煮一碗稠粥，凉了以后划成四块，早晚各取两块，拌几根腌菜淋上点醋汁，吃完继续读书，乐在书中，终于熬成一代学霸。考虑到这则典故，老范对于寒门读书人的特别关爱，就不难理解了。

由于这个试点示范的效果很好，在第三年朝廷就下令，天下州县都要开办学校。作为开科取士的官办专门机构，府学把文化教育事业纳入了制度性轨道，经费有专门拨款，教员由官府任命，学校还提供膳食。府学既搞应试教育，又作学术研究，还带点儿统筹地方教育的行政功能，在教育发展史上有重要地位。官办府学的设立，还带动了后来各县县学设立，为吴地教育水平的整体提升打下了坚实基础。

苏州府学还与文庙相临，文思层叠，更有意韵。在府学旧址上是如今的苏州中学，这可是笔者从出生后就一直住了多年的儿时圣地。母亲是教师，一家人挤在一间校内教工宿舍里，那是幢破旧的两层砖楼，住着很多户人家。但是名字却起得响亮非常——紫阳楼，那是向清代苏州的紫阳书院致敬。紫阳书院于清朝康熙年间，由理学家、江苏巡抚张伯行在苏州府学内的尊经阁创办。

在小屁孩的眼中，二十米的"巍巍"道山，几百平方的"茫茫"碧霞池、春雨池，学校南端"高耸入云"的孔庙大殿，便是全部的山川天地。多年以后，又有幸在此读了三年高中。资质一般，但是好在浸得时间够长，终归是从范文正公那里，沾上了一星半点的文风正气。行文至此必须徇点儿私，多多赞美老范几声：

范文正公是个全才，不仅是文采好，他还领兵打趴过西夏，主持过政治变法。留给后人的，不仅有"先天下之忧而忧，后天下之乐而乐"、"不以物喜、不以己悲"这样的千古名句，更有《灵乌赋》中"宁鸣而死，不默而生"这样的时代强音。胡适曾经说过，这句话与七百年后美国独立战争名言"不自由，毋宁死"（Give me liberty or give me death）同频共振，颇有些道理。苏轼在《范文正公集》序言中总结得非常到位："非有言也，德之发于口者也……非能战也，德之见于怒者也。"也就是说，老范的华彩文章和战斗指数，都是他人格品德自然外发的结果。

为他创办苏州府学，再次点个赞！

> 移任长洲县,扁舟兴有余。
>
> 篷高时见月,棹稳不妨书。
>
> 雨碧芦枝亚,霜红蓼穗疏。
>
> 此行纤墨绶,不是为鲈鱼。
>
> ——〔宋〕王禹偁《赴长洲县作》

很多诗人、文学家曾在苏州做官,王禹偁也是其中一位,他来苏州府下的长洲县当领导,还特别声明:虽然这里鲈鱼鲜美,我来这里可"不是为鲈鱼"啊。历代的苏州官员都非常重视教育,官办在前引领作主力,民间办学的力量也不容小觑。在府学县学带动下,苏州民间兴起了多种多样的教育机构。

首先出现的是书院,书院不靠政府拨款,创建者自己筹措场地、设施等的启动经费;通常还会捐献出一大片学田,作为长期运营的经费保证。书院的课程多为经学古文,而在书院掌教的人一定得是学者大家。

苏州最早的书院——和靖书院创建于公元1234年,位置在虎丘附近。历史记载的,还有上文提到过的紫阳书院,以及苏州书院、学道书院、鹤山书院、甫里书院、文正书院、金乡书院、碧山书院、天池书院、道南书院、芥隐书院、平江书院、正谊书院、太湖书院、锦峰书院、学古堂、昆陵书院等等。

除此之外,地方上还有社学、义学、私塾、家塾等初等教育机构。这些机构多为民间团体、义庄宗祠设立,教授《三字经》《百家姓》《千字文》等基本文化知识。一方面让平民子弟具有最基本的识文断字能力;另一方面,也为其中的优秀者到书院、府学继续深造,走上科举应考之路作些热身准备。

从府学发端,县学兴盛,到各类民间办学遍地开花,多层次、广覆盖的教育机构,让想读书的苏州人大多能够找到研习之地;也让吴地重视教育、尊重知识、敬仰德才的社会风气日渐兴盛。到了清末,废科举开学堂,这座城市里又是名校林立,人文渊薮。

正是经济和文化的整体实力,让苏州"崇文重教"的传统绵延至今。同时,由于教育程度的普遍提高,民风淳朴,礼教周全,以及社会秩序相对稳定,都为苏州的文脉延绵与社会发展提供了保障。

第一章 城市,园林的张弛尺度

三吴佳县首,民物旧熙熙。

专用清谈治,非如俗吏为。

林疏丹橘迥,稻熟白芒欹。

宜使民无忘,严修太伯祠。

——〔宋〕司马光《送扬太祝知长洲县》

"砸缸"的司马光,送朋友来苏州上任,第一件事情就是让他"严修太伯(泰伯)祠"。古代很多文人官员都非常重视文脉传承。现在,文脉这个词用的频次有点过高,大多数城市规划、建筑设计文本,甚至房地产广告中,非得要来上这么一句。

但是,文脉究竟是什么? 苏州古代的文化之树,一堆的状元可以算是树冠,扎实的教育氛围是根基。文脉是这棵文化之树,从千年历史中积累精华,从繁华古城中得到滋养,让各个领域的优秀人才开枝散叶,焕发出蓬勃生机。

书斋翠微中

苏州的文学家,有写《文赋》的陆机,唐代诗人陆龟蒙,宋代文学家范仲淹、诗人范成大,明代诗人高启、散文家归有光,写白话小说"三言"的冯梦龙,明末清初文学评论家金圣叹,高喊"天下兴亡,匹夫有责"的顾炎武,清代写《浮生六记》的散文家沈复,等等。

苏州的艺术家,有六朝时期画家陆探微、张僧繇,元代画《富春山居图》的黄公望,明代"吴门画派"沈周、祝允明、唐寅、文徵明,等等。诗书画印本是相通的,这些人代表着苏州文化艺术的整体水平。更不用说,还有大批曾经流连于此,离开后又万分留恋的苏城过客,或者大批定居诗文之城的古代"新苏州人"了。

苏州的文化脉络从来没有中断过。举个例子,苏州籍的两院院士已经有100多位,李政道、吴健雄、何泽慧、王淦昌等,都是科技界的泰斗级人物。苏州园林沧浪亭中,清代建有"五百名贤祠";现在的苏州市公共文化中心内,专设了"状元宰辅厅"和"院士厅",诉说着他们生长于兹的悠悠往事。

> 宣城独咏窗中岫,柳恽单题汀上苹。
> 何似姑苏诗太守,吟诗相继有三人。
> ——〔唐〕白居易《送刘郎中赴任苏州》

苏州是唐代的江南雄州,既是江南东道的治所,又是苏州府州府,下辖六七个县城。唐代诗人韦应物,在公元790年来苏州当刺史,在苏州留下了40多篇诗歌,描写苏州风光。特别是一首《郡斋雨中与诸文士燕集》最为后人称道:

> 兵卫森画戟,宴寝凝清香。海上风雨至,逍遥池阁凉。烦疴近消散,嘉宾复满堂。自惭居处崇,未睹斯民康。理会是非遣,性达形迹忘。鲜肥属时禁,蔬果幸见尝。俯饮一杯酒,仰聆金玉章。神欢体自轻,意欲凌风翔。吴中盛文史,群彦今汪洋。方知大藩地,岂曰财赋疆。

——门前兵卫画戟林立,室内焚檀凝聚清香。海上风雨吹来,池阁适意清凉。扰人病痛快要消散,嘉宾重聚济济一堂。惭愧居室如此华丽,却未见百姓有多么安康。领悟道理才能分辨是非,性情达观才能物我两忘。夏令不宜荤腥,请大家放开肚子把蔬菜水果品尝。躬身饮杯美酒,抬头聆听在座各位吟诵金玉诗章。心情欢畅身子也变得轻捷,真想要去凌风飞翔。苏州不愧为文史鼎盛的所在,文人学士多如大海汪洋。现在才知道大州大郡的地方,哪能仅仅以GDP称强?

35年后,诗人白居易来到苏州当刺史,他对韦应物非常崇拜,在《吴郡诗石记》中写道:"韦嗜诗,每与宾友一醉一咏,其风流雅韵,多播于吴中。"还遗憾当时年少没有机会参与韦苏州的诗酒宴游。白居易在吴地,才当了一年半地方官,不仅是搞出了山塘街这样的民心工程,更留下了130多篇诗歌。难怪沧浪亭"五百名贤祠"中赞扬他是"白傅忠谠,施雨有政。百首新诗,袖中吴郡"了。

老白在苏州主政,写了首新诗给诗友刘禹锡;而刘禹锡立刻从远方寄来唱和诗篇:"苏州刺史例能诗,西掖今来替左司。"(《白舍人曹长寄新诗》)韦应物做过中央直属机关左司郎中,白居易当过中书舍人,中书省又称西掖。刘禹锡说苏州刺史例能诗,你看白西掖接着韦左司来苏州了。

估计刘禹锡没想到的是,十年后自己也从礼部郎中任上,跑到苏州当刺史来了,前后守苏三年。因为治理得法,被老大赏赐了紫金鱼袋。听到这一消息,白居易立马赋诗一首:"海内姑苏太守贤,恩加章绶岂徒然。"(《喜刘苏州恩赐金紫》)

白居易和刘禹锡之间寄来寄往、唱来和去的诗非常多,后来还专门成集——《刘白唱和集》,除了交流苏州这种大都市的管理经验,小温馨的场景也不少。例如刘禹锡把酿酒糯米发了个快递给白居易,老白这个高兴啊,立刻秒回了个微信:"金屑醅浓吴米酿,银泥衫稳越娃裁。舞时已觉愁眉展,醉后仍教笑口开。"(《刘苏州寄酿酒糯米》)

后人常说的"苏州三贤"就是韦、白、刘这三位文坛风云人物。南宋时,苏州诗人范成大在《吴郡志》中干脆把这种情况作了充分的总结拔高,捧了城市又捧了人——"吴郡地重,守郡者非名人不敢当"。

> 竹烟为我喜,波月为我妍。
> 篱菊冻不花,一笑亦粲然。
> 醉中化为蝶,飞随虎丘山。
> 齐云已在眼,忽然远於天。
>
> ——〔宋〕杨万里《谢苏州史君张子仪尚书》

竹烟、波月、篱菊本是寻常之物,重要的是那一双发现的眼睛,以及能够领悟意趣的心灵。文化建设需要韦、白、刘们的引领,但决不仅仅是高层的事情。由于基础教育水准较高,让普通市民形成了较强的文化审美能力。随着古城经济的发展,民众也有了几分闲情、几个闲钱和一些闲工夫,追求自身的精神文化享受。

在大量学者文人不断涌现的同时,古代苏州手工艺发展也日趋繁荣,并在明清两代达到高峰。朝廷专门在苏州设立织造局,组织收集供宫中观赏的工艺品。一方水土养一方人,苏州的工艺与艺术品类繁多、精巧高雅。直到今天,"苏工"仍然代表了玉石雕刻、书画装裱、红木家具等行业的最高水准。

在1997年和2000年,九个保存完好的苏州园林,被联合国教科文组织列入"世界文化与自然遗产名录"。在这里,简单罗列一下苏州曾经获得过的世界级、国家级非物质文化遗产名录项目。Intangible Cultural Heritage 正式翻译是"非物质文化遗产",也可以翻译为"无形文化遗产"。《老子》说的"无状之状,无象之象",用来解释这种看不见、摸不着,但又在一个城市中无处不在的"文脉",应该是再贴切不过的了。

目前,苏州入选"人类非物质文化遗产代表作名录"的共有六项,其中后面四项是与其他城市共同打包申报入选的:昆曲、古琴、苏州端午习俗、苏州宋锦、苏州缂丝、苏州香山帮传统建筑营造技艺。而列入国家级非遗代表作名录的就更多了,目前有32项。这里区别于官方的非遗分类体系,将苏州的非物质文化遗产,按与苏州园林的亲疏程度,试分为以下几大类别:

园林古建及相关技艺	香山帮传统建筑营造 苏州御窑金砖制作 明式家具 盆景技艺
生活杂项制作技艺	碧螺春制作 制扇 苏绣 宋锦织造 苏州缂丝织造 中医传统制剂方法(雷允上六神丸)
赏玩清供	玉雕(苏州玉雕) 核雕(光福核雕)
戏曲曲艺	昆曲 苏州评弹 苏剧 滑稽戏 吴地宝卷 戏剧装戏具制作

民间音乐	古琴艺术 玄妙观道教音乐 江南丝竹 古琴艺术(虞山琴派) 民族乐器制作(苏州民族乐器)
美术相关	桃花坞木版年画 泥塑(苏州泥塑) 装裱修复 国画颜料制作(姜思序堂国画颜料)
民俗方面	灯彩(苏州灯彩) 端午节(苏州端午习俗) 苏州甪直水乡妇女服饰 苏州轧神仙庙会 金村庙会

第二章　溯源，园林的发展脉络

园林风格、园林体系因城而各异。只有读懂一个城市，才能读懂这个城市中的园林特质。上一章解读苏州的城市脉络、城市机理和城市底蕴，都是为了更好地解析园林。

阖闾大城的张弛尺度，决定了苏州园林的建筑规模；粉墙黛瓦的城市建筑特色，影响着园林的建筑风格；流淌的沧浪之水，昌盛的文化氛围，孕育了园林的建筑之灵。

2500 多年前，伍子胥相土尝水，栽下了一粒种子。随着它扎根江南不断成长，那物阜民丰、风物清嘉的经济社会环境，和合包容、崇文重教的城市精神，以及跨越千年、绵延不断的历史文脉，都成为苏州园林繁盛的客观条件。

苏州，不愧为一座园林城市。根据同治《苏州府治》记载，在明代，苏州的宅第园林有 271 处；清代，有 130 余处。苏州园林，就像是一粒粒珍珠，镶嵌在双棋盘格局的碧波幽巷之间。它们的光芒并不耀眼，内敛雅致，却绝对不会让人错过。

苏州园林，早已经成为这座古老城市的名片。这一章，我们将追溯苏州园林的历史之源，并从硬件（自然之赋）和软件（理论之基）两条线，梳理出苏州园林的发展脉络。

山水又一城

第一节　历史之源

一、源自春秋·南朝显现清晰轮廓

1

> 夏驾湖头朱雀舟，湖光山色不胜秋。
> 丘中不见金银气，台上闲看麋鹿游。
>
> ——〔元〕杨维桢《吴咏十章用韵复正宗架阁》

朱雀舟飘过的夏驾湖，麋鹿群乱窜的姑苏台，都可以算作最早的苏州园林。在夏商周的悠远年代里，园林被称作"囿"、"园"、"苑"，绝大多数为君王所有。

不过，由于当时的生产力水平还很低，连耕牛和铁农具都还没出现。老祖先们用的是青铜器，住的是夯土茅草屋。君王虽然拥有天下，但是在真正改造自然时，仍然显得有心无力。因此在建造园林时，主要是依托自然山水、池荡丛林，稍加改造形成。

例如，周文王的灵囿方圆70里，草木茂盛，鸟兽繁衍。这些圈起来的"苑"、"囿"，会放养些珍禽奇兽，一方面供欣赏，一方面可作狩猎娱乐，兼顾着时不时能打个牙祭；还有的园子以栽种农作物为主，种菜的叫"圃"，种果的称"园"。当时的园林已经兼具游赏性与功能性，但相对来说，还是功能性显得更为重要。

到了春秋战国时期，君王们的日子明显舒坦起来，园林中开始大量增加人造景观，将雄山秀水与台地式宫殿结合起来，成为讲求气派的宫苑。随着吴国国力的不断增强，寿梦正式称王。作为称王争霸的第一个吴王，自然大搞起"楼堂馆所"来。《吴地记》中记录："寿梦盛夏乘驾纳凉之处，凿湖池，置苑囿。"湖光波影、绿荷红菱的夏驾湖，可以算作是最早的苏州园林。

虽然"全盛已随流水去",但吴国毕竟做过春秋时代的强国。历代吴王在基础设施投资方面,个个毫不手软,不断加码。阖闾修建了大型王城,还在城外大兴土木建设了很多苑囿,加上后来夫差建造的苑囿园林,有记载的就有大小三十余处。

吴地四季分明,吴王秋冬两季窝在吴子城的宫殿中,一本正经守着祖宗社稷;春夏就去"戴维营"了,在各个山中苑囿田猎游赏,好不快活逍遥。据记载,阖闾"旦食鲵山,昼游苏台;射于鸥陂,驰于游台;兴乐石城,走犬长洲"(《吴越春秋》)。显然长洲是个游猎苑囿,后来也被作为苏州县城的名称。

在唐代,苏州将下辖的吴县东部分置长洲县,清雍正时再将长洲县南部分出,设立元和县,从此吴县(西南)、长洲(西北)、元和(东)三县同为苏州府的附郭县,外围另有昆山、新阳、常熟、昭文、吴江、震泽六县。

不过话说回来,三十余处园苑倒也不算多。因为在吴大城与太湖之间的广袤大地上,丘陵实在太多,风景实在太好。在这片青山绿水中,除了寿梦的夏驾湖、阖闾的长洲苑之外,知名的园林还有姑苏台和馆娃宫。

姑苏台,据《吴越春秋》《吴地记》记载,姑苏台筑于阖闾十年(公元前505),规模巨大。台高三百丈,横亘五里,三年聚材,五年乃成。据说,如今的木渎镇便是因当年"运木之渎(小河)"而得名。具体位置,有说在城西南七子山北的小紫石山,也有说是在胥口镇南的胥山,今称清明山上。

阖闾建造九曲之路,以方便游赏园林。后来夫差还在台上加了个天池,池中置青龙舟,舟上表演着音乐,场面豪奢无双。不过,到了越灭吴的最后一场戏时,取景地竟然也是姑苏台。夫差兵败困于姑苏台上,最后伏剑自刎。姑苏台被焚毁拆尽,吴国也随之淡出了春秋争雄的大银幕。

馆娃宫,位于苏州西南的灵岩山巅。勾践卧薪尝胆忍辱图存,还按范蠡的建议献来越国美女西施。夫差专门为西施建造宫苑,宫中不仅有海灵馆、馆娃阁等殿阁,还具备花园湖池等园林景观。池名玩月,是荡桨嬉游之地;山有琴台，是操琴高唱之所；还有创意十足的响屐廊，廊下以陶缸铺垫，西施披着一袭丝袍，踩着高高的木屐，走着猫步过来，整个廊道 T 台都跫然有声……

馆娃宫后来变成净土名刹——灵岩山寺，引得后世一众诗人叹怀。明初诗人高启，几乎把家乡名胜古迹咏了个遍，他在灵岩山上叹道："曾开鉴影照宫娃，工手牵丝带露华。今日空山僧自汲，一瓶寒供佛前花。"（《姑苏杂咏》）吴越争锋包含着一连串的反转剧，胜负变幻几何，剩下的却只有青灯伴黄卷啊。

姑苏台、馆娃宫之类的宫台苑囿，都是皇家山水园林的初级形态。秦汉时随着国家统一和国力增强，宫殿造得更加恢宏，甚至将自然山水包容进宫殿群落，体现了皇家的气度与强劲的财力。唐代杜牧在其雄文《阿房宫赋》中，牛吹得有点儿"野野豁豁"（吴语："没边了"）：

> 覆压三百余里，隔离天日。骊山北构而西折，直走咸阳。二川溶溶，流入宫墙。五步一楼，十步一阁；廊腰缦回，檐牙高啄；各抱地势，钩心斗角。盘盘焉，囷囷焉，蜂房水涡，矗不知乎几千万落。长桥卧波，未云何龙？复道行空，不霁何虹？高低冥迷，不知西东。歌台暖响，春光融融；舞殿冷袖，风雨凄凄。一日之内，一宫之间，而气候不齐。

——（阿房宫）覆盖三百多里，遮蔽日光。从骊山北开建，折向西直通咸阳。渭水樊川，浩荡流进宫墙。五步一楼，十步一阁；廊如绸带曲折，檐如鸟嘴高啄；各依地势，攒聚对峙。盘盘曲曲，密似蜂房，形如水涡，矗立数不清几千万座。长桥卧波，咦，没有云怎么就有这样的巨龙？复道行空，咦，没下雨啊怎么有这样的虹霓？高低不明，方位不清。台上歌乐声起，有春光暖意；殿中舞袖扬，似有风雨凄凄。一日之内，一宫之间，气候不齐。

枝头春花早

看看这皇家园林中所包含的磅礴之气，难怪在西汉贾谊笔下，秦国"有席卷天下，包举宇内，囊括四海之意，并吞八荒之心"（《过秦论》）。与恢宏雄阔的皇家宫殿园林相对应的，是私人园林宅院的初初现身。最早有记载的苏州宅院，是春秋战国时期的武真宅、伍子胥宅和孙武子宅,最早的园林有梧桐园等。

到了东汉,苏州出现了笮家园等私家园林。这些宅院除了家庭居住的基本功能外,已经开始着意挖个碧波小池,植几棵参差绿树,栽点四时鲜花了。从春秋战国时期开始,寻求自然山水意境的苏州园林,就已经有了雏形。

> 龚子栖闲地,都无人世喧。
>
> 柳深陶令宅,竹暗辟疆园。
>
> ——〔唐〕李白《留别龚处士》

李白随便写写都是文章,后两句用十个字点了两个著名的地方,一是"千古隐逸之宗"——晋代陶渊明的田园居,二是晋代苏州园林的代表作——辟疆园,并进一步点了它们各自的"柳"、"竹"特色。

魏晋南北朝动荡不定,但文化领域异常活跃,儒学渐盛,玄学初兴,释教方传。士大夫阶层追求自然之美,崇尚竹林七贤的风度。体现到生活方式上,则是吸收多种思潮的养分,例如老庄哲学、佛家出世思想和玄学的返璞归真,融合成一种田园生活追求——"隐逸之风"。

东晋陶渊明是这股风尚的发起人,经过十余年宦海浮沉,陶渊明选择了归隐田园:

> 少无适俗韵,性本爱丘山。误落尘网中,一去三十年。羁鸟恋旧林,池鱼思故渊。开荒南野际,守拙归园田。方宅十余亩,草屋八九间。榆柳荫后檐,桃李罗堂前。暧暧远人村,依依墟里烟。狗吠深巷中,鸡鸣桑树颠。户庭无尘杂,虚室有余闲。久在樊笼里,复得返自然。

正是这种超然的风骨,让陶渊明成为后世一众园林主人的精神偶像。

说回苏州,北方士族为了避乱大举南迁,带动江南经济迅速发展。庄园经济是六朝时期世族大家的经济基础,因此宅第园林和山庄园林也在苏州出现,例如城郊司徒王洵兄弟的庄园型园林——虎丘别业。在城区,最有名的两个园林,一个就是李白诗中提到的辟疆园,另一个叫作北园。

辟疆园,园主顾辟疆曾任郡功曹、平北参军。园宅中以竹树奇石、池馆林泉闻名。《吴郡图经续记》中记录了这座园林中有深林、曲沼、危亭、幽砌、修

第二章　溯源,园林的发展脉络

竹、怪石……从这段描述中不难发现，后世苏州园林中常有的元素，都已经在辟疆园中有所体现。

北园，因为高士戴颙而闻名。要知道在东晋，除了要才华横溢外，还一定得憋住不做官，才能被视为"高士"。戴颙精于鼓琴雕塑，又坚持隐逸不仕，完全符合吴地士大夫们对于高士的评审标准。不过，老戴的身体一直不太好。苏州士人仰慕高士风采，为了把他请到苏州休养身体，在公元406年专门搞了个"众筹"。按《吴郡图经续记》记载："士人共为筑石，聚石引水，植木开涧，少时繁荣，有若自然。"

如今的苏州是"国家千人计划"创业类人才最集中的地方，还有专门的"姑苏人才计划"。看来这筑巢引凤、吸引人才的方式，在吴地是古已有之的啊。

正是六朝时期澎湃的文化精神，让士大夫们在前进时，高举"猛志逸四海"儒家旗帜，修身治国平天下。退一步，则成为"性本爱丘山"的道家，在自家园林营造的山林天地中，既能获得自然野趣之乐，又不影响城市物质生活。多种志趣寄情于园林之中，逐渐形成了苏州园林的主题特色，可以称作士人园林、文人园林。

经过春秋秦汉六朝，苏州园林的轮廓变得愈加清晰。

二、穿过盛唐·宋代确立艺术体系

1

> 广亭遥对旧娃宫，竹岛萝溪委曲通。
> 茂苑楼台低槛外，太湖鱼鸟彻池中。
> 萧疏桂影移茶具，狼藉萍花上钓筒。
> 争得共君来此住，便披鹤氅对西风。
>
> ——〔唐〕皮日休《褚家林亭》

"皮陆"是一对好诗友，没事就和来和去。皮日休（字袭美）游赏过唐代的苏州园林——褚家林亭后，吟诗一首。陆龟蒙也不闲着，立马也吟唱起来："一阵西风起浪花，绕栏杆下散瑶华。高窗曲槛仙侯府，卧苇荒芹白鸟家。孤岛待寒凝片月，远山终日送余霞。若知方外还如此，不要秋乘上海槎。"（《和

《袭美褚家林亭》)

其实,陆龟蒙自家的园林一点儿也不比褚家林亭差。他家祖上几代高官,自己虽然只做过几年幕僚,但是在苏州城中的临顿里有宅园,城南的吴江震泽别业,城东甪直镇(松江甫里)还有"乡村别墅"三十间,田地四百亩。这些家底,让他过着潇洒的隐逸生活:

"不喜与流俗交,虽造门,亦罕纳。不乘马,每寒暑得中,体无事时,放扁舟,挂篷席,赉束书,茶灶、笔床、钓具,鼓棹鸣榔。"(《唐才子传》)

值得称道的是,很多文人说"田园"只是嘴上热闹热闹,老陆可是真的卷起裤脚下田实干。他不仅自己耕作,还改良农具,著有《耒耜经》,可以说是中国第一篇关于江南水田生产的专业论文。

随着南北运河开通,苏州一下子变成了重要的交通物流节点,城市经济迅速发展。到了盛唐,这里更是成为江南唯一的雄州。物质条件丰富,为园林艺术的发展注入了强劲动力,催生了震泽的褚家林亭、桃花坞的孙园等许多园林。

唐代的苏州园林承袭六朝遗风,以诗意画境作为造园主题。同时,以园林主人的审美理想,提炼自然山水中的精华,将"写意山水园林"发展到更为成熟的境界。无论是曲折回转的造园理念、叠山理水的造园手法,还是精巧细致的建筑风格,艺术水准都已经达到相当的高度。

晚唐后期,三吴之地已在吴越都指挥使的控制之中,成为一个相对独立的"小王国"。五代十国的混乱时局中,吴越王钱氏更是干脆割据一方。在钱氏三代经营的 70 余年中,江南地区保持了基本的稳定。根据明代归有光《沧浪亭记》记载,江南各地钱氏"诸子姻戚,乘时奢僭,宫馆苑囿,极一时之盛"。在苏州,以南园和孙承祐池馆两个园林最为知名:到了宋代,知府范仲淹就是裁了南园一角,建立苏州州学(府学);而在孙承祐池馆的废池荒山上,宋代诗人苏舜钦构筑了沧浪亭。

朱长文在《吴郡图经续记》中记载,南园池沼、土山、名木、亭台齐备:"酾流以为沼,积土以为山,岛屿峰峦,出于巧思,求致异木,名品甚多,比及积岁,皆为合抱。亭宇台榭,值景而造,所谓三阁八亭二台。"据记载,南园的两个厅堂名为安宁厅、思远堂;三个楼阁名为清风、绿波、近仙;八个亭子分别叫作清涟、涌泉、清暑、碧云、流杯、沿波、惹云、白云。

单单从这些名称,就不难推想当时园内风景之胜,不难体味园林主人的风雅意趣了。

长洲茂苑占幽奇,岩榭珍台入翠微。
园李露浓三色秀,径桃烟暖一香飞。

——〔宋〕梅挚《题南园》

两宋的江南地区,不仅市井繁华,文化教育亦非常繁荣。苏州园林也进入了兴盛期,幽奇精巧,堪比长洲茂苑;翠微深处,点缀岩榭珍台。自宋代开始,苏州园林确立了完整的艺术体系。从设计角度看,整体风格纯朴古雅,隐逸山林的况味已经十分普遍。选材方面,太湖石已经成了大小园林中的标准配置。甚至在园林名称上,也形成了普适的套路。园主们用园名直接点出自身旨趣,例如蒋堂的"隐圃"、苏舜钦"沧浪亭"、朱长文的"乐圃"等等。因此,有学者将其归纳为"标题园",有一定道理。

势若千万寻

所谓"蝴蝶效应",是指在一个动力系统中,初始条件下微小的变化能带动整个系统长期的、巨大的连锁反应。为了科普,理论的提出人爱德华·罗伦兹(Edward Lorenz)曾经做过这样的比喻:"一只蝴蝶在巴西轻拍翅膀,可以导致一个月后德克萨斯州的一场龙卷风。"不过,要说太湖石也是一片扇动的翅膀,会对一个王朝带来毁灭性的打击,又有谁会相信呢?

偏偏大宋就出了这么一个文艺青年皇帝。宋徽宗诗书画印都是高手中的高手,书法中的瘦金体就是他的发明,不过元代史官记写得够狠也够准:"宋徽宗诸事皆能,独不能为君耳!"诸事皆能的皇帝,搞园林设计自然也是行家里手。他将诗意画意放入宏大皇家园林——艮岳之中,唯一可惜的是奇石少了点儿。听闻老大那份淡淡的忧伤,一个苏州土著适时跳上了历史舞台……

写故土乡风的书往往是文艺味扑面,赞遍文章风流,点尽吴地才俊,猛烈地进行表扬与自我表扬,有时甜得发腻。这里来点儿辣的,醒醒脑、出出汗:

苏州历史上的坏人其实一点也不少。当然，朱勔可以算是极品之一。

朱勔先是跟着父亲，混进了权相蔡京的"朋友圈"。发现老大在为园林中的原材料发愁，便在吴地搜求奇峰异石，大量进献宫廷。徽宗对此非常满意，还特别因人设岗，在苏州设立应奉局，主要职能就是搜罗太湖花石。花石的运输，就是大名鼎鼎的花石纲。纲，就是一个批次的货物编组。《水浒》中，倒霉蛋青面兽杨志第一次搞丢的就是花石纲。这里补充一句，这大家伙倒不怕有人偷抢，主要是湖石太重，水运中常常会遇浪翻船。

根据《宋史》记载，只要是吴地人家有好石头，朱勔就会派人贴上黄封，标明这已经是贡品了；启运之日，更是拆屋破墙，哄抬而去。为了运输一块高达四丈的湖石，他曾经役夫数千人，巨船所经州县，有的要拆桥梁、凿城垣才能通过。朱勔气焰熏天，占有良田三十万亩，私养卫队数千人，关系网盘根错节，"东南部刺史、郡守多出其门"。在苏州盘门附近，建造私家园林同乐园，园林之大，湖石之奇，堪称江南第一。这个人祸害江南太甚，以至于方腊起事，登高一呼的口号，竟然只是三个字——"诛朱勔"。

苏州私家园林同乐园，与皇家园林艮岳的命运一样，并不是随着岁月倾颓湮灭，而是现世现报了。公元1126年，金人兵临城下，徽宗不得不让位给钦宗。钦宗为挽回人心，下令"毁艮岳为炮石"。在苏州，百姓积压了多年的怒火也终于喷发出来，他们冲进同乐园，将其夷为平地。不过一切都为时已晚，徽钦二宗被俘。最后，已经成为文艺中年的徽宗，只能在千里之外写下无限哀怨之词了："彻夜西风撼破扉，萧条孤馆一灯微。家山回首三千里，目断山南无雁飞。"（《在北题壁》）

韦、白、刘，因才因贤百世流芳；而"老虎"、"苍蝇"靠的是不齿手段，虽然短暂荣光，终归是时日不长。只是可惜了大好园林，人去屋空，碎瓦遍地。

3

晓雾朝暾绀碧烘，横塘西岸越城东。
行人半出稻花上，宿鹭孤明菱叶中。
信脚自能知旧路，惊心时复认邻翁。
当时手种斜桥柳，无数鸣蜩翠扫空。

——〔宋〕范成大《初归石湖》

在宋代，自然山水园林已经退居二线，不属于苏州园林的主流了。不过，也偶有能将园林艺诣与山水风景完美结合的作品，譬如南宋诗人范成大的"石湖别墅"。石湖在苏州城西南，湖光山色，塔影画桥，风帆渔舟，风光旖旎，至今仍是苏州的郊野名胜之一。

范成大的老家就在石湖边，他从小家境贫寒，29 岁中进士后步入上升通道，当过多地的一把手，最后做到了参知政事。宋孝宗赵昚，算是南宋十帝中最有血性的一个了，他不仅平反岳飞冤案，竟然还去北伐了一小下。此时的南宋，虽然偏安一隅，但一派升平景象。退休后的范成大回到老家祖屋，就有了这首浅显清新的《初归石湖》：

——晓雾与朝阳混合，青中透红，我在横塘西岸越城东边（石湖）漫步。行人们在田间走路，上半身在稻花之上移动；池塘里栖宿的白鹭，在碧绿菱叶中更显洁白。对家乡田埂太过熟悉，信步自能识得旧时路；常在路上遇到面熟的老翁，心里发愣，仔细辨认，才发现是过去的邻居。小时候在斜桥边种植的杨柳，如今已长成大树，无数蝉儿鸣叫不停，翠绿柳条空中飘拂。

少小离家、叶落归根的那份故土深情扑面而来。范成大在石湖改建旧居，兴造园林，外借石湖山水秀色，内筑农圃堂、北山堂、千岩观、天镜阁、玉雪坡、锦绣坡、说虎轩、梦渔轩、绮川亭、盟鸥亭、越来城等建筑。晚年的范成大自号"石湖居士"，这一时期创作的《四时田园杂兴》诗，分春日、晚春、夏日、秋日、冬日五个主题，共 60 首。每一首诗都充溢着"小清新"的江南田园情趣，成为这位"田园诗人"的代表作品。写诗之余，他还撰写了《范村梅谱》《范村菊谱》等书，让我们有机会了解当时园林花木的培育水平。

灶儿深夜诵莲花，月度墙西桂影斜。
经罢辘轳声忽动，汲泉自试雨前茶。
——〔元〕释惟则《狮子林即景》

元初，原来南宋统治区的居民处于四个等级的底层，江南文人通过科举参与政治的理想彻底幻灭，只能更多地寄情于山林。到了元代中期，政治局势稳定，加上海外交流频繁，经济文化发展较快。在这一时期，吴地经济持续繁荣,苏州园林不乏精品出现。

例如,苏州藏书家袁易的静春堂,这里贮书万卷。校勘古书之余,袁易也走出园林,"出门长啸,白鹭双飞,清江千顷"(《烛影摇红,春日雨中》)。还有昆山顾瑛的玉山草堂,这里不仅能看"晴山远树青如荠,野水新秧绿似苔"(《湖光山色楼》),更有昆山腔最早的婉转飞扬。当然,最知名的还是位于古城东北的狮子林。

狮子林,最初是一座"寺院园林"。由一众弟子出资兴建,是供惟则法师起居的禅林。园林以湖石假山闻名,据说是搜集了花石纲的很多遗石,叠山而成,气势雄浑磅礴,山路回环起伏,洞壑深邃盘旋,湖石玲珑剔透。自从书画家倪瓒倪云林作了《狮子林图》后,这座园林开始名声大噪。从元代欧阳玄《狮子林菩提正宗寺记》中不难发现,狮子林建园之初,假山丘壑已是非常壮观了:

> 因地之隆阜者命之曰山,因山有石而崛起者命之曰峰。曰含晖,曰吐月,曰立玉,曰昂霄者,皆峰也。其中最高状如狻猊,是所谓师子峰。其膺有文,以识其名也。立玉峰之前有旧屋,遗墟容石磴可坐六七人。即其地作栖凤亭。昂霄峰之前因地洼下,浚为涧,作石梁跨之,曰小飞虹。他石或跂或蹲,状狻猊者不一。林之名,亦以其多也。

经过唐宋元,苏州园林在建筑体系、空间美学、叠山理水、花木种植等各方面都已经完全成熟,完整艺术体系已经形成。这也为明清两代的园林盛景奠定了坚实的基础。

三、半城亭园·明清两代达至全盛

> 吴门烟柳绿参差,倚遍阑干有所思。
> 雨暗园林花落早,春寒帘幕燕归迟。
> ——〔明〕许穆《重游姑苏登黄氏旧楼》

园林中,雨暗花落早,春寒燕归迟,都是可入诗、可作画的景致。明清两代,苏州园林艺术达到顶峰。主要表现在两个方面:

首先,因为城市百业兴旺,造园之风日益盛行。据统计,16 至 18 世纪,官僚绅士竞相造园,私家园林数量骤增。古城内外园林遍布,小有规模的园林竟然达到了 200 多个。我们熟悉的拙政园、艺圃、留园、网师园、环秀山庄、耦园、怡园、退思园等等,都在这一时期建设完成,它们无不代表了苏州园林的最高艺术水平。同时,在普通民居宅前院后,点缀花木峰石、亭池小景的,更是多不胜数。

其次,苏州园林的造园技艺已经成熟,在各个方面,例如设计、建筑、叠山、园艺等专业,都形成了专门的工艺与人才体系。园林工匠中,产生了著名的苏州香山帮匠人,其独特的古建工艺得以传承至今。计成的《园冶》、文震亨的《长物志》等著作,更将园林艺术理论与造园实践联系起来,标志着苏州园林已经真正成为一个独立的艺术门类。

> 耦园住佳耦;
> 城曲筑诗城。
>
> ——〔清〕严咏华题耦园城曲草堂楹联

明清两代的苏州园林众多,这里先挑选几个各具特色的园林说说。首先要说的是题写对联的才女严咏华,她是苏州城东耦园的女主人。

耦园——"佳耦园林"。原为乾隆年间陆锦的涉园,位于古城东部。清光绪时为沈秉成、严咏华夫妇购得。沈秉成做过多省巡抚,因疾在耦园中休养过 8 年。这园林中的 8 年,夫妇二人琴瑟和谐,诗咏唱和,各自都有诗集问世,被传为佳话。耦园府宅居中,有东西两园,两园彼此呼应,又各有特点:东园有宽广池水和黄石假山,立敞轩名为"山水间";西园置小池井泉和湖石假山,设厅堂名为"织帘老屋"。看看,就连这两个园中园的构思,也是耦合互补、相得益彰。

曲园——"书斋园林"。建于清代同治年间,是著名学者俞樾的宅院。俞樾致仕回到故乡,亲自参与规划设计,用《老子》"曲则全"之意取园名,自号"曲园居士"。园中有乐知堂,取知足常乐之意;春在堂,是为了纪念他在殿试中"花落春仍在"的成名佳句。春在堂也是他的研究与讲学之处。在这里,俞樾潜心学术 40 年，以经学为主，旁及诸子学、史学、训诂学、戏曲、诗词、小说、书法等，可谓博大精深。当时向他求学者甚众，学生中有章太炎、吴昌硕等人，被尊为朴学大师。小小曲园，竟然成了晚清的一个国学重镇。

耦园有佳偶

苏州织造署——"衙署园林"。实际上，官府庭院一直是苏州园林的小分支。自秦汉开始，苏州的地方官都会在衙署内堆山掘池，栽花植树。元明清三代，朝廷在苏州设织造局，除了雇工织造之外，还征收机税。这样一个充满了油水的部门，内部装修自然高档。康熙乾隆这两个没事就往江南溜达的皇帝，都住过织造署行宫。

清代顺治年间，织造局迁到了现在的苏州第十中学内。这里不仅有楼阁厅堂和林木曲池，还有江南三大名石之一的"瑞云峰"。瑞云峰高 5 米，褶皱相叠，剔透玲珑，被誉为"妍巧甲于江南"。

在苏州古城周边的乡镇中，也有很多知名的园林。例如木渎镇上有遂初园和钱氏三园：潜园、息园、端园。端园就是后来的羡园，俗称"严家花园"。吴江的赏园、太仓的弇山园、吴中区洞庭东山的依绿园、常熟的燕园等等，园主大多是学者名流，留下了很多园林题记，例如王世贞就撰文自称弇山园中宜花、宜月、宜雪、宜雨、宜暑，四时变幻皆为胜绝。篇幅所限，这里介绍一位最有名的园主——王鏊。

王鏊自小是个神童，8 岁能读经史，12 岁能作诗，16 岁随父读书，写得一手好文章。明朝成化年间，乡试会试都得了第一，殿试得了第三名探花，做过大学士和户部尚书。在当京官时，王鏊就在老家故宅旁建园林，取名"小适"，想在官场风云中留块心灵小憩之地。而在以武英殿大学士致仕回乡后，就修扩老宅建设真适园，从此蛰居太湖边的东山陆巷村，潜心学问，撰写方志，养心怡性。

真适园内遍植梅花，有苍玉亭、湖光阁、款月台、寒翠亭、香雪林、鸣玉涧、玉带桥、舞鹤衢、来禽圃、芙蓉岸、涤砚池、蔬畦、菊径、稻塍、太湖石、莫厘献共十六景。王鏊家族也搞了一堆园林,有"安隐园"、"蹩舟园"、"招荫园"、"从适园"、"怡老园"等等。苏州古城中的学士街、王衙弄等名称,也来自于这个被唐寅盛赞为"海内文章第一、山中宰相无双"的王鏊。

水是眼波横,山是眉峰聚。

欲问行人去那边?眉眼盈盈处。

才始送春归,又送君归去。

若到江南赶上春,千万和春住。

——〔宋〕王观《卜算子》

欲问康乾去哪边?山水盈盈处。不能年年去暴走,干脆搬个江南回家住……苏州园林在明清达到鼎盛,有两个最为明显的例子。先说说第一个例子——皇家园林"山寨"江南私家园林。

皇家园林体量巨大,但在园林意识上,不断借鉴江南私家园林的造园手法,以至于有的学者称之为——三代王朝"移"江南。苏式建筑和苏工艺术品,都成为王公贵族追逐的时尚。例如,在北京圆明园、承德避暑山庄中都有苏州园林的仿建品,甚至于一整个狮子林被"拷贝"到了京城,一整条苏式水巷街道都被"克隆"到皇家宫苑中。

不过皇帝们只是嫌路远,想把心中的江南连根拔起,栽种到京畿重地中去。即使全是苏州匠人,堆满苏工作品,但是亭阁中的金银彩绘,清工部《工程做法则例》规定的皇家模数,哪一个都少不得半分。因此,也早就失掉了苏州园林的真意本味。举个例子,乾隆在紫禁城中设倦勤斋,竹屋彩画都尽现江南风韵。但要是知道这些竹子都是用金丝楠木一根根精工细雕而成的,就只有"呵呵"了。

乾隆在位期间,建造了故宫的乾隆花园,以及清漪园(颐和园)、长春园(属圆明园)等园林。乾隆是个名副其实的造园家,园林根据他的总体思路布局,按照标准营造样式设计,再由"样式房"放样(做成模型),再经他反复审改,满意后才能动工。有意思的是,与乾隆(1711—1799)同一时代,还有两个造园家。

第一位是华盛顿(1732—1799)。年轻时做过测绘师,建造了标准的美式家族庄园——弗农山庄。第二位是普鲁士的腓特烈大帝(1712—1786),主持建造了洛可可风格的波茨坦无忧宫。这三个人有个共同点——亲自上阵设计自家园林。

单单从园林规划设计而言,乾隆明显胜出一筹。美、欧的两位都是遵循着当地风格设计的,乾隆能将洛可可风格与中国古典搞无缝对接,堪称设计奇才。不过,欧洲那位让后人记住的,可不仅是豪华的宫殿,更是那流传甚广的故事:无忧宫建成后,边上的磨坊主邻居去法院告他,说是挡住了风,影响了磨坊生意,最后法院判腓特烈赔款。平民有胆子告,法院有胆量判,国王也有胆气低头认输。

如果说这是个"心灵鸡汤"类的故事,并不可信;那么华盛顿的事情,可是如假包换的。当他处于权力之巅、"陈桥"之上,皇袍都被手下披上一半时,坚持只当民选的总统。两届任期结束后拒绝连任,回归庄园生活去了。19世纪中期的清朝官员徐继畬,写了本破冰醒世之书——《瀛环志略》,其中这样评价华盛顿:

> 华盛顿,异人也。起事勇于胜广,割据雄于曹刘,既已提三尺剑,开疆万里,乃不僭位号,不传子孙,而创为推举之法,几于天下为公……米利坚合众国之为国,幅员万里,不设王侯之号,不循世袭之规,公器付之公论,创古今未有之局,一何奇也!

三个伟大的园林设计者虽然同处一个时代,但是仿佛是在不同的平行宇宙中。所谓的康乾盛世,只是关在皇家园林中做着春秋美梦;与此同时,海洋帝国的巨涛已在蓄势,即将奔涌而来……

古今兴废几池台,往日繁华,云烟忽过。这般庭院,风月新收,人事底亏全。美景良辰,且安排剪竹寻泉、看花索句。

从来天地一稊米,渔樵故里,白发归耕。湖海平生,苍颜照影,我志在辽阔。朝吟暮醉,又何知冰蚕语热、火鼠论寒。

——〔清〕顾文彬集宋词题怡园联

第二章 溯源,园林的发展脉络

怡园自怡情

苏州园林在明清达到顶峰，第二个证明是一个新建园林——怡园。怡园园主叫顾文彬，他在官场进步不算太快，30岁中的进士，又花了30年，做到了四品。但是，顾文彬回到家乡后，以三件作品名留后世。这三件作品，都与"集"有关。

第一个集是集字联。作为对联的一种，集古代诗文名句，如同裁云剪月一般，巧妙拼合形成对联。顾文彬堪称此中圣手，上面这副对联，联语全是集自南宋辛弃疾的词，一共13个词牌。但通篇自成新意，仿佛出自一人手笔，绝对算得上集词联中的最高水平。

第二个集，是江南最知名的藏书楼之一——过云楼。在这里，顾文彬收藏了很多古代典籍与书画；晚年还精选所藏书画，编纂成《过云楼书画记》10卷。经过六代顾家人150年的传承，过云楼中藏有大量宋元古椠、精写旧抄、明清佳刻、碑帖印谱、书画文玩。其中，曾经收藏的《锦绣万花谷》是现存最完整的宋版书，保存了大量失传古籍中的内容，在清代就有"书成锦绣万花谷，画出天龙八部图"之说，堪称国宝级藏书。

第三个集，是集苏州园林精品于一体的怡园。怡园取怡性养寿之义，全园占地9亩，但精雕细琢，费时7年才告完成。怡园，就像这荟萃宋词的集字联，就像那收藏甲江南的过云楼，将众多精华收纳其中：复廊仿沧浪亭，水池似网师园，假山摹环秀山庄，洞壑法狮子林，画舫效拙政园……

对这种博采众长，又糅为一体的手法，学者们有很多争论。有的认为它广泛汲取名园之长，是园林艺术精品；有的认为它到处拷贝、流于形式、毫无自身特点可言。实际上，正反两方都应该往更深一步，去思考怡园的真正价值：

明清两代，苏州园林在其包含的各个艺术门类中都已经有了标杆性、经典型作品。当一种艺术体系、艺术风格、艺术流派达到顶峰之时，也意味着突破创新已经不易。这时,才有可能出现怡园这种"集锦集大成"(正方意见),或是"拼凑大杂烩"(反方意见)式的苏州园林。

虽然怡园就其自身的规划设计、艺术水准而言,并不能代表苏州园林艺术的最高水准,但是,怡园的出现,标志着苏州园林艺术体系已经成熟定型,达到顶峰。

第二节　自然之赋

一、金山石材·建筑材料近在咫尺

> 丘壑在胸中,看叠石流泉,有天然画意。
> 园林甲吴下,愿携琴载酒,作人外清游。
>
> ——〔清〕俞樾题环秀山庄联

胸中有丘壑,叠石流泉才能有天然画意。上文讲解过苏城的历史文脉,那是对于园林悄然无声的滋养,涓滴不断的馈赠;而苏州园林的繁花盛开,也是建立在江南山水沃土的基础之上。说到苏州园林发展的自然之赋,还得先从苏州地区的大约一百座山头说起。

苏州以平原地形为主,但也拥有众多山地丘陵。在苏州的吴中区,茫茫太湖之中有西山和东山半岛,还有穹窿山、七子山、渔洋山、香山、灵岩山、天平山、尧峰山、上方山、五峰山、吴山等等。到了苏州高新区,在258平方公里行政管辖范围内,竟然有大阳山、狮山、何山、花山、横山、支硎山、五峰山等49座大小山头。

苏州西部这些山丘,实际上属于天目山脉向东北延伸的末端。因此,从太湖开始,越往东北行进,山体就越少,直到最后一座山体——常熟的虞山。这里的山体都不算高,第一高峰为穹窿山主峰箬帽峰,海拔341.7米,素有吴中之巅之称。穹窿山气势雄伟,地域宽阔,苍松翠竹,山色秀美,据说春秋时期的孙武就是在这里练兵,并写下了传世之作——《兵法》十三篇。

第二高峰是阳山主峰箭阙峰,海拔 338.2 米。阳山逶迤 20 余里,现为国家森林公园,山脚下还有大型植物园供游人欣赏。排名第三的西山缥缈峰,海拔 337 米。古时称太湖周边的众多丘陵为"太湖七十二峰",以缥缈峰为首,经常被云雾笼罩,犹如传说中的缥缈仙境。

小庭蝶试花

苏州是个水城,苏州的山都能受到水的滋养,有的连接茫茫太湖,有的流溢山泉小涧。正因如此,座座山头都散发着水的灵性,林木郁郁葱葱。在青翠山色中,点缀着很多"自然山水园林"。除了上文提到过的虎丘别业、石湖别墅,还有位于苏州高新区的寒山别业,那里曾是明代赵宦光、陆卿子夫妇隐逸著书之所;在吴中区的尧峰山上,有清代汪琬的尧峰山庄,以及后来的南坨草堂和石坞山房,等等。

当然,苏州园林中的绝大多数,还是写意山水的文人园林。对于这些园林,这些西部山体不仅提供了大量花木,更提供了筑园必不可少的石材:金山石和青石。

> 自许山翁懒是真,纷纷外物岂关身。
> 花如解笑还多事,石不能言最可人。
>
> ——〔宋〕陆游《闲居自述》

石不能言最可人,冷冰冰的石头,稍加雕琢,便是园林中最好的建材。金山石和青石,都是苏州园林中常用的建筑石材。

金山石,属于花岗岩。根据《苏州地理》记载,由于中生代的地壳运动,酸性岩浆冷凝后,形成了矿物结晶颗粒明显的花岗岩,这种岩层广泛分布在苏州古城西部的灵岩山、天平山、天池山、象山、横山、狮子山、金山一带。金山石石色呈青灰或青白，晶粒细密，质地坚硬，不易风化，且耐酸耐腐蚀，抗压力强，是古代优质建筑石料。

自宋代开始，苏州已经大量开采花岗石。明清两代，金山石被广泛用于园林中的桥、栏、地面。偶尔也有用于建亭的，譬如沧浪亭就是个石头亭子。到了明代，官府禁止采石，但是屡禁不止。根据《吴县志》记载，金山曾经"山高五十丈，多美石，巉巉高耸，皆碧绿色"，但经过多年开采，金山山体不但被夷为平地，更出现了状如深渊的宕口。好在如今的苏州早已严格禁止开山采石了，一些破损的山体被复绿，一些宕口改造成人文景观。更巧妙的是，有的宕口与现代建筑相嫁接，形成了独特的风韵，例如清山会议中心。

青石，是一种广泛分布于海湖盆地的灰色或灰白色沉积岩。从地质学角度分析，苏州地区在古生代海陆交替演变，形成了石灰岩。相传吴王阖闾的墓室在虎丘的剑池之下，墓道用四方巨大的青石封口。青石色泽灰白，后来成为园林中常用的建材，用于建筑基础。不过，明清两代新建园林实在太多，青石因为大量开采，储量有所减少。到了后来，青石改用于园林小品，或在建筑装饰上作点缀运用。

无论是金山石或青石，离古城距离都不远。加上吴地水路运输发达，石材可以方便地运入城内，源源不断地为苏州园林提供了"坚硬"的支撑。

二、湖石假山·抽象雕塑变化万端

①

> 洞庭山连震泽水，怪石巉岩出波底。
> 偶来凭槛见奇峰，便有江湖秋思起。
>
> ——〔宋〕苏颂《咏太湖石》

凭槛看奇峰秀美，但怪石巉岩大都出自波底，开采起来可不是件容易的事。前面提到过为了艮岳，搞出个花石冈大阵仗的北宋往事。当时有很多未及北运的花石纲留在苏州，被后人搜纳到苏州园林之中。

太湖石，的确是万年自然造化形成的好东西。从地质角度讲，由于石灰

片石亦生情

岩能溶解于酸性水,大型的石灰岩岩块,经过太湖水长时间的荡涤侵蚀,其中相对软松的部分风化剥蚀,而比较坚硬的地方被保存下来。于是石块被雕琢出天然的孔洞、纹理和褶皱。太湖石的主要产地是在太湖西山岛,也就是洞庭西山区域。

苏州园林发展早期,太湖石的观赏价值已经被逐渐认识,并引入园林景致之中。唐宋两代,以太湖石仿照自然山体的叠山技艺日渐成熟。与此同时,对于园林用石、赏石的艺术观逐渐趋于一致。宋代米芾归纳的"瘦、皱、漏、透"四字,高度概括了太湖石的美学特征。

无论是单石欣赏,还是组石成山,玲珑剔透的太湖石都能给人以重峦叠嶂的视觉享受,符合园主们端坐私家园林便如置身群山之中的心理预期。正是这种审美体验,让太湖石成为苏州园林的必备景观素材。

2

胚浑何时结,嵌空此日成。

掀蹲龙虎斗,挟怪鬼神惊。

带雨新水静,轻敲碎玉鸣。

揎叉锋刃簇,缕络钓丝萦。

——〔唐〕牛僧孺《李苏州遗太湖石奇状绝伦》

唐代宰相牛僧孺,以一首二十句长诗,写尽了太湖石的特点特色,上面摘录的仅是其中四句。历史上,爱石成痴的一抓一大把,牛公就是其中著名的一位。他在邸墅中罗致了大量的太湖石峰,朝夕相对,爱石爱到"待之如宾友,视之如贤哲,重之如宝玉,爱之如儿孙"的程度。这些太湖石有大有小,牛公将它们分作四等三级,分别刻在石头的背面,例如"牛氏石甲之上"、"乙之下"、"丙之中",这便开了唐末宋初品石之风的先河。

无论职务高低,有点私人爱好和精神寄托不是坏事。他被一众文人赞为聚石、爱石、赏石、评石的正面典型。白居易也是爱石之人,专门为牛僧孺题写了《太湖石记》,开篇就是表扬:

> 古之达人,皆有所嗜。玄晏先生嗜书,嵇中散嗜琴,靖节嗜酒,今丞相奇章公嗜石……慎择宾客,性不苟合,居常寡徒,游息之时,与石为伍。

——古时通达事理、豁达豪放的人,都有自己的嗜好。皇甫谧嗜书,嵇康好琴,陶渊明爱酒,当今宰相牛僧孺嗜好石……他交友审慎,清心淡泊,宅男一枚,游憩的时候与石为伍。

不过,再往下看,就不太对劲了:

> 先是,公之僚吏,多镇守江湖,知公之心,惟石是好,乃钩深致远,献瑰纳奇,四五年间,累累而至。公于此物,独不谦让,东第南墅,列而置之,富哉石乎。

——之前牛公的手下,现在各地当官,知道牛公的心中只爱奇石,于是广为搜寻,送来珍奇石头,在四五年的时间里,接连不断有人送来。只有对奇石,牛公是不推让的,东宅南墅,罗列陈设,好多好多好多的石头啊!

"雅好"变成了"雅贿",放在当下,牛公应该已经在廉政公署里埋头"喝咖啡"了。其实,苏州还有一块名石——廉石。据说三国时的吴郡人陆绩,任广西郁林太守期满,从水路回家乡。但是家当实在太少,船只吃水浅,只好搬了块岸上的大石头压船,才得以顺利回到苏州。这块"郁林石",后被人们收藏,并题"廉石"以资纪念,如今在孔庙内陈列。这块廉石看起来圆胖丰满,半个洞儿、褶儿、纹儿都没有,与瘦、皱、漏、透四个字一点也"不搭介"(吴语:没关系)。

石与石相对,随便一块牛公甲乙丙石拿出来,全面胜出;不过,人与人一比,高下立判。

嵌空突兀多异态，云吐夏浦芝生田。

龙鳞含雨晚犹润，豹质隐雾朝常鲜。

清音叩罢磬韵远，微屑洗出珠窝圆。

坐移各岫置庭砌，日照仿佛生紫烟。

——〔明〕高启《姑苏杂咏·太湖石》

好像咏太湖石的诗都很长，这仅是高启长诗中的一段，诗人用龙鳞、豹皮比喻太湖石的外表质感和色泽纹理，再叩石聆听清音悠远……最后直接致敬李白的名句"日照香炉生紫烟"。但高启是清醒的，他在诗的最后叹道："人生嗜此亦可笑，有身岂得如石坚？百年零落竟谁在，空品甲乙烦题镌。"——人生区区百年，哪有石头活得长，嗜石、题字、评等次，可笑啊！

太湖石，是大自然用千万年光阴精心琢磨的，生长周期自然是跟不上唐代"牛公"、宋代"文青"们的狂热需求，存量渐趋归零。不过，有市场需求，就有想方设法的供给者。后来人们用上了各种手法，对石头进行"艺术再加工"，以改变石头的形状和色彩，满足收藏需要。例如在明代林有麟记载："平江太湖工人取大材，或高一二丈者，先雕置于急水中春撞之，久之如天成，或以熏烟，或染之色。"（《素园石谱》）

让人想起每年秋风起时，个别蟹农把其他产地的蟹在阳澄湖中养上一个月，搞"突击培训"。没想到，这靠千年波涛撞击形成的太湖石，本是鬼斧神工、自然天成的物件，竟然也能搞类似培训。不过到了明代中期，随着苏州园林大量涌现，就连这种半天然、半"山寨"的办法也跟不上需要了。于是用黄石堆叠的假山，开始出现在苏州园林之中。

黄石也称为尧峰石，色泽黄褐，厚重粗犷，主要产于苏州西南尧峰山，后来多从外地采购。明代文震亨喜欢的就是黄石的质朴劲："尧峰石，近时始出，苔藓丛生，古朴可爱。以未经采凿，山中甚多，但不玲珑耳。然正以不玲珑，故佳。"（《长物志》）黄石假山与太湖石风格虽然不同，但随着艺术手法的纯熟，发挥其拙朴自然的风格，也成为山石艺术中的一道独特风景。

假山湖石，苏州园林中的抽象雕塑；古往今来，引发着观赏者无限的艺术想象。

> 拂钓清风细丽,飘蓑暑雨霏微。
> 湖云欲散未散,屿鸟将飞不飞。
>
> ——〔唐〕皮日休《胥口即事六言二首》

清风细丽,暑雨霏微。苏州园林仿照写意山水画的意境,因此也常被称作"写意山水园"。既然是山水,有了太湖石代表的秀丽山岭,还需要碧水的映衬,在晨昏烟云中,才更有画的意境。就像北宋郭熙在《林泉高致》中这样解读写意山水画法:

> 山以水为血脉,以草木为毛发,以烟云为神采。故山得水而活,得草木而华,得烟云而秀媚。水以山为面,以亭榭为眉目,以渔钓为精神。故水得山而媚,得亭榭而明快,得渔钓而旷落。此山水之布置也。

好在苏州本身是水城,古城中地下水资源丰富。建造园林时,简单挖几米下去就能做个池塘,且池水长年不会枯竭。所以像拙政园、网师园的水面,要占到全园面积的七成以上。更关键的是,大多数园林的池水都可以与古城内密布的河道相互沟连,所谓流水不腐,或多或少具有循环自净功能。

这里又得表扬一下伍子胥了,是他将城市综合布局与水乡特色紧密结合,引水穿阖闾大城而过。后经历朝历代不断修缮,依靠苏州地形西高东低的整体格局,依靠水位差,形成了一个自流系统,水体长年进行着自然更新。

在 20 世纪的城市化进程中,由于道路拓宽等因素,古城内外很多河道被填平,水巷成为断头浜,加上城外很多湖荡填平、地块垫高等因素,苏州的水体失去了流通自净的功能。为了改善水体质量,目前正在引入外水,进行门闸改造,拓宽束水河道,打通断头河,促进河网水体畅通有序流动,以期恢复老伍当年自流活水的智慧规划。

当然,有人说苏州河水一直是如何如何清澈,也不尽然。例如,清代虎丘附近染坊排出的废水污染河道,以至于乾隆时立了块《苏州府永禁虎丘开设染坊碑》；另外，也有相关史料记载，由于市民乱扔垃圾，发生河道被淤塞的事件。

看来，制度的笼子，无论何时都是必要的。

2

> 江南可采莲，莲叶何田田，鱼戏莲叶间。
> 鱼戏莲叶东，鱼戏莲叶西，鱼戏莲叶南，鱼戏莲叶北。
>
> ——《汉乐府·江南》

行走苏州园林，或阔或窄的一池碧水上，总能看见红鳞数尾，荷叶几片。唐宋时期，开始人工养殖观赏鱼。在整体色调素雅的园林中，色彩斑斓的鱼儿，无疑是一道游动的亮丽风景。

其实，园林中养鱼还有一个非常实用的功能。从生物学角度看，即使园池与活水沟通，难免也会因为气候变化产生水华，而鱼类可以吞食浮游生物，有助于保持园池水体洁净。

《雍正行乐图》

观赏池鱼，是家在园林中的人们，特别是女眷打发闲暇时光的活动。既然"水得山而媚，得亭榭而明快，得渔钓而旷落"，那么能在自家池石之间、亭榭之中，披上蓑衣 Cosplay 地渔钓一番，简直就是一幅鲜活的写意山水画卷。

雍正帝一年中除了生日，天天都是工作日。没办法，只能让宫廷画师把自己描绘成独钓寒江的老翁，在画中作一次庄子的逍遥游。说是"行乐图"，只能算是个标准工作狂的苦中作乐吧。

看起来，这君临天下的人，有时还真不如小园主人自在潇洒。

水天向晚碧沉沉，树影霞光重叠深。

浸月冷波千顷练，苞霜新橘万株金。

——〔唐〕白居易《宿湖中》

水天向晚、浸月冷波，诗人夜宿太湖小船，在暮色中远望东山西山，在绿色树影中，金色的橘子仿佛是繁星点点。难怪郭熙要说山"以草木为毛发"、山"得草木而华"了。行走苏州园林，总会被青翠葱茏、婀娜多姿的各种花木景观所吸引。其实，苏州园林中的"林"字，说明园林山水离不开植物，无论是花木果树、芳草藤蔓，还是水生植物、盆景小件，都是园林重要的组成部分。

气候学上，苏州地区属于亚热带季风气候，四季分明，雨水充沛，温和湿润，自然条件非常适合植物生长。广阔的平原和众多的山体，为各种花木植物提供了良好的生长环境，因此原生植物品种十分丰富。本土常见的温带植物品类，有适于铺地的藤本草本，如薜荔、络石、书带草；适于观赏的灌木小乔木，如桃树、李树、海棠；也有用作遮阴造景的高大乔木，如枫香、梧桐、银杏树。同时，很多外地植物，例如北方的白皮松，南方的芭蕉，都能在这里生长，更增加了园林植物的多样性。

在现存的苏州园林中，较大的园子里往往有上百个品种的植物，小的也有五六十种之多。最常见的植物品种，有玉兰、桂花、芭蕉、竹子、梅花、荷花、罗汉松等等。最常用的栽种方式，有山坡松、池岸柳、墙上藤、水面莲，以及移竹当窗、槐荫当庭、栽梅绕屋等等。虽然很多园林历经兴废，园主更迭不断，建筑屡有兴废，但很多古树名木保留至今。园宅易建，古木难成，这些古树名木是吴地园林积累的又一笔宝贵财富。

从园林文化角度看，植物又与建筑山池结合，被赋予了更多含义。就拿拙政园为例，春景"海棠春坞"，春风海棠朵朵；夏景"荷风四面亭"，水面独摇远香；秋景"待霜亭"，翠树红橘待霜；冬景"雪香云蔚亭"，雪中红梅独芳。大一点的院落，更是以花木四季可赏为标准，例如在留园冠云峰庭院中，花期衔接交替，形成四时景色的变化。

从园林艺术欣赏角度而言，园林中的花木绝大多数是自然生长。最多是适时修剪一下，不搞什么几何整形，也不作生硬对称，追求的就是一份自然山林的况味。但植物的搭配都是因地制宜，精心安排：这里来个"粉墙花弄影"，那处来个"蕉窗听雨声"；或是像宋代欧阳修写的那样——"庭院深深深几许，杨柳堆烟，帘幕无重数"（《蝶恋花》），以杨柳之密，显庭院之深。

总之，苏州园林中的花草树木，与假山、与水面、与建筑之间的配合，看似随心，实则有意，充分体现了计成"虽有人作，宛如天开"的园林精神。

第三节　理论之基

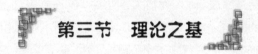

一、文人名士·写意勾勒园林蓝图

1

> 何止画图开绣轴，真从城市见桃源。
> 诗书气涌山逾秀，花竹丛深鸟不喧。
>
> ——〔清〕张问陶《游网师园》

园林就像是展开的画卷，就像是城市中的桃花源，不仅需要良好的自然条件和丰富的园林素材，更需要"诗书气涌"的园林理论、园林设计、园林建筑人才。好在苏州园林的另一笔财富——人才，在吴地一直茂盛丛生。

前面说过阖闾大城的设计师伍子胥，他属于城市的总规划师。在这里，我们说说园林规划师，他们的视域倒是不用那么宏观，但也同样需要极强的把控能力，涉及园林的方方面面：权衡美观与实用之间的关系，关注居住与游赏功能的组合，解决待客雅集与内眷私密性之间的矛盾，讨论亭台楼阁的布局方位，考量假山池水的疏密程度，力求花木植物的四季可赏……

不过，翻看古代典籍，与海量的文学作品比起来，古代规划建设方面的典籍可谓少之又少。要了解中国古代建筑，主要有三个里程碑式的典籍：

一是春秋时代《周礼·考工记》。作为官方规划指导意见，书中包括如何进行都城选址，如何进行城市规划，城内如何设计王宫、明堂、宗庙、道路等具体建筑,城外如何规划井田和水利工程,等等。

二是北宋的《营造法式》。这是一本唐宋建筑学技术规范汇编,全书34卷,包括制度、功限、料例、图样四大部分,对建筑设计、施工、工料计算等方面,都有相当完整的记述。

三是《清工部工程做法》。清代官方建筑工程标准规范手册,全书共74卷,内容分为房屋营造范例和工料估算两大部分,涉及土木瓦石、搭材起重、油画裱糊、铜铁件安装等17个专业、20多个工种,既是指导工匠营造房屋的准则,又能作为验收工程、核定经费的明文依据。

不过,对于私家园宅来说,除了屋宇规制和色彩不能逾矩之外,其他方面管得并不严格,几乎是一切自便。也正因为这个原因,苏州园林艺术的宝贵实践经验,虽然由师徒父子口耳相授,但是并没有被总结整理出来。好在高手在民间,通过遍及城乡的造园实践,苏州园林逐渐积累了两方面的理论人才:一是书画艺术家中的园林理论家,二是园林艺匠中的园林理论家。

这些理论家对园林规划、园林建造、园林生活等方面进行提炼,实践推动理论,理论指导实践,极大地推动了苏州园林的繁盛。

> 积雨经时荒渚断,跳鱼一聚晚波凉。
> 渺然诗思江湖近,便欲相携上野航。
> ——〔明〕文徵明《沧浪池上》

先说说第一类人——艺术家中产生的园林理论家。"渺然诗思江湖近,便欲相携上野航"的文徵明,就是其中的一位。因为是"写意山水园林",设计者除了对建筑布局进行整体把控外,还要将诗、书、画的意境融入园中,这就对设计者本身的艺术鉴赏能力提出了很高的要求。于是,重任自然落在了很多山水画家、文人学者身上。

首先,这文人的自家宅院,不论大小,总得要有"文艺范"、"小清新",例如明代沈周在如今相城区有个园林叫"竹居",文徵明家的园子叫"停云馆",唐伯虎说自己是桃花庵中的桃花仙……其次,艺术家还常常被人请来设计园林。例如,文徵明参与了拙政园的总体规划,他的《拙政园卅一景》为描摹写

《拙政园卅一景》局部

实之作,让我们有幸一睹拙政园最初的疏朗风貌。

文徵明的曾孙文震亨,在苏州园林的研究方面,就更进了一步。文震亨本人造园经验丰富,据记载,他参与过碧浪园、香草垞等吴地园林建设。在实践中,文震亨逐渐积累总结出一整套艺术理论体系,写成《长物志》一书,书中涉及室庐、花木、水石、禽鱼、书画、几榻、器具、位置、衣饰、舟车、蔬果、香茗共十二大类,比较完整地反映了明代苏州园林的设计理念,以及园林生活的品位意趣。

特别说一下,文震亨是在清军攻入吴地后,拒绝削发绝食而死的,其气节让清代纪晓岚在编《四库全书》时说:"捐生殉国,节概炳然,其所手编,当以人重,尤不可使之泯没。"能将与你死磕的前朝文人作品收录到皇家文献集中流传后世,倒也不容易。

书画艺术家参与建园,用画意指导园林规划,用诗意推敲园林布局,为园林理论的发展做了良好铺垫。

二、香山名匠·白描精绘园林样貌

> 采香径里木兰舟,嚼蕊吹芳烂熳游。
> 落日青山都好在,桑间荞麦满芳洲。
>
> ——〔宋〕范成大《香山》

香山,位于太湖北面苏州吴中区胥口镇上。在苏州众多丘陵之中,并没什么特别之处。不过,从山脚下的村庄中,一个建筑工匠群体在吴地打出了品牌,更以建设紫禁城而天下扬名。他们就是香山帮匠人。

扫径护兰芽

蒯祥,香山帮匠人中的泰斗级人物,参与设计营造故宫、天安门、五府、六部衙署和御花园。他还将苏州的御窑金砖等材料运用到皇宫建设中去。"凡殿阁楼榭,以至回廊曲宇,随手图之,无不中上意。"(《苏州府志》)自身水平高,又得到最高领导赏识,蒯祥自然一路升迁,一直做到工部的副部长——工部左侍郎。工部是六部之一,掌全国土木兴建、水利工程及各项器物制作等事务。一直到80多岁,"蒯鲁班"仍在主持大型工程建设工作。

香山帮匠人,通常以木匠领衔。领衔的木匠,实际上兼任规划设计师和工程队队长两项职责。在长期的建筑实践中,香山帮匠人形成了各类专业工种:木匠、泥水匠、石匠、漆匠、堆灰匠、雕塑匠、叠山匠、彩绘匠等等。木匠还分为"大木"和"小木"。大木上梁、架檩、铺椽,做斗栱,飞檐,翘角等;小木做门板、挂落、窗格、地罩、栏杆、隔扇等建筑装修;从小木中还衍生出专门的雕花匠。专业分工越细,标志着建筑技艺越成熟。

不过这些能工巧匠的"十八般技艺",多数靠师徒父子秘教单传。即便是工匠有心记录,也由于文化水平所限,很难付诸笔墨。因此,苏州园林方面的诗咏记传有点儿过剩,非常可惜的是,建造园林的系统性专著一直严重不足。

> 流水断桥春草色,槿篱茅屋午鸡声。
>
> 绝怜人境无车马,信有山林在市城。
>
> ——〔明〕文徵明《拙政园图咏·若墅堂》

　　流水断桥,槿篱茅屋,不仅孕育了一大批城市山林,更培养了很多造园艺术家。明代,苏州吴江出了个造园家计成。计成自幼擅长绘画,也行走了不少园林。人到中年,开始以画意筑园。据记载,他参与设计建造了三处园林:常州吴玄的东帝园、仪征汪士衡的嘉园和扬州郑元勋的影园。

　　最为难得的是,为了让后世造园者有章可循,他结合自己的实践经验,将苏州园林规划建设的方方面面,作了一次全面的梳理分析和系统性研究,写成了中国第一本园林艺术理论专著——《园冶》。

　　《园冶》于公元1631年成稿,就造园的指导思想、园址选择(包括相地、立基两节)、建筑布局(包括屋宇、装折、门窗、栏杆、墙垣的构造和形式)、铺地、掇山、选石、借景等项目,作了系统阐述。书中还附录了200多幅关于墙地、门窗的图案,作为园林建筑形制参考。计成的园林设计主旨是:"虽由人作,宛自天开。"看似简单的八个字,但能够领悟其精髓并不容易。

　　《园冶》"骈四俪六",随便拿一段出来,都是行文华丽舒展,读之朗朗上口。书中的很多理论观点,更是成为园林艺术理论的圭臬,流播广远:

　　讲用地的——相地合宜,构园得体;涉门成趣,得景随形。

　　讲造园的——巧于因借,精在体宜;三分匠,七分主人。

　　讲山石的——片山多致,寸石生情;晴峦耸秀,绀宇凌空。

　　讲窗栏的——窗牖无拘,随宜合用;栏杆信画,因境而成。

　　讲池亭的——花间隐榭,水际安亭;高方欲就亭台,低凹可开池沼。

　　讲借景的——园虽别内外,得景则无拘远近;极目所至,俗则屏之,嘉则收之……

　　古代很多文人讲"道器相分",诗书画等文学艺术之"道"算是阳春白雪,而匠艺再高也是"器",属于"形而下"的范畴。《论语》里说什么"君子不器",崇尚以道为职业,不屑于从事器的工作。造园家计成凭借一部前无古人的《园冶》,成为苏州园林艺术"道器相成"的第一人。

计成的《园冶》、文震亨的《长物志》等书籍问世,标志着苏州"写意山水园"的艺术理论体系已经成熟。

三、学者名人·装裱修复园林画卷

①

灵秀毓三吴,风流儒雅,自昔号文明。

考工传补记,匠心独运,艺术久垂名。

君不见,欧风美雨制造日研精?赫然华族起抗衡。

美哉!工业尚精神,莘莘学子努力镞前程。

物质、文化进步兮无量,吾校之光荣。

——徐镜寰《苏州工业专门学校校歌》

这首校歌不长,但透着一股基于古老城邦,接纳工业文明,赶超强国的自信。清末与民国时期,苏州私家园林建造虽然不多,不过随着西风东渐,一些新的建筑材料、风格理念出现在苏州园林中,出现了中西合璧,甚至纯西式别墅园林,为苏州园林艺术增添了一抹亮色。但是就总体而言,苏州园林的发展滞缓下来。更重要的是,园林建筑的木结构主体,每隔三五年要油漆一次,每隔几十年要做一次落架大修,而园中草木更是需要季节性地养护与修剪。世局动荡,战乱影响,很多园林就此荒废。

古代苏州,众多的文人名匠是园林之幸;而近现代苏州,好在又有一批大家,与园林结缘,为园林画卷的保护与修复添上了浓墨重彩的一笔。这里先得说说一个学校——苏州工业专门学校。这个学校很多苏州人都不一定知晓,最主要的原因就是因为它身世坎坷:

民国伊始,以清末的苏省铁路学堂和官立苏州中等工业学堂为基础,设立江苏省立第二工业学校,设土木、机织、染色三科。1923年更名为江苏公立苏州工业专门学校。1927年政府效仿西欧搞大学区制,学校被并入南京国立第四中山大学。在校长邓邦逖的力争下,原址保留成为苏州职业学校,1932年恢复原名。抗战开始后,学校颠沛流离,迁出苏州整整8年。1945年恢复省立苏州工业专科学校名称,1951年改为苏南工业专科学校。1956年效仿苏

新叶翠光深

联模式,在高校调整的大潮中最终被分拆撤并。

40多年间多次更名,几易其址。但正是在这所"苏工专"里,诞生了中国第一个建筑专业:1923年,柳士英牵头,刘敦桢(字士能)、朱士圭等归国学者来到苏州,参照东京高等工业学校模式设立"建筑科"。这三位也被人称为"苏工三士"。作为中国第一个建筑专业三年制高等专科,课程包括建筑设计、结构、材料、营造、施工、建筑史、建筑美术等方面。其中,刘敦桢开设了一门与苏州园林直接相关的课程——庭园设计。

毕业生为1923级、1924级共两届。1927年,在民国的教改中,以苏工专建筑科为班底,刘敦桢率建筑科1925级、1926级全体学生及部分教师前往南京,建立了第四中山大学(后改名中央大学)工学院建筑科,成为我国第一批高等建筑教育本科专业。

要不是一次次以大为美、以大为强的高校撤并,这类小而精的专业学校,说不定能成为工艺与艺术结合的中国"包豪斯(Bauhaus)"啊!

> 杨柳阊门路,悠悠水岸斜。
>
> 乘舟向山寺,着屐到渔家。
>
> 夜月红柑树,秋风白藕花。
>
> 江天诗景好,回日莫令赊。
>
> ——〔唐〕张籍《送从弟戴玄往苏州》

杨柳水岸、红柑白藕的优雅小城,对于园林人才的滋养,无声却绵长。苏工专建筑科总共只存在了四五年,但其中有三位老师——姚承祖、刘敦桢和陈从周,竟然都成为苏州园林的重要传承人。他们的著述《营造法原》《苏州古典园林》《苏州园林》等等,更是成为苏州古典园林艺术体系迈入现代的一块块里程碑。

姚承祖,香山帮传人。光绪年间出生,11 岁当学徒,22 岁接手叔父的营造厂。在苏州古城内外,由他设计建筑的屋舍庭宇,不下千幢。现存的有:怡园藕香榭、吴县光福乡香雪海梅花亭、灵岩山大雄宝殿、木渎镇的严家花园等。尤其值得一提的是,姚厂长在经营过程中,常常感觉到工匠文化底子薄弱,在工艺传承上无法学习创新,于是就在市中心玄妙观开设了梓义小学,在城郊开设了墅峰小学,鼓励工匠子弟入学念书,接受免费教育。

更让人感慨的是,苏工专在成立建筑科时,并不是唯学历论英雄,将这位匠艺合一的原生态建筑师聘任为教员。姚承祖一边授课,一边根据家传图谱、建筑成法,结合实践经验,著成《营造法原》初稿,并把这部书稿托付给了刘敦桢,经增编整理后出版。全书系统地阐述了江南传统建筑的形制、构造、配料、工限等内容,介绍了地面、木作、装折、石作、墙垣、屋面、塔、灶等项目的营造做法,兼及苏州园林建筑的布局和构造。《营造法原》在园林古建行业影响深远,成为江南地区传统建筑营造宝典,也是研究苏州园林艺术的必备工具书。

刘敦桢,中国建筑学泰斗级人物。正是在苏工专几年的教学经历,让刘敦桢得以深入踏勘、研究、理解苏州园林。1935 年写成《苏州古建筑调查记》,首创性地用现代建筑学的眼光来审视苏州园林。而刘敦桢的扛鼎巨著《苏州古典园林》,将详细考察 14 处苏州园林所得的照片、文稿和测绘图纸汇编,具有很高的文献价值。在 20 世纪 50 年代,苏州政府对于园林的修复工作中,他也成为重要参与者之一。

刘敦桢还担纲过中国营造学社的文献主任,负责研究古建筑史料;梁思成当时任法式主任,负责研究古建筑形制。学社从 1932 年成立到因战争停办,5 年时间里,开展了大量田野调查,留下了 2000 幅各地古建测绘图。

陈从周,古建园林大家。

如入画图游

陈从周也在苏工专当过老师,他的家在上海,每个周末从上海来苏州,上两个半天课。课余时间,他几乎踏遍了古城内外的大小园林。1956 年起,他陆续著有《苏州园林》《苏州旧住宅参考图录》《漏窗》《园林谈丛》《说园》等书籍。陈从周在书中首次提出了"江南园林甲天下,苏州园林甲江南"的论断。

1978 年,陈从周提议以网师园殿春簃为蓝本,在美国大都会博物馆建设"明轩",成为把苏州园林推向海外的第一人。而他的散文,行文优美,更是成为园林文学中的经典之作。

> 欲行未行风力柔,吴门挂席夜正幽。
> 秋水半汀鸥共我,好山两岸月随舟。
>
> ——〔明〕孙一元《夜泊阖闾城》

曾经在阖闾城幽幽夜泊、在沧浪亭中缓缓行走的学者还有很多。童寯、陈植、周维权等都是学贯中西的园林艺术大家,他们在苏州园林中实地踏勘记录、测绘拍摄的资料,不仅完善了苏州园林理论体系,同时对园林修复工作起了重要作用。篇幅所限,就不一一详述了。

20 世纪 50 年代,政府成立了苏州园林修整委员会,刘敦桢、陈从周等专家学者积极参与,指导开展修复工作。同时,以香山帮为代表的吴地古建工匠,充分运用实践经验,成为修复工作中的重要技术支撑。拙政园、留园、沧浪亭十几座苏州园林,得以恢复重现当年风貌。

苏州园林有了这些学者大家,幸甚!

第三章　解读，园林的三种表情

如果说苏州园林是一位江南美人——第一章，我们行走在阖闾大城，梳理古城的历史，感受水城的底蕴，为的是了解她的家世传承。

如果说苏州园林是一位江南美人——第二章，我们行走在吴地山水，探访了专家土著，翻阅了文章史书，为的是了解她的前世今生。

如果说苏州园林是一位江南美人，既已一见倾心，我们就不再故作高深，直接探探她的心思究竟是怎样的。

其实，走近两步，看清楚她的表情，在那一颦一笑间，就有规律可循……

有的苏州园林专著中，过于强调其文人属性、山水意境。实际上，绝大多数苏州园林的最本质特征，都只不过是居所宅园。不仅是文人，退隐的官员、得道的高僧、富有的商人，都曾经是园林的主人。他们凭着各自的意趣，设计园林以供日常起居生活。因此，每所园林都有自己的特色，有的低调朴素，有的豪华铺陈。

当然，江南美人的表情哪能只有一种？还有含蓄潇洒的"隐"，还有静谧飘逸的"禅"……

都市有田园

第一节 "居"

一、凿一池、点数峰的居家宅园

1

> 听雨入秋竹，留僧覆旧棋。
>
> 得诗书落叶，煮茗汲寒池。
>
> ——〔唐〕李中《赠胸山杨宰》

一进一重景

苏州园林可以有很多关键词：文人园林、仕人园林、私家园林、诗画园林、写意山水园林等等。拨开林林总总的形容词，居住仍是最本质的功能。可以聆听秋竹雨声，与老友复盘对弈，在落叶上题诗，用寒泉水煮茗……

苏州园林大多数是宅中有园，园中有宅，形成园宅合一的特点。按照吴地民居的常规布局，在厅、堂、楼前面，多有一个天井或小庭院，建筑与天井的组合便是民居最基本的单元——"进"。在一个典型的苏州大型民居内，从横向切割，有门厅、轿厅、大厅、正房等三进或多进院落。每进之间形成一个天井，以利于采光与通风。横向模块之间的通道，通常以精美的砖雕门楼分隔。从纵向切割，三进或多进的主体建筑形成一条中轴线。在中轴线的两边，布置客厅、厢房、书房、厨房、杂屋等等。三组纵列模块形成左、中、右三路院落建筑群，又称为三落或多落。而在住宅的前后左右，视地形的方圆、主人的构思、财力的大小等各种因素，规划出各有特色的庭园。从这个角度说，园是整个住宅的组成部分之一，即所谓"宅中有园"。

西方古典园林有个最大的特点，以城堡宫殿等主体建筑为核心，建筑统御园林。然而苏州的大宅,是以高墙围合形成的封闭式院落,内向闭合,小到天井的树木花坛,大到园林的假山池水,处处绿意点缀。从美学意义上说,完全可以说是宅在园中。大型园林中,厅堂楼阁更为分散,点缀在山池之间,掩映于花木丛中。从这个角度分析,宅是整个园林的组成部分,又可以说是"园中有宅"。

园宅合一的苏州园林,成为园主们在日常生活之中时时能够亲近自然的最佳选择。

结庐在人境,而无车马喧。

问君何能尔,心远地自偏。

——〔晋〕陶渊明《饮酒》

在繁华城市中建个宅院,却没有车马喧闹,只要是心境幽远恬然,这里就是避离尘俗的自然田园。阖闾大城内,河街并行,旧时街巷都不宽,居民院落或靠街,或沿河,错落有致。苏州园林,就是点缀其间的一座座"都市田园"。

根据《苏州府志》记载,苏州城区明代有园林271座。在抗战前,童寯加盟宾夕法尼亚大学建筑系校友赵深、陈植开设的建筑师事务所。事务所设在上海,这让童寯有机会在工作之余,遍访江南园林。他在细致地踏勘调查、测绘摄影后,于1937年完成《江南园林志》一书。书中对苏州的园林调查非常详尽,童寯指出,虽然当时国势衰退,少有人再大建园林,但苏州知名园林仍然保留17座,而街头巷尾"私人宅第之附有园亭者,盖比比皆是矣"。

2500多年的历史实在是太过漫长,虽然苏州城址安立不动,但城区内部结构不断发生着调整与变化。正是这种街区内的变化消长,为苏州园林的发展提供了空间与舞台。民居园林开始散落在纵横交错的双棋盘之中,有的小巧庭园占地半亩,有的深宅大院则占了一整个街区,逐渐形成了苏州园林因地制宜、隐于巷陌的特点。

同时,由于经济繁荣、地少人多,建筑在古城中高密度生长,也决定了苏州园林不能强求方正,拘于形式,而是要尊重城坊布局、河巷交通、地形宽窄等因素。套用19世纪建筑大师沙利文(Louis H. Sullivan)的一句话:建筑自然地、合理地和诗一般地从其周围环境中生长出来。

举个例子来说，园与宅的位置就无定法。虽然原则上前宅后园或东宅西园，但看看现存的园林，有园子位于住宅后部，有园子布置在宅侧，还有宅子西边一个小花园，东边再来个大的，不一而足。很多园门都不是朝南开的。有意思的是，计成在《园冶》中，也不太讲究风水堪舆，他认为园林方位要根据造园立意，因地制宜地进行设计。

在古城的官署、庙宇、街坊、水道之间，郁郁葱葱的园林成为最好的点缀，极大地丰富了整个城市的意趣和空间。

二、迎贵客、搞派对的私人会所

1

> 雨打梨花深闭门，忘了青春，误了青春。
> 赏心乐事共谁论？花下销魂，月下销魂。
> 愁聚眉峰尽日颦，千点啼痕，万点啼痕。
> 晓看天色暮看云，行也思君，坐也思君。
>
> ——〔明〕唐寅《一剪梅》

苏州园林深藏在幽静的小巷里，含蓄而内敛。不过，进了宅园内部，这老古董的礼数一个都逃不了，因此也就总会有"行也思君，坐也思君"这样的一堆堆闺阁哀怨，或是一出出英俊书生翻墙相会的昆曲戏文了。

苏州的很多宅院，虽然没有京城皇族或是在位高官的场面气派，不过少则三五进，多则也有个七八进。想想那些回到家乡来养老的，例如申时行、王锡爵、王鏊等，哪个不是门生遍布朝堂的超级大佬？退休养老，基本的排场还是要有的。

园宅主人请来的贵宾，从门前广场下进门厅，过轿厅，穿天井，就会到达大宅的第二进——正厅。正厅既是家居空间，又是整个宅子的礼仪中心，园主在这里会见宾朋，招待宴请，进行长幼教谕，举办喜庆活动。因此，正厅的装修一般最为讲究，整体以对称式布局，四平八稳地陈设各种厅堂家具。通常的布置是：正中靠墙设一扇屏风，或者是悬挂书画；在屏风前面，设置长案，案上陈设座屏、瓷器、赏石等物件；长案两侧排列太师椅，供长辈或主人坐；在案前，中间设八仙桌，两侧放置官帽椅、圈椅与茶几，间以花几植物等小件作为装饰。

大厅后的第三进一般为女厅，这里是由女主人坐镇的场地，接待来访宾朋的女眷。第四进为上房或楼厅，是主卧室的所在。厨房、柴房、杂物、佣人房等房屋统称为下房。这就是一个宅院的基本配置，根据财力、地形不同，有的再增加些进数，有的添上些大型园林。

在古城的双棋盘格局中，有的大宅后门为道路，有的为河道，都可以用来运输和采买生活用品。在大宅中，不仅建筑上下有别，落与落之间还用"备弄"分隔。从建筑角度而言，备弄是主落与副落，也就是主轴线

备弄避尊客

与副轴线之间的物理分隔。在苏州话中，备弄又作"避弄"，实际上是一条贯穿前后，避开男宾和主人，专门供妇女和仆人行走的通道。

综上种种，不难发现，虽然各家宅园的形式不同，但布局体现的还是传统的伦理秩序，例如男女有别，尊卑有分，长幼有序，等等。

②

> 水云乡，松菊径，鸥鸟伴，凤凰巢，醉帽吟鞭，烟雨偏宜晴亦好。
> 盘谷序，辋川图，谪仙诗，居士谱，酒群花队，主人起舞客高歌。
>
> ——〔清〕顾文彬集宋词题怡园藕香榭

园林宅第中，除了家庭起居和迎送宾朋外，还得来些文化娱乐活动，免得生活太过单调。其实有很多消磨时间的方法，例如打打麻将之类的手脑健身运动，文人们也不太好意思写进书中。留下来的，都是"阳春白雪"的文艺小清新。

就像怡园主人顾文彬题的这副对联：上联写的是园中景致，下联说的是在园林之中，可以咏诵韩愈写的散文名篇《送李愿归盘谷序》，可以欣赏到王

维画的《辋川图》，可以回味谪仙李白的豪迈诗句，可以弹奏东坡居士的曲谱，主人在起舞翩翩，客人在高歌长啸！

喜欢安静的园主，一定会在园林幽处建个书房。书房前面，或是立半个方亭，或是竖一块山石，或是搞一汪小池，或是种几根细竹，读书与小憩兼而得之。有实力的，还可以大建藏书楼，珍藏一堆古籍善本、名家字画。园林之中，可以悠闲自在，煮上一壶香茗读读书，咪着一口小酒写写诗，死盯一个美女作作画，甚至还可以搞出些艺术沙龙、大型派对之类的花样。

其实，以文会友是士大夫阶层的传统，文人雅集便是最常用的节目之一。吃吃饭、喝喝酒、游山水、作诗画的雅集，最早可以追溯到三国时的"邺下雅集"。以曹操、曹丕、曹植"三曹"为中心，一众建安文士，集宴云游，诗酒酬唱，"每至觞酌流行，丝竹并奏，酒酣耳热，仰而赋诗，当此之时，忽然不自知乐也"（〔汉〕曹植《又与吴质书》）。

不过游宴搞多了，也会显得寡淡无味。好在到了东晋，一种新型派对方式——"曲水流觞"适时出现：一群闲人坐在蜿蜒曲折的溪水两旁，由书童仕女将斟上一半酒的觞，用捞兜放入溪水当中，让其顺流而下，在谁的面前停滞不动了，这位老兄就必须将酒觞捞起一饮而尽，并立马赋诗一首；如果这时憋不出一句好词的话，就要被众人罚酒三杯了。说是模式创新，但还是一帮人凑份子喝酒吟诗，内容一点儿也没有变化。

在一次雅集中，四十多位参与者水平都不错，一觞一咏所成的诗篇被汇编成《兰亭集》。活动的召集者王羲之，乘兴写下了书的序文——《兰亭集序》，不仅文情高旷，他那出神入化的行书笔法更是流传千古。

> 金杯素手玉婵娟，照见青天月子圆。
> 锦筝弹尽鸳鸯曲，都在秋风十四弦。
>
> ——〔元〕顾瑛《款歌》

可以想象，在苏州这个文人扎堆的城市中，类似的雅集非常多。其中，最知名的便是元末的"玉山雅集"。雅集的发起人顾瑛，是吴地的传奇人物。据说他年少时就开始经商，家业豪富，40岁就实现财务自由了。把买卖传给儿子后,自己就提前过起了退休生活。

雅集会良朋

顾瑛退休生活的第一步,就是修筑了玉山草堂。玉山草堂是元末吴地最著名的园林之一,有园池亭馆 36 处。这位有钱、有闲、有场馆的园主,自然而然地思考起艺术的纯粹性了。他除了自己研究文艺,更是猛刷"朋友圈",广结天下名士,主办了几十次艺术沙龙。沙龙中产生的优秀作品被集结成册,名为《玉山草堂雅集》。这本书中,叫得上名号的诗人画家竟达 80 余人,其中有"元四家"中的黄公望、倪瓒、王蒙,以及杨维桢、郑元佑、柯九思、袁华等等,可谓影响深远。

不过,好的开篇并不意味着好的结尾。后来顾瑛尽散家财,削发为僧,在家中修行。是否出于自愿,史书没有记载,我们也不得而知。不过,放在当时的大背景下,应该能够揣度出原委:

元末张士诚,以苏州为基地发展势力,与相邻的朱元璋相互对着干。老朱一路杀上大宝后,有点儿收不住。不仅提高吴地的赋税比例,以报复吴人对于老张的支持;更严重的是,他还将吴地一大批征而不至、不愿归附的文人统统给砍了。曾经是玉山草堂沙龙常客的杨维桢、倪瓒、袁华等人,结局无一不是非常悲催。至今在苏州方言中,"说话"叫作"讲张",据说就是因为到了明初,苏州人还常常偷偷聚在一起,回忆张士诚的好处。

可惜了苏州园林的杰作——玉山草堂,不久就随着顾瑛一起,在历史的尘埃中,湮灭无踪了。

绮罗堆里神仙剑,箫鼓声中老客星。
一曲高歌情不浅,吴姬莫惜倒银瓶。
——〔清〕吴绮《程益言邀饮虎丘酒楼》

绮罗堆里，箫鼓声中，吴姬添酒不停，主客高歌欢唱，一幕一幕的场景，随着时代兴衰园主更替，远去无声。好在顾瑛的玉山草堂，不仅仅留下了书画余韵。在玉山雅集中，助兴的有三曹的醇酒，羲之的流觞，更有一种正在喷薄兴起的艺术形式——昆山腔。

昆曲的前世今身，第七章中我们将详细介绍。话说参加玉山雅集的文士，拿着顾园主的邀请函进得园来，在湖石碧波边，在松桧梧竹间，这位仁兄带来了创作的新诗，那位老弟现场泼墨挥毫，还有绘画观摩，琴棋诸艺，说经的说经，论禅的论禅，酒杯刚放下，箫笛已响起，传来昆腔一曲……每一个时间断面，想来都是这般风雅脱俗。

明代吴地有高启等"北郭十友"、文徵明等"东庄十友"的文士之会，清代怡园、民国鹤园中也常有文人雅集。在苏州的其他深宅大院中，园主们不一定能达到顾瑛、文徵明这类艺术水准，但是以亭作台，或是以厅作台，搞个文艺汇演还是绰绰有余的。邀请三五老友，在家中搞个堂会，男宾坐轩堂，女眷们在两侧厢房，听听书看看戏，也是非常热闹。

因此，在这种宅园合一的生活场景中，既能保持传统宗法社会的严肃气氛，又可以享受流行元素的轻松欢快。加上园林中亭台楼阁、曲径回廊、水池假山、花草树木，处处有可游、可赏的自然人文属性。按照陈从周的概括，这种个性化、艺术化的生活环境，真正做到了"可居、可行、可游、可望"。

生活的艺术，艺术地生活。家在苏州，"居"在园林，真是乐在其中啊。

三、残粒园、拙政园的居住本色

昆吾御宿自逶迤，紫阁峰阴入渼陂。
香稻啄余鹦鹉粒，碧梧栖老凤凰枝。

——〔唐〕杜甫《秋兴八首》

诗圣吹牛亦不俗，他打进牛皮中的不是氢气，而是满满诗意——汉武帝的上林苑、御宿苑曲折逶迤，渼水映着终南山紫阁峰。那长安的稻谷哪会是普通稻谷啊，那是鹦鹉啄余的香稻；那长安的碧梧哪会是普通梧桐啊，那是凤凰栖老的仙桐。

就因为这首诗,苏州园林中多了一个宅园合一、因地制宜的经典案例。清朝末年,在古城装驾桥弄,一位盐商建了一所园宅。其中住宅建筑占地面积较大,共分为三路,门厅、轿厅、大厅、后楼及花厅配置完整,而在宅北和宅东,各有一个小巧的园林。

1929 年,园子归画家吴侍秋所有。吴园主按照杜甫的诗意,将宅院中的东园改名为"残粒园"。残粒园是苏州城内现存最小的园林,面积150 平米不到,也就是现在一般三室两厅公寓的面积。但就是这么点面积,吴语说"螺蛳壳里做道场",竟然有亭、有池、有假山、有花木,甚至还有山洞,不由让人感叹:苏州园林真是在古城的哪个角落都能生根发芽,茁壮成长!

从宅到园,是从锦窠月洞门进入园中,绕过湖石屏障,便可见到园林的几何中心——水池。水池叠石为岸,周围种植天竹、腊梅、桂花、榆树、玉兰等花木,形成水平空间的景观序列。墙面漏窗数方,藤蔓缠绕。沿着环池小径移步北向,靠墙耸立着湖石假山,进山洞循石级盘旋而上,石山西北角最高,上有木构半亭,名"栝苍亭",是园内唯一的建筑。亭内设有坐榻、书柜、博古架和鹅颈椅。

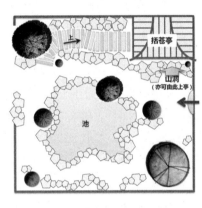

精巧残粒园

栝苍亭既是俯瞰全园的观景佳处,又成为整个园林的构图中心,形成了垂直空间的景观序列。在方寸之地,将半亭、假山、花木、水池组成高低错落的景致,显示了极强的空间组织能力。

百来平米的小园子,充分体现了苏州园林"居"之精妙。凿一池,点数峰,配上几株花木,远近高低间,水平与垂直景观巧妙组合,是宅园中的自然,也是心中的恬然。园林不在大小,就像陈从周讲的:园之佳者如诗之绝句,词之小令,皆以少胜多,有不尽之意,寥寥几句,弦外之音犹绕梁间(《说园》)。

不过,在这里一定得补充一句。如今,残粒园仍保持着她最本质的属性——"居",吴氏后人仍然在此地居住。毕竟只是一个精巧小园,看看上面这张图即可想象其全貌。请不要贸然去拜访,对于游客可能是一次揽奇之旅;而对于主人,那是家和生活,不应该被打扰。

拙补以勤，问当年学士联吟，月下花前，留得几人诗酒；
政余自暇，看此日名公雅集，辽东冀北，蔚成一代文章。

——〔清〕王藻林题拙政园楹联

这副对联是所谓的"嵌字联"，在上下联中，嵌拙、政两字，描写拙政园中的诗与酒，人与文。作为古城内现存最大的园林，拙政园占地 70 余亩，分为宅与园两个部分。

住宅生活区在南部，为标准的多进穿堂式建筑群落，主轴线纵深四进，由隔着一条小河的影壁墙、船埠、大门、二门、轿厅、大厅和正房组成，侧路有鸳鸯厅、花厅、四面厅、楼厅等。住宅区范围大致包括现在的苏州博物馆、园林博物馆、忠王府等一大片区域。

园林游赏区在宅后，以水池为中心，主要建筑物均临水而筑。东部凿池叠山、广植树木，点缀有芙蓉榭、听雨轩、天泉亭；中部是全园的精华，有远香堂、雪香云蔚亭、荷风四面亭、宜雨亭、香洲、玉兰堂、得真亭、志清意远等景观；西部主要有卅六鸳鸯馆、十八曼陀罗花馆、留听阁、见山楼、倒影楼、浮翠阁等。

拙政园内陈设雅致，各处筑以漏窗，四廊相互联系，有山水亭台交相掩映之胜，为我国古代造园艺术的杰作。拙政园不仅位列中国四大名园，也是世界文化遗产。不过，现在游客看到的拙政园，明时遗韵尚存，但早就不是当时原貌了。500 年间，主人已经换了一茬又一茬，园林几经兴废，格局也有多次变化。这里简单梳理一下这拙政园的前世今生：

1509 年，王献臣建筑园林，取名"拙政"。王献臣是苏州人，做过巡察御史，御史干得好，难免得罪人，况且王御史得罪的还是东厂。某个犀利的公公反咬一口，王御史受到羞辱性的责罚——廷杖，并被贬至岭南当驿站小吏。虽然后来得到平反，但老王已经看穿世事，回到家乡建园隐居，安度晚年。明代拙政园的规模比现在还大，共约 200 亩。从文徵明《拙政园卅一景》图中可以看出，整个园林竹树野郁，山水弥漫，近乎自然风光，处处皆有浓郁的天然野趣。

1539 年，王献臣在拙政园以古稀之年离世。他苦心营筑的园子，在儿子手中便转给了苏州徐家，据说还是在一场豪赌中输掉的。1631 年，徐家家道中落,将已经破落的东部园林卖给刑部侍郎王心一。王侍郎也是个充满艺术细胞的人,善画山水。他将园林重新修复,并取意陶渊明的诗意,将园名改名为"归田园居"。

1653 年,清弘文院大学士陈之遴从徐家购得西园。不过这个可怜的园主,一天都没享受到园林的雅致清静,购园后先是一直在北京做官,后来被顺治革职,拙政园也充公做过驻防将军府、兵备道行馆等。倒是陈之遴的夫人——徐灿值得一提。明末清初江南文风极盛,徐灿被誉为能与李清照一争高下的女词人,词韵极尽深隐幽咽。

看看她的身世,不难发现其中原因:徐灿本是明朝官二代,才女一枚,结婚十年后,陈之遴中了榜眼(波峰);但陈父在对抗清军的战斗中失利,陈之遴也失去了官场上升通道(波谷);明亡后陈之遴降清,一路飙升,做到过一品(波峰);然后剧情急转直下,全家发配异乡,陈之遴和儿子相继病死,是徐灿在路边上访乞求皇帝,才带着家人遗骨回到故乡(波谷)。在世 80 年,家国兴亡,经历得实在太多了。好在,她有《拙政园诗馀》《拙政园诗集》等作品留存,也能算作是魂归故园了。

这一时期,拙政园的东园仍由王侍郎的子孙居住,还是"归田园居"。园子的西部 40 亩地,据说由吴三桂的女婿王永宁买下。王永宁在这里大兴土木,堆帜丘壑,打造雕龙刻凤、富丽堂皇的宅院。不过,1673 年吴三桂造反,拙政园立刻被充公。后来,整个园林又分为东、中、西三个部分,除了"归田园居"外,其他部分还有"复园"、"书园"、"瑞棠书屋"等名称,园主也是杂七杂八,就不一一尽述了。

1860 年,太平天国李秀成攻入苏州,将苏州拙政园重新恢复成为一个整体,改名为"忠王府"。没几年,李鸿章接手并将拙政园拆分,中间部分成为江苏巡抚行辕。1872 年,张之洞的哥哥张之万,将奉直会馆设在拙政园中部。1877 年,富商张履谦将拙政园西部买下来,改称"补园"。现今拙政园的风貌,大多在此时奠定了基础。民国时期,园林被当作过戒烟所、区公所、日伪省部、校舍等等。

20 世纪 50 年代,先是拙政园的中部和西部,后是东部得到修缮重建,这名园终于又重归统一。此后,拙政园便由私宅变为展馆,向游人开放,展现着苏州园林所特有的风采。

啰嗦了半天,只是想说明一个观点:现存最大的园林——拙政园,最能体现苏州园林"居"的实质。拙政园里的五百年岁月,"富不过三代","合久必

第三章 解读,园林的三种表情

分,分久必合","城头变幻大王旗"等传统戏码轮番上演。一众园主成了匆匆过客,园也因人而盛,因人而衰。不禁让人感慨:

再彪悍的人生,总有波峰波谷;再精彩的大戏,也有落幕时分;

再宏大的园林,也只不过是一个居家的宅院啊。

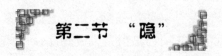

第二节 "隐"

一、进安邦、退守拙的心灵守望

1

秋林结缘留连赏,春坞藏红次第吟。

拟泛一舟追范蠡,从来世味不关心。

——〔宋〕李弥大《游洞庭山》

吴越之争中,越国谋臣范蠡在功成名就后急流勇退,改了个稀奇古怪的名字——鸱夷子皮,成功转型成商人。也有民间传说,他携着西施乘一叶扁舟,隐于太湖的洞庭山中。

上文中我们追溯过吴国的历史源头,泰伯狂奔千里躲进蛮夷之地,还削发纹身地做"整容",从此混迹于吴地土著中间。其实,他应该算是吴地"隐"的鼻祖。王族、功臣之隐,既是逃离王权争斗的一种无奈之举,又不失为明哲保身的最佳选择。

而"士"之隐就更为复杂。宽泛地说,士、士大夫和文人精英等等,可以算作是传统社会的中坚力量和稳定剂。周朝与春秋的公卿大夫指有官职爵位的人,大部分是靠宗亲分封世袭的;士仅次于他们,算是低阶贵族。

孔子说,"行己有耻,使于四方,不辱君命"的外交官是标准的"士";"宗族称孝焉,乡党称悌",也就是民间口碑好的人也是"士";"言必信,行必果",一板一眼的小人物也能勉强算是"士";而当时执政鲁国的那些人,反倒只是"斗筲之人",不能算啊。看来,在孔老夫子眼中,"士"是一种精神追求,无关贵贱。

> 皋桥依旧绿杨中，同里犹生隐士风。
> 唯我到来居上馆，不知何道胜梁鸿。
>
> ——〔唐〕皮日休《皋桥》

　　梁鸿是东汉时的隐士，后居于苏州皋桥。隐逸隐士，通常与出仕为官相对。其实，千百年来，众多文人总是在出仕与隐逸间纠结盘桓。

　　最理想的状态是"达则兼济天下，穷则独善其身"，时世不济就找个地方隐着，等时机成熟了，就出来安邦定天下。姜尚姜子牙就是个模板，传说中他一直神隐到了80岁，整天拿着个直钩钓竿蹲在河边，纯属拗造型摆POSE，一旦时机对头圣王出现，就立马出山建功立业。颜回也一直隐着，但没有等到好的机会，就安于隐逸，乐在其中——"箪食瓢饮于陋巷，而不改其乐"。

　　隐，有理想化的玄学之隐。后世提到魏晋南北朝，必然会提到那时的隐士群体：才高八斗，操守高洁，用清谈、饮酒、佯狂等形式来寄托精神。其实，即使是被后人推崇的"竹林七贤"，也并非一辈子避世而居，整日里谈玄论道。例如，嵇康虽然崇尚老庄，但政治立场非常坚定，后被"路人皆知"的司

轩隐翠玲珑

马昭杀害；向秀、阮籍先是隐居，在嵇康被害后，迫于压力到洛阳担任官职；山涛隐了一段时间，就去投靠司马氏成为高官；王戎更俗，热衷名利，聚敛无已，甚至家里有好李，但怕别人得种，要钻了核才拿出去卖。理想很丰满，现实太骨感啊。

　　隐，有真性情的诀别之隐。东晋时提拔官员，主要由王室贵族推荐。陶渊明一开始有"猛志逸四海，骞翮思远翥"的情怀，几次被推荐为官，但总是干不长，看不惯官场的坏风气就立马闪人。最后一次，是在彭泽当县令，任上第三个月，浔阳郡督邮刘云来检查工作。督邮虽然是吏，但代太守行事，有非常

大的权力寻租空间。因此,才会有三国志中刘备杖督邮、三国演义中张翼德怒鞭督邮之类的故事。省里来人,下属建议他穿戴齐整,备好重礼,隆重接待。陶渊明叹道:为了县令五斗米的薪俸,就低声下气去向小人贿赂献殷勤,这活我没法干了!辞职信一甩,回乡采菊花见南山去了。

隐,有欲扬先抑的终南之隐。成语"终南捷径"讲的是唐代进士卢藏用,专门选在离长安城不远的终南山隐居,隐到连长安妇孺都在传"山上住着高人"的时候,果真被皇帝召出来做官了。大诗人李白套路不同,踏遍名山大川,靠各种社交媒体积累粉丝数,42岁时终于得到了唐玄宗的邀请。看他那句——"仰天大笑出门去,我辈岂是蓬蒿人"(《南陵别儿童入京》),得意之情喷薄而出,哪像是什么徂徕隐士啊?

其实,隐还有很多种:有退休之隐,自然也有退而不休,紧盯朝政、遥控门生的;有清廉官员的田园之隐,自然也有"平安着陆"的贪官之隐……无论哪种隐法,山水意趣的园林,都会是隐居选择之一。

二、近繁华、远尘嚣的中隐乐土

> 不隐山林隐朝市,草堂开傍阖闾城。
> 支窗独树春光锁,环砌微波晚涨生。
>
> ——〔清〕沈秉成《耦园落成纪事》

对于苏州园林而言,"居"是首要的、基本的、必备的功能;而"隐",则成了最重要的情感主题,清代官员沈秉成选择隐居耦园,也是基于"不隐山林隐朝市"的选择。说到隐居地,白居易有首诗《中隐》,写得明白透彻:

大隐住朝市,小隐入丘樊。丘樊太冷落,朝市太嚣喧。不如作中隐,隐在留司官。不劳心与力,又免饥与寒。终岁无公事,随月有俸钱。唯此中隐士,致身吉且安。

"丘樊"指山林,"留司官"指三品闲差。白居易创作这首诗时,正以太子左庶子身份赴东都洛阳任职。这左庶子相当于侍中,正三品的官虽不小,但是负责辅佐太子,可以算是个闲官。考虑那时的白居易已经52岁,栖心佛道,对于仕途已经看淡,这首诗其实颇有自我解嘲的意味。

——大隐隐于朝:朝堂高森啊,行走其上,能够大智若愚又屹立不倒,才有机会做利国利民的大事;宦海深沉啊,游于其中,必须处事得法又清净幽远,才能保持自己的身心健康。大隐,难度系数太高!

——小隐隐于野:在深山野林结庐而居,远离尘世喧嚣,构筑属于自己的桃花源。听起来不错,但找朋友作个诗喝个酒都不方便,更别说老人看大夫、小孩读私塾、夫人采购胭脂水粉了。小隐,日常生活太苦!

——中隐?嗯……应该是个不错的选择。

> 占一年好景,数朵奇峰,经卷熏炉,谁与赠洞霄仙侣;
> 拟招隐羊求,寻盟鸥社,绿蓑青笠,人道是烟波钓徒。
>
> ——〔清〕顾文彬集元词题怡园画舫斋联

中隐隐居市肆,虽然周遭嘈杂喧闹,但内心能够保持宁静平和。在苏州做个中隐,倒不用白居易"三品闲官"这么高标准,只要有个小小的雅致宅院,就能实现:叠山理水,栽花植树,将山林引入居所。推开大门就是满城繁华,厅堂之上高朋满座;关上宅门就可以淡看花开花落,笑对云卷云舒。离尘不离城,就能够做个惬意隐士。从这种意义上来说,一众苏州园林,都是中隐乐园。看看现存的几个苏州园林,园名中都含有隐的寓意:

沧浪亭,园主是北宋苏舜钦。园名取意先秦时的《沧浪歌》:"沧浪之水清兮,可以濯我缨;沧浪之水浊兮,可以濯我足。"表达的是不管水清水浊,清明之治还是黑暗乱世,都能保有一份进退自如的心境。

拙政园,园主是明代王献臣。园名有两个出典:一是西晋潘岳,也就是著名的美男子潘安,在《闲居赋》中的一段话:"筑室种树,逍遥自得,灌园鬻蔬,以供朝夕之膳,此亦拙者之为政也";二是陶潜,也就是著名的田园诗人陶渊明,在《归园田居》中有"开荒南野际,守拙归园田"的诗句。

网师园,园主是清代宋宗元。宋宗元是苏州人,做过知县,辞官回到故里后建筑园林。"网师"意思是渔翁,宋园主想要表达的意思是:我老人家,从此就在这里乐为渔翁,隐于渔钓了。数年之后,宋宗元复出,授天津道,终为光禄寺少卿。换个角度看"网师"两字,老宋嘴上说我甘愿作乡野蓑翁,其实在暗暗与姜子牙较着劲啊。

退思园,园主是清末任兰生。任园主在光绪年间因为"盘踞利津,营私肥己;信用私人,通同舞弊"而遭弹劾。革职回到家乡同里镇后,取《左传》中"进思尽忠,退思补过"之意,建造宅园。任园主是否罪有应得,这里就不详细考据了。但仅从这园名看来,有退隐而补过的想法,终归不是坏事。

苏州园林历史上,还曾经有"道隐园",由宋代李弥大筑于西山林屋洞附近;"石磡书隐",元代俞琰筑于府学附近;"槃隐草堂",清代毛逸桂筑于灵岩山;"桂隐园",为木渎镇钱氏三园之一;"洽隐园",又叫惠荫园,清代韩馨筑于城区南显子巷;"渔隐小圃",清袁廷涛筑于城西枫桥……还有隐圃、桃源小隐、乐隐园、招隐堂、壶隐园等等。这些园名毫不曲折婉转,直截了当地表达着"隐"的情感主题。

正因为是中隐之园,可以停轿子的轿厅、接待客人的正厅等等,都属于标准配置。按照白居易的说法,就是一定要考虑到"门闾堪驻盖,堂室可铺筵"(《新昌新居》),在轴线分明、格局规范的多进宅园中,保证园主正常的社会交往,维持自己相应的社会地位、公众形象。与此同时,开辟一块"虽由人作,宛自天开"的城市山林,想清静时就躲进竹林小筑,品品香茗,看看昆曲,可以赏清流碧潭、亭台楼阁之胜,可以享曲径通幽、柳暗花明之趣。

园主们所追求的,是一种左右逢源、进退自如的处世哲学;园主们所梦想的,是一种物质丰富、精神自由的优雅生活。

三、桃花庵、沧浪亭的隐逸往事

> 我也不登天子船,我也不上长安眠。
> 姑苏城外一茅屋,万树梅花月满天。
> ——〔明〕唐寅《把酒对月歌》

苏州古城西北角,有一个叫桃花坞的地方,听名字就是风雅之地。在小巷深处,有一个清雅脱俗的苏州园林——桃花庵,园林中有荷花池、学圃堂、寐歌斋、蛱蝶斋等池馆，至今双荷花池等遗迹犹存。唐寅唐伯虎，就曾经在这里居住生活，在这里舞文弄墨，在这里把酒放歌。

唐寅才华横溢，擅长诗文，与祝允明、文徵明、徐祯卿并称"江南四大才子"（吴门四才子）；画名更著，与沈周、文徵明、仇英并称"吴门四家"，又称为"明四家"。民间更为津津乐道的，是他那玩世不恭、闲情风月的生活态度，以及三笑点秋香之类的传奇故事。不过，即使是这狂放不羁的艺术全才，亦曾在出仕与隐逸间不断纠结。

29 岁时，唐寅参加乡试，中第一名解元。30 岁，踌躇满志地入京会试，因为牵涉进会

唐寅《陶谷赠词图》

试泄题案中，终身不得为官。唐寅灰头土脸地回到家乡，妻子又跑了，真是事业爱情双重打击。在苏州，唐寅以书画为生，36 岁时建了个小园。在园林主题曲——《桃花庵歌》中，他写出了人生大逆转后，那看破世事的情怀：

> 桃花坞里桃花庵，桃花庵下桃花仙。桃花仙人种桃树，又折花枝当酒钱。酒醒只在花前坐，酒醉还须花下眠。花前花后日复日，酒醉酒醒年复年。不愿鞠躬车马前，但愿老死花酒间。车尘马足贵者趣，酒盏花枝贫者缘。若将富贵比贫贱，一在平地一在天。若将贫贱比车马，他得驱驰我得闲。世人笑我忒疯癫，我笑世人看不穿。记得五陵豪杰墓，无酒无花锄作田。

再来听一首《醉诗》，描写的是桃花庵中桃树下，桃树下面桃花美眉的事，更是直白大胆。信手拈来的才气，狂放不羁的猛劲，同时袭来："碧桃花树下，

大脚墨婆浪。未说铜钱起,先铺芦席床。三杯浑白酒,几句话衷肠。何时归故里,和她笑一场。"

唐寅与沈周、祝允明、文徵明等友人,在桃花坞中饮酒赋诗,挥毫作画,洒脱无比。如果一直是这样,倒真是标准隐士一枚。可惜这位号称看穿世事的风流才子,隐居了十来年,44岁时被宁王朱宸濠"一个电话",就带着李白得遇皇恩时"仰天大笑出门去"那种狂喜,一路小跑地去王爷府里听差去了。

万幸的是智商情商都不错,待了小半年,"轧出苗头"(吴语,发现征兆):大事不好,这个宁王其实是想要造反啊。唐寅遂佯装疯癫,得以脱身回到故里。后来,宁王果真起兵造反,不巧的是,就在他旁边窝着一个神人王守仁。王守仁"心学"的影响力就不用多说了,关键他还真的是个军事天才,一个多月就逮住了宁王。

说回唐寅,由于抽身早躲过了杀身之祸,但是终归又一次颜面扫地。在他生命最后的十年中,唐寅转而信佛,自号"六如居士",治一方印章"逃禅仙吏",54岁时潦倒而死。对这位吴地民间最喜欢的风流才子,还真要狠狠心,才舍得作个点评:从宁王这件事情上看,连唐寅都算不上真的隐士,终究属于"胸中抱负万千,嘴上不想当官"的矫揉之隐啊。

> 荒湾野水气象古,高林翠阜相回环。
> 新篁抽笋添夏影,老桥乱发争春妍。
>
> ——〔宋〕欧阳修《沧浪亭》

沧浪亭,位于苏州城的南部,占地面积16亩左右。在现存的苏州园林中,历史最为悠久。虽然园林景观早已不是宋时原貌,好在山林丘池之间,"荒湾野水、高林翠阜、新篁抽笋、老桥乱发"的遗韵尚存。

苏州园林的常规套路是高墙深院,园中布置山水。而沧浪亭显得非常另类:园内布局以假山为中心,古木参天,竹影千竿,沧浪亭高踞其上,厅堂楼馆分布周边;虽然园中没有池水,但整个园林被碧水环绕,水中荷花万柄,岸边弱柳拂风;一条垂直方向的石板曲桥,走过桥才能轻扣园扉;一条水平方向的复廊描摹曲岸,把整个水面收纳进园中;复廊上一排漏窗,两处亭榭,更是进一步把内山外水的景致揉成一体。

沧浪亭的第一任主人,是北宋诗人苏舜钦,字子美。苏子美为官一路顺风顺水,从县令一直当到京官,成了当朝宰相杜衍的女婿,后来被范仲淹推荐为集贤殿校理,监进奏院。在中央机构里,进奏院的

山水有清音

级别虽不算高,但负责为皇帝梳理各地信息,是个重要部门。可以说,这个小伙子前途一片光明。

可惜,一件小事让苏子美的仕途戛然而止:进奏院每年要搞个祀神仪式,按照惯例,大家用所拆奏封的废纸卖钱,馆阁同僚再凑点份子,聚餐吃上一顿。但这次的确有点出格,一是宴席中有风尘女子作三陪,二是酒多了议论起朝政机密。结果是苏舜钦被削籍为民,与会十余人同时被贬逐,史称"进奏院狱"。当然,因为苏舜钦等人是范仲淹庆历革新的铁杆,这一事件也可以算作守旧派的一次成功偷袭。

回到家乡后,苏舜钦以四万钱购得钱氏园址,傍水构沧浪亭,取意诗句——"沧浪之水清兮,可以濯我缨;沧浪之水浊兮,可以濯我足"(《楚辞》《孟子·离娄》),自号沧浪翁。他以一首《沧浪亭》,直白地表达了避世隐居的想法:"一径抱幽山,居然城市间。高轩面曲水,修竹慰愁颜。迹与豺狼远,心随鱼鸟闲。吾甘老此境,无暇事机关。"欧阳修应邀,也作了一首《沧浪亭》长诗应和。苏舜钦加上欧阳修,两个名人,立马让这座苏州园林名声大振。

苏氏之后,沧浪亭几度荒废。南宋成为名将韩世忠宅第,称韩园;元代为庵,后荒废;明代僧人文瑛重建时,归有光曾作《沧浪亭记》。清代沧浪亭屡次荒废,四任江苏巡抚——宋荦、吴存礼、梁章钜、张树声,都重修过沧浪亭并撰文《重修沧浪亭记》,反映了古代对于地域文化的保护与传承。

其中,梁章钜是楹联大家,他题的沧浪亭联,集欧阳修的《沧浪亭》中"清风明月本无价,可惜只卖四万钱",以及苏舜钦的《过苏州》中"绿杨白鹭俱自得,近水远山皆有情",裁剪成如今沧浪亭上的对联:"清风明月本无价,近水远山皆有情",可谓是浑然天成。

20 世纪 50 年代，沧浪亭得到了全面修复，并对公众开放。讲到这里，我们不难发现，沧浪亭和很多苏州园林一样，几经兴废。但这并不影响园林的艺术传承，因为它们所承载的文化内涵，通过园林中的古木古风，通过一代代的诗歌文章，留驻在苏州的城市中，也留驻在我们心中。沧浪亭之"隐"，在苏舜钦的《沧浪亭记》可以非常深刻地感受到：

> 予时榜小舟，幅巾以往，至则洒然忘其归。觞而浩歌，踞而仰啸，野老不至，鱼鸟共乐。形骸既适则神不烦，观听无邪则道以明；返思向之汩汩荣辱之场，日与锱铢利害相磨戛，隔此真趣，不亦鄙哉！噫！人固动物耳。情横于内而性伏，必外寓于物而后遣。寓久则溺，以为当然；非胜是而易之，则悲而不开。惟仕宦溺人为至深。古之才哲君子，有一失而至于死者多矣，是未知所以自胜之道。予既废而获斯境，安于冲旷，不与众驱，因之复能乎内外失得之原，沃然有得，笑闵万古。尚未能忘其所寓目，用是以为胜焉！

——我常常坐小船，穿着便服到沧浪亭，到了就洒然忘回。饮而高歌，踞而仰啸，人迹罕至，鱼鸟同乐。身体舒适则神思不恼，目清耳静则心净理明；回想以前滚滚荣辱之场，日日细小之较，哪见得到这种真趣，忒俗了啊！

——唉！人本来就是动物啊。情感充塞在内心而性情压抑，一定要靠外物来排遣。而靠外物时间久了就会沉溺，觉得本应如此；不能超越、不能替换这种心境，悲愁就无法化解。仕途这种外物，让人沉溺最深。自古以来，多少才哲君子因为政治上一点失意而死，都是因为没有悟出超越自我的方法。

——我被贬斥而获得了这种境界，安于冲淡旷远，不与众人竞逐，对于自身与外物的得失之道，领会更为透彻，可以笑闵万古。当然我还不能达到完全无所寄托的状态，用寓情山水来自我超越，自我解脱。

作者自知无法真正超然物外，要靠外物排遣心结。用现代心理学常说的"替代疗法"，以山水园林化解心结，应该是个不错的选择。这也从心理层面上，说明了古时中隐选择的普适性。

第三节 "禅"

一、须弥芥子·壶中天

1

> 月落乌啼霜满天,江枫渔火对愁眠。
>
> 姑苏城外寒山寺,夜半钟声到客船。
>
> ——〔唐〕张继《枫桥夜泊》

月夜、乌啼、霜天、渔火,世人奔波方歇,古刹钟声荡起,好一片虚空禅境。枫桥寒山寺,本是一座普通的寺院园林,因为这首古诗从此名扬天下,引得后世文人无尽感怀,留下无数诗篇:

"七年不到枫桥寺,客枕依然半夜钟"(〔宋〕陆游《宿枫桥》);"乌啼月落桥边寺,倚枕犹闻半夜钟"(〔宋〕孙觌《过枫桥寺》);"画船夜泊寒山寺,不信江枫有客愁"(〔元〕孙华《枫桥夜泊》)。

更多的诗则是直接点名张继,向他致敬:"荒凉古寺烟迷芜,张继诗篇今有无"(〔明〕文徵明《枫桥》);"几度经过忆张继,乌啼月落又钟声"(〔明〕高启《泊枫桥》)……

这座寺院园林,已经成为一个标志性的文化符号。如今每逢除夕之夜,寒山寺都要敲钟108下,令人心神澄静,让人舍妄归真。

知名的还有虎丘云岩寺,这是一处山野丛林。就像宋代方仲荀写的那样,"出城先见塔,入寺始登山"(《虎丘》)。这座寺中之山高仅36米,但深岩巨壑,古木苍然,石塔微斜,剑池澄碧,历来是苏州市民郊游的首选地。阊门—山塘街—虎丘,穿越市井繁华,进入深山古刹,在古代就是个标准的一日游线路。难怪唐代白居易说,来虎丘"一年十二度,非少亦非多"(《夜游西武丘寺》)。中秋之夜,苏州市民更是满城尽出,来这里赏月会歌,这一世俗盛事我们将在第七章中详细说明。

虎丘山前,有一片两亩见方的巨石地面——千人石,千人石上有一座生公讲台。相传南朝竺道生曾在这里讲经,所谓"生公说法,顽石点头",说的是听了他的讲解,连千人石上的块块顽石都微微点头。明代高启《虎丘》诗云:"老僧只恐山移去,日暮先教锁寺门。"白天游人如织,晚上空山深林,喧嚣与安静之间,吴地丛林有着独一无二的魅力。

众多的吴门古寺,点缀在江南的青山绿水之间,形成了苏州园林的一个特色小分支——寺院园林。

2

半山云过磬,深竹雨留禽。
观水通禅意,闻香去染心。

——〔明〕姚广孝《晚过狮子林》

在寺院园林中,"观水通禅意,闻香去染心",看半山云,听深竹雨,吃斋诵经,度己度人,本是常态。但凡事总有特例,姚广孝就是一个入世搅和的僧人:

姚广孝14岁在苏州出家,法名道衍。成年后的道衍和尚,不仅精通释、道、儒、天文地理、阴阳术数和兵家之学,还与一众苏州名士,例如"吴中四杰"高启、杨基、张羽、徐贲结为挚友,云游吴中山水,吟诗作画。吴地诗僧数不胜数,如果按这个故事套路发展下去,终其一生,道衍也仅仅是其中一个。不过,历史总会时不时给人惊奇。

上文曾经提及,明太祖朱元璋平定天下后,厌恶老对手张士诚的"首都"——苏州,不仅大大提高当地赋税,逼迁大量富户,还砍了一大批征而不至的吴地文人。更加离谱的是,张士诚的皇宫被烧毁后,苏州知府魏观就筹款把这片地改建府治。本来是个好事情,朱元璋知道后却大怒,将魏观处死。高启是当时苏州著名诗人,府治建成后,被邀请撰写《上梁文》应景。因为文中有"龙蟠虎踞"之语,被老朱认为是在歌颂张士诚,竟将这位诗人给腰斩了。从此以后,这片古城中心的好地段就成了"皇废基",没人敢去动,一直到20世纪20年代才建立现代公园——苏州公园。

于是高启的好友,方外之人道衍和尚不干了,开始入世发飙:41岁的姚广孝成为燕王朱棣的主要谋士,在幕后运筹谋划,一路撺掇着朱棣夺权。最后朱棣成了明成祖,他让道衍还俗娶妻为官。不过和尚没答应,每天晚上朝服一脱,换上僧服回庆寿寺当他的主持。做了十多年的"黑衣宰相",直到84岁病死。

坊间传说,道衍实际上没啥个人野心,他的终极目标就是要让朱元璋的儿子骨肉相残。朱棣是靖难也好,是谋篡也罢,不过历代皇权争夺中的一个普通戏码而已。道衍的真实想法,也早就如同那一袭黑衣,被漫漫岁月化为尘埃,永远不会有人知晓了。

人们经常用须弥芥子和壶中天地这两个词,形容苏州园林小中见大的艺术特征。须弥芥子本是一句佛家用语,说的是诸山之王须弥山,能够被装进一粒菜籽,比喻佛法精妙,一花一世界,一叶一菩提,无处不在,无所不包。壶中天地则是一则道教典故,说的其实是一回事:神仙壶公有一把酒壶,只要念动咒语,壶中就能够展现日月天地的精妙。

其实,在大多数苏州古典园林中,无论是自然山水,还是野逸之趣,都与佛道修为相互契合。

二、处处机锋·处处禅

1

> 菩提本无树,明镜亦非台。
> 佛性常清净,何处染尘埃。
>
> ——《坛经(敦煌本)》

禅宗,是一个彻底中国化的佛教体系,中间融汇了儒道玄的思想。禅理的核心在于明心见性,见性成佛,破除尘俗束缚,回归本然天性。题头的这首偈语,来自禅宗传奇人物六祖慧能。

在慧能眼中,愚与智、善与恶、人和佛之间,没有不可逾越的鸿沟;从迷到悟,仅在一念之间。《坛经》认为,人如果能够"于一切法不取不舍,即见性成佛道",就能达到"内外不住,来去自由,能除执心,通达无碍"的境界。

禅宗的一句"明心见性",绕开了高深繁复的佛学经文,将成佛的道路定义为:直觉地领悟本具的心性,即所谓的"直指人心,顿悟成佛"。这一理论不

别有洞天春

仅对佛教演变产生了巨大的作用，还对古代哲学有一定的影响。

对于个人的修行方法，有一首偈语说得妙："菩提只向心觅，何劳向外求玄？听说依此修行，西方只在目前！"禅宗所提倡的自我解脱方式，是人人皆有佛性，可以不离世间又超然物外。

自我求真，自我求佛，这一点非常符合士大夫的口味。因此自唐代以来，文人大家与禅师高人之间的唱和从来没有间断过，王维、白居易、柳宗元、刘禹锡等，都曾将诗与禅、画与禅互为交融。不管是寺院园林，还是自家园林中的禅意院落，都是文人与禅师酬唱之地。

2

> 秋山古寺东西远，竹院松门怅望同。
> 幽鸟静时侵径月，野烟消处满林风。
> ——〔唐〕李绅《苏州不住遥望武丘报恩两寺》

拜访一下高僧搞个研讨会，吟诗作画地唱和一下，风雅非常。不过话说回来，士大夫阶层中，儒生为官、孔孟之道还是主流。很少人常驻寺院园林，日日秋山古寺，天天竹院松门。

孔孟之道，侧重于人伦规范中的心性修养，通过择善而从、博学于文、约之以礼，只有个人身心陶冶好了，德行涵养全了，才能接着按照齐家、治国、平天下的路径走下去。但与此同时，传统文化中的儒生，多多少少有点释与道的信仰、追求或是念想。所以，也有以儒治世、以佛治心、以道治身的说法。

老庄主张清静无为、顺应天道，但对于用出世的精神做入世的事情，也并不排斥。佛教修习的目的，在于从佛祖所悟中看透真相，最终超越生死，断尽烦恼,得到解脱。在传统文化中,儒释道不时交织,形成相互渗透、互相补充的内在格局。就像白居易在《味道》里写自己的生活:"叩齿晨兴秋院静,焚香宴坐晚窗深。七篇真诰论仙事,一卷坛经说佛心。此日尽知前境妄,多生曾被外尘侵。自嫌习性犹残处,爱咏闲诗好听琴。"——叩齿焚香,咏诗听琴,既读道家《真诰》,也读佛家《坛经》。

因此苏州园林之中,园主们"居"着、"隐"着,继续饱读着儒家诗书;同时,也会寻找其他的精神寄托,为的是彻底甩去得失羁绊,得到心灵的清修与释放。正好,在恰当的时空,偶遇恰当的理论——禅宗。因为禅宗相信,既然是自我求真、自我求佛,不用天天去寺里报到:"清晨入古寺,初日照高林。曲径通幽处,禅房花木深。"(〔唐〕常建《题破山寺后禅院》)即使是"归家稳坐",只要是方法得当,节拍找对,也一定能够参禅悟道。

因此,很多园主会在庭园里筑个参禅之处,点缀一些禅意小品。让自己无论是在绕池悠游,还是于亭下安座,都能随时"行到水穷处,坐看云起时"(〔唐〕王维《终南别业》),感受周边景致带来的浓浓禅意。天不好也没关系,就拿个蒲团在屋中坐禅,感受凉风拂面,看那细雨纠缠,倾听"雨中山果落,灯下草虫鸣"(〔唐〕王维《秋夜独坐》)。关键是在时间轴上,找对那个让人通体明澈虚静的点,以期一下子从三维世界跳入四维、五维……顿悟所有真理。

不过,就像科幻神作《三体》中最终杀器"降维攻击",只不过是高维度生物的拈花一指。反观低维度世界的生物,想要顿悟升维,参透宇宙玄机,几率实在太低。所以在苏州园林中,"居"还是最最基本的功能,"禅"的表情仅仅是一种点缀与意指。园林设计者们,往往会安排个园中院落,通过精心设计的建筑小品,适当渲染一下禅的氛围,能够引人禅思就已经足够。

与这种境界有异曲同工之妙的,是日本禅庭。苏州园林中以假山池水具体而又抽象地代表自然界的高山流水。在日本很多寺院的园林中,做得更绝,连池水都不用了,以白石作

苏博的禅意

为抽象化的大海,几块巨石代表仙山。这种极端抽象的"枯山水"更适合静观,即使不能让普通人参禅入定,至少可以让其心境平和,三省吾身。

德国的荷尔德林,在他的著名诗篇《在柔媚的湛蓝中》,有一句"人诗意地栖居在大地上"。后来德国哲学家海德格尔借这首诗,解读存在主义。在海氏对于这一诗句的解读中,"栖居"与"筑居"不同,"筑居"只是人为了生存而奔忙,"栖居"则是以神性的尺度规范自身,以神性的光芒映射精神的永恒。

这种所谓"神性栖居"之意,本质上,与禅园的追寻有所相通。

三、舍园为寺·寺为园

1

> 昨日到上方,片云挂石床。
>
> 锡杖莓苔青,袈裟松柏香。
>
> 晴磬无短韵,古灯含永光。
>
> 有时乞鹤归,还访逍遥场。
>
> ——〔唐〕孟郊《苏州昆山惠聚寺僧房》

袈裟松柏香,古灯含永光,在印度的佛陀时代有两种"寺":第一种叫作"阿兰若",简单搭个棚舍,适合一两个人的清净修道,也有更简化的,止息于"阿兰若处",也就是大树之下。第二种叫"僧伽蓝摩","僧伽"意为众人,"蓝摩"意为园林,连起来就是"众比丘共住的园林"。无论是树下还是林中,从源头追溯,寺与园林本来就密不可分。

明嘉靖末,太仆寺少卿徐泰时营造了一个宏大宅园,园林的西半部分是在元代归元寺的遗址上改建而成的。徐泰时去世后,他的儿子徐溶把西部宅园重新改建为寺,取名戒幢律寺,意思是高树戒律之幢,以戒为本、以律为宗。从此成就了一个律宗道场,一座江南名刹。而保留下来作为徐家住宅的东部宅园,就是现在的留园。

西园,舍园为寺。在信众眼中,这里是戒幢律寺。作为市内规模最大的寺院,这里古木幽深,梵宇重重,绿茵曲水,鸟语花香。对游客来说,湖心亭、九曲桥、山石池水等等,又构成一个标准的苏州园林。放生池边,紫藤生机勃发,浓荫翳翳,繁英累累,美得让人心动。天光好时,四百多岁、一米多长的太湖鼋(斑鳖)会浮上水面,引得游客一阵欢呼。很多苏州人,都有把五百罗汉像点数一遍的儿时记忆。

戒幢律寺东边的留园,是中国四大园林和世界文化遗产,以冠云峰等景致闻名。但在这座园林之中,有很多充满禅意的建筑:

闻木樨香轩,木樨指桂花,"闻木樨香"是一则禅门公案。所谓禅门公案,是记录高僧大德言行,供后世学禅者启发思

留园留禅心

想、开悟定慧的公文案牍,可以说是禅宗的案例研究(Case Study);按照上文关于维度的笑谈,也可以说是"升维"的触发点。一天,在某个弥漫桂花香的园林中,宋代文学家黄庭坚向晦堂禅师讨教,禅师以桂花香比喻禅道"无隐",老黄听了大悟。看起来,留园的主人是想学黄庭坚,在这满院桂花香气中,求佛悟道啊。

亦不二亭,取自《维摩经》:"文殊问维摩诘,何等是不二法门。维摩诘默然不应。文殊曰:善哉善哉,乃无有文字语言,是真人不二法门。"意思是不需借助文字语言,能够直接悟道,和所谓"拈花一笑"是一个道理。亭子取这个名称,是象征园主已经找到了入道的不二法门。

贮云庵,清末园主盛康的家庵,是园主一家参禅礼佛的一方净土。盛康是近代实业家盛宣怀的父亲,任过知府、知州等,退告老还乡后购得这东部宅园,经修葺后改名留园。值得一提的是,盛康的留园,除了家居部分外人不得进入外,花园部分定期向苏州民众免费开放。

素壁光摇眼倍明,隔帘风树弄新晴。
树根蛙鼓鸣残雨,恍惚南山水乐声。

——〔元〕释惟则《狮子林即景》

狮子林,化寺为园。园名本身有着浓厚的佛教含意:狮子,佛国神兽,闻狮子吼,百兽皆伏;佛,人中狮子,佛以无畏之声说法,称狮子吼。而狮子林的"林"字是指"丛林",唐代怀海禅师开始称寺院为丛林。根据元代欧阳玄《狮子林菩提正宗寺记》,元代有位名僧惟则,他的门人相率出赀,买地结屋以居其师:

> 寺左右前后,竹与石居地太半,故作屋不多。然而崇佛之祠,止僧之舍,延宾之馆,香积之厨,出纳之所,悉如丛林规制。外门扁曰菩提兰若。安禅之室曰卧云。传法之堂曰立雪。庭旧有柏者曰腾蛟,今日指柏之轩。有梅者曰卧龙,今日问梅之阁。竹间结茅曰禅窝,即方丈也。

虽然竹林石峰占了一大半地,寺院建筑仍完全按照丛林的规制布局,佛祠、僧舍、客房、厨房、财务室、参禅室、讲法堂、方丈室等齐全。狮子林最初的设计,就是一所标标准准的江南丛林。就连假山叠石形似群狮,也是佛家思想的象征。直到今天,行走在狮子林中,仍然处处禅意浓浓。

卧云室,就是欧阳玄笔下的"安禅之室",位于整座假山的最高处,意为安卧在云峰之上的禅室。通往卧云室的石桥,象征由俗界进入灵界须弥山。在这间禅室修行,如同在奇峰云海中一般,远离凡尘浊世。

立雪堂、问梅阁的名字,都是来源于禅门公案。立雪,并非程门立雪,而是指二祖慧可断臂雪中求见达摩的典故。问梅,也不是问梅春天何时归,而是指马祖问梅:禅师马祖想知道在大梅山主持工作的弟子法常是否胜任,就让人带话过去,说马祖大师近来佛法有变,以前说即心即佛,现在说非心非佛,不知你怎么样?法常答道:老法师老糊涂了,就让他说非心非佛吧,我只管即心即佛。马祖听了,认为法常信仰坚定,已经开悟。便对众人说:你们看,梅子熟了。

后来,随着禅宗渐衰,狮子林几经易手,逐渐演变成私家园林。不过,仍旧保持着"禅"的特色。园中"揖峰指柏轩"就是这亦禅亦俗的结合体。

"揖峰",取自宋朱熹《游百丈山记》中的"前揖庐山,一峰独秀"之意,将山石人化;也有说是指宋代的书法大家米芾爱石如痴,敬石如友,天天对石虔诚作揖拜谒。"指柏",元代建园时就有的名字,指一段禅宗公案。弟子问赵州从谂,禅宗初祖达摩老祖为何从西方来?从谂指着院子里的柏树回答:庭前柏树籽。弟子不解,再问,从谂还是回答:庭前柏树籽。说实话,"悟"点不太明朗。反正一千个人有一千个哈姆雷特,一千个人有一千个哈里·波特,自己来狮子林参悟吧。

所谓"青青翠竹,总是法身;郁郁黄花,无非般若",在这种园林环境中,参禅悟道也变得容易了几分。不过,到了乾隆手上,狮子林的禅意就又少了一分,俗气瘪里啪啦地猛增。他御笔亲书的"真趣亭"彩绘雕梁,金碧辉煌,与苏州园林的黑白灰色调显得格格不入。关于这亭子有一则轶事,乾隆六下江南,六次游狮子林。陪同官员受园主之托,想请乾隆题个字。

这个要求一点也不过分,因为这位领导平生最喜欢做两件事情——第一是写诗,虽然没什么能被后人传咏的诗句,但据统计他一生总共写了四万首诗,其中关于狮子林的粗略查了一下,至少有八首;第二个爱好,就是用御笔题遍神州的

伪作立奇功

大街小巷,题遍收藏的古代书画。看看被他当成真迹的《富春山居图·子明卷》上,乌云盖顶般的题字,唯有"呵呵"。还真得感谢伪作,为真迹挡下了这么多子弹。

在狮子林里,乾隆不假思索地题了"真有趣"三个大字。随行官员,有说是纪晓岚,也有说是新科的苏州状元,非常及时地跪倒在地,盛赞皇上这三个字苍劲有力,特别是中间那个"有"字,简直入木三分,叩请把这个字赐给自己。哎呀呀,优秀下属的技巧和诀窍就在此刻绽放开来,既不扫老板面子,又及时化俗为雅,这马屁工夫可谓是准狠无双。

乾隆每次来狮子林,都觉得意犹未尽,于是专门收藏了倪瓒的狮子林图,有空就拿出来展卷欣赏。当然,每次都得在图上找空的地方,继续题字。游了再看,看了再题,题了还得写诗:"每阅倪图辄悦目,重来图里更怡心。曰溪曰壑皆臻趣,若径若庭宛识寻。"(弘历《狮子林叠旧作韵》)

这样还嫌不过瘾,干脆在京城和承德避暑山庄各高仿了一个,把狮子林直接"Ctrl + C"→"Ctrl + V",复制粘贴进皇家园林里收藏了。有钱,任性啊!

第四章　解析，文艺范致敬经典

我们常说，苏州园林是一种集大成的艺术形式，涵盖美学、文学、设计、建筑、农学、林学、纯艺术、工艺美术……

做建筑的，最喜欢的就是拆与装，将建筑分解为一个个最基本的构件，在这分解的过程中，能让人更充分地理解建筑元素、设计理念，进而深入理解建筑的整体；理解深了，再搭起来自然容易许多。说得文艺些，就是解构与重构。

从上面三个篇章，我们初步了解了苏州园林的整体之美。下面，我们要分五步走：一是先从美学、文学，二是再从建筑、景观，来解构苏州园林；进而理解吴文化的两大方面与园林生活的交融与互动；最后，我们把这些要件重构起来，形成梦中园林、心中妙境。因为，筑园即筑梦。

不过，我们盯着苏州园林这位江南美人，已经看了多时：从家世传承——城市，前世今生——历史，到她的一颦一笑——表情。再如花似玉，一直盯着看也容易审美疲劳，就像那只一直盯着她看的大雁，落了；还有那尾鱼，沉了。

苏州园林的三种表情，"居"是最本质的属性，"隐"是最深沉的情感，"禅"是最空灵的意韵。下面，我们暂且将镜头淡出一会儿，看一看其他的园林流派和他们的"居"、"隐"、"禅"。对比一下，回过头来再看苏州园林宛自天开、有若自然的特色，想必能够加深对于她的理解，更沉浸于她那种独特的艺术之美。

来一次说走就走的旅行！

意境清悠远

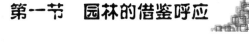

第一节　园林的借鉴呼应

一、"居"·太阳王的法式古典

> 当你已经步入老年,黄昏时,烛光摇曳,
> 当你坐在炉火旁边,纺着纱,缠着丝线,
> 一边吟诵着我的诗篇,勾起你满满的回忆:
> "想当年,我老人家也曾貌美如花;
> 想当年,还得到过诗人龙萨的赞美啊!"
>
> ——[法]龙萨《致爱兰娜十四行诗》

16世纪是法国的文艺复兴时期,诗人龙萨(Pierre de Ronsard)是七星诗社的代表人物,留下了很多爱情诗篇。到了17世纪,随着宗教战争结束,法国日趋稳定,许多封建领主来到了巴黎生活。他们整天无所事事,又不会打麻将,便常常聚在贵妇主持的沙龙里高谈阔论。贵族们看不起新兴的资产阶级,所以沙龙里的诗歌和小说,多是描摹美化所谓的"贵族精神",形成了既优美典雅又矫揉造作的"沙龙文学"。在这龙萨与沙龙的贵族调调中,"太阳王"缓步踱了过来。

"太阳王"路易十四(1638—1715)建设了法兰西学院和科学院、建筑学院、舞蹈院、皇家绘画雕塑院、皇家音乐院,一举让法国成为欧洲的艺术中心和时尚策源地。第二章曾经讨论过乾隆与华盛顿处于同一时代,想想就虐心。那么,说到路易十四和康熙皇帝(1654—1722)身处同一时代,倒是毫无违和感:

两个人都是在孩提时期就当上君主,路易五岁,康熙七岁;在位时间之长都创下了各自国家的纪录,一个72年,一个61年;在位期间,本国封建统治都达到鼎盛。当然,达到顶峰,也就意味着下坡路的开始,18世纪末,法国大革命的浪潮袭来,啪的一声就将波旁王朝卷走了。

话说路易十四拥有一支高水平的营销团队,用雕像、绘画、诗歌、戏剧、传记等手段对他进行包装。国家还出资,定期举办颂文比赛。在某次大赛上,一位大师在标准的十四行诗中,硬是塞进了 58 个赞颂国王的形容词,这和康熙的谥号——"合天弘运文武睿哲恭俭宽裕孝敬诚信中和功德大成仁皇帝",有得一拼。下面说说路易十四的宫殿——凡尔赛宫(Chateau de Versailles),因为它是欧洲古典园林的代表作品。

②

凡尔赛宫由园林建筑师安德烈·勒诺特尔设计,在巴黎郊区狩猎行宫的基础上,皇室又征购了 6.7 平方公里土地,并于 1667 年开始建设。直到 1682 年,整个宫廷都已经迁入凡尔赛时,很多附属宫殿还未完工。特别是美轮美奂的皇家园林,更是一直建了 40 多年。

油画《建造中的凡尔赛》①

凡尔赛宫,总建筑面积超过 6 万平方米,成为欧洲最为豪华的宫殿建筑和艺术中心。后来,维也纳的美泉宫、波茨坦的无忧宫、巴伐利亚的海伦基姆湖宫等建筑都参考了它的规划设计。西方古典园林的艺术特色是建筑统率园林:

以一个体积巨大的建筑物作为视觉焦点,花园和其他宫殿建筑都以此为中轴线和起点。在凡尔赛,皇家宫殿是中心,这座宫殿长 580 米,立面是标准的古典三段式,左右对称、庄重雄伟,内部以巴洛克和洛可可风格装饰。而宫殿外的法式园林,以完整、对称、和谐为目标,园林的整体充满了理性之美;以秩序、均衡、明确为追求,园林的细节充满了人工之美。

在凡尔赛花园,充满了各式各样的几何图形,既像是一幅幅炫耀式的巨大作品,同时又是一种权力的象征。其实,这种对几何的狂热追求可以追溯到古希腊:柏拉图认为几何是通向最高真理的道路,也是崇高政治秩序的基

---

① 作者:17 世纪法国画家皮埃尔·帕特尔(Pierre Patel)

础;亚里士多德则认为美要靠体积和安排。西方建筑规划书籍上,大都要来上一段,吹捧希腊三柱之美。这种思维惯性,表现在园林审美上,就是对秩序感和华丽感的强烈追求。

凡尔赛花园的美学体验——一目了然。设计者的初衷,就是让欣赏者在建筑高台能够一览全园,并且为这磅礴的气势、精美的图案所折服。

凡尔赛花园的整体结构——平面对称。以林荫大道、人工运河勾勒主要框架,灌木、树墙、花坛、雕塑、喷泉严格按线条纹理对称展开。

凡尔赛花园的中轴线——绵延笔直。从宫殿中最豪华的"镜厅"向园中望去,主要道路整齐笔直,绵延3公里。在道路纵横交叉点上,形成一个个小广场。

凡尔赛花园的水面处理——规整可控。人工运河笔直,延伸至地平线;水池,也是严格按几何形状设计,成为园林图案的一个组成部分。

凡尔赛花园的植物配置——人工修葺。树木参差的形态在这里几乎见不到,有的是锥形的、球形的,甚至圆柱体和长方体的树篱;草坪花圃也被勾画成菱形、矩形和圆形等形状。说得学术些,就是将欧洲古典建筑设计的手法和原则,直接套用到园艺种植上。

在这样的花园里徜徉,仿佛能看见路易十四霸气十足地在对着一堆小树苗说:"你长得方圆长扁,都得由俺说了算!"从精神上斩断专制极权的,是伏尔泰,是孟德斯鸠,是狄德罗,是卢梭……一大批启蒙思想家,在路易十四统治的落幕时分骤然涌现天河。他们超新星般的耀光,让18世纪被称为"光明世纪";而"太阳王"黯然失色,不得不乖乖退场。

说回园林,在精神上背弃古典主义风格的,是在英国出现的乡村园林,我们会在下一节详细探讨。

在凡尔赛花园宏大图案的包围中,凡尔赛的宫殿建筑,总计有700间房间,更有"镜廊"这样奢华室内装饰经典。不过,再看看帝后寝宫内室,华丽幔帐之下,亦不过是"卧榻三尺"。不由得让人感慨:

再霸气外露的园林,也只是一处"居"之所在啊!

以凡尔赛宫为代表,欧洲古典园林景观就像是一幅"人工图案装饰画",追求精心设计雕琢的盛装之美。设想一下,如果在凡尔赛宫中,这里一湾两湾曲

鸟瞰凡尔赛①

水池,那里三株五株参差树,安德烈·勒诺特尔的脑袋恐怕就保不住了。

而在东方,苏州古典园林强调以天趣盎然、气韵生动的手法,描摹出一幅"自然写意山水画"。设想一下,要是哪个园主把池塘搞成正圆形,把树篱修剪成长方体,唐祝文周四大才子一定会齐齐泪奔。

无论立意构思,还是谋篇布局,这两类园林都迥然不同。它们是路人甲和路人乙,都有美丽风韵,都有精彩人生;但是,一个向左,一个向右,就像是两条平行线,从来没有交集。

二、"隐"·湖畔派的英式花园

1

> 公鸡正在啼鸣,
>
> 溪水流淌不停,
>
> 小鸟嘤嘤成韵,
>
> 湖面波光粼粼,
>
> 绿野,被阳光一拱,快要苏醒;
>
> ⋯⋯
>
> 山坡透着欢欣;
>
> 泉水涌出生命;
>
> 碎云如帆漫游,
>
> 蓝天已经获胜;
>
> 冬雨,早就不玩了,已经闪人!
>
> ——[英]华兹华斯《写于三月》

① 作者:ToucanWings,维基媒体共享版权 CC BY-SA 3.0 – 100

英国的天气是个老梗,冷雨绵绵总是让人阴郁。看这一开春,把诗人欢乐成啥样了。威廉·华兹华斯(William Wordsworth)代表了英国浪漫主义的巅峰,他的诗作大都体现自然风光、田园景色和乡村生活。刚从剑桥毕业,就一腔热血地投身法国大革命,然后就被现实浇得一身冰冷,回英国后遁迹山林,选择远离都市的湖区,在乡村园林中"隐"了起来。和华兹华斯一起"隐"的,还有著名诗人柯勒律治和骚塞,他们三人被称为"湖畔派"诗人。

与诗人们"回归自然"理念相仿的,是英国风景式园林,也被称为自然风景园、画意式园林,或者田园牧歌式园林。从 18 世纪开始,英国无论是贵族庄园、乡村庭园,还是郊野花园,逐渐摒弃了凡尔赛式的总体布局、笔直的林荫道、规则的池水,以及图案式的植物。

设计者模仿风景油画,追求自然之美,具有更多的曲折、更深的层次和更浓郁的诗情画意——平缓的山丘,静静的湖泊,蜿蜒的河流,弯曲的小径,起伏的草地,自然生长的树木……在潺潺流水和自然景观中,点缀着精致典雅的洛可可风格建筑。景观元素有雕塑、小桥、凉亭、圆塘、石柱、岩石山洞等等。这股风潮完全改变了英国园林的风貌,更成了欧洲大陆园林竞相效仿的潮流。

这一时期,英国著名的园艺设计师很多,其中兰斯洛·布朗(Lancelot Brown)最牛,一生共修建了 170 多座园林。他被后人称作"能人布朗"、"英国最伟大的园丁"。布朗曾经把园林设计比作是写诗著文:

> 他用手指着一处景致——瞧瞧这里,是我诗句中的一个逗号;再指向另一个位置——这里该做个非常明确的转折,所以我用了个分号;那里,当视线最好被遮挡一下时,我用个圆括号;这里,我用个句号,开始景观设计的另一个段落。[①]

波伍德宅园是布朗的代表作品之一,园林已经没有明显的空间界限,通过大片的慢坡草地,庄园与大自然融为一体。一切的一切,简直就是把华兹华斯的诗篇用 3D 打印机呈现出来。

---

① 作者:彼得·威利斯,《园林历史》1981 秋季刊

在英国园林的发展史上,曾经有过一段"东学西渐"的佳话。1692年,英国外交家和作家威廉·坦普尔(William Temple)写过一篇论文《伊壁鸠鲁的花园》,文中将欧洲对称式花园与中国不对称园林进行了对比。他已经认识到,中国园林中树木和花圃是有意避免规整,形成在精心策划下自由自然、飘逸生动的美感。

皇家植物园的中式宝塔①

而威廉·钱伯斯(William Chambers)更进了一步,他在中国住过几年,并于1757年出版了一本名字超长的书——《中国建筑、绘画、服饰、机器和器物的设计:包括对他们寺院、住宅和园林的描述》,这应该是欧洲第一部探讨中国园林艺术的专著。1761年,钱伯斯在英国皇家植物园的"丘园"中,设计建造了一座中式宝塔。从此以后,中式元素开始出现在英国和欧洲大陆的园林之中,甚至出现了"英华园"这一园林流派。

不过,对于当时的西方人而言,东方只是个充满原始神秘色彩的地方,功夫太极、风土民俗等都充满着异国情调。就像爱德华·赛义德(Edward Said)在《东方学》一书中指出的,西方人眼中的是"想象中的东方",并非真正的东方。从园林角度看也是如此,一般中国的宝塔为单数,这座英国的十层宝塔,怎么看都不顺眼。园林的地域性、文化性非常强,这次东西方园林的嫁接,最终并未获得成功,也就不足为奇了。

英国自然风景园林,影响了后来一大批景观设计者。其中就有美国景观设计之父——弗雷德里克·劳·奥姆斯特德(Frederick Law Olmsted)。英式

---

① 作者:科林·史密斯,维基媒体共享版权 CC BY-SA 2.0

园林的田园牧歌、优美如画，都成为设计中的基本要素，也体现在经典项目——纽约中央公园中。

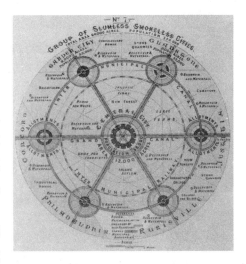

霍华德的"城乡一体化"理念

不过，18世纪开始的工业革命，在创造巨大财富的同时，也给环境造成了严重的破坏。在伦敦，1873年发生了第一次毒雾事件。浓浓的伦敦雾中，再如诗、如画、如牧歌的田园风光，也不过是水月镜花啊。

几乎每本城市规划教科书中都会提及一本名著——《明日的田园城市》。作者是埃比尼泽·霍华德（Ebenezer Howard），他不仅描绘了自己理想中的协调的城乡结构，更将英式田园生活扩展为"田园城市运动"，进行了大胆实践，建立了莱奇沃思（Letchworth）和韦林（Welwyn）两座田园城市。他的城乡协调、园林城市等概念，一直沿用至今。

英式园林中的动线设计，类似于苏州园林中的移步换景，以小径、缓坡、曲池等引导方向，精心设计一连串充满画意的景观，让游赏者在诗意中穿行，享受宁静舒远的意境。园林是个综合艺术门类，比较一下异曲同工的两种风格组合：

英式乡村园林像是一幅风景油画，像是一首田园抒情诗；
苏州古典园林像是一幅写意山水画，像是一首田园隐逸诗。
苏州私家园林的写意自然，更富有想象力，但有时会略显闭塞；
英国风景园林的本色自然，更为开阔旷远，但有时会略显单调。
在诗情画意的英式田园中生活，绝对可以算作是"隐"于山林了！

三、"禅"·石立僧的日式庭园

1

> 幽幽古池畔，
>
> 青蛙跳破镜中天，
>
> 叮咚一声喧。
>
> ——[日]松尾芭蕉《古池》

这像诗又不是诗的，叫作俳句，作者松尾芭蕉被尊为"俳句之神"。俳句对字数有限制，铁定不能像唐诗宋词那样洋洋洒洒，或高歌猛进，或抒情感怀。不过，对于可以拈花一笑、不发一言的禅家来说，一句，就已足够。

《古池》所要表现的是：作者正沉浸在幽寂的参禅境界中，忽然听到青蛙跃池响起水声，更加衬托出禅意的寂寥。正是这一个声音片断，这一个情境片断，这一个时间片断，将刹那定格为永久。与南朝诗人王籍"蝉噪林愈静，鸟鸣山更幽"（《入若耶溪》）的境界，有异曲同工之妙。

有人说，自然条件对民族性格有一定影响。岛国台风、地震等自然灾害频发，常常让人感到生存之艰辛，自身之渺小，无常与孤寂感自然而生。而要解脱与超越这种心态，恶的一面，是由自卑而自负，由压抑而狂躁；善的一面，则是能够内生出团结、服从、坚韧与细致。

日本园林，也称为日式庭园。从飞鸟时代（593—710）起，日本开始学习与模仿中国建筑和园林。遣唐使将带有池泉的园林形式引入，奠定了日式庭园追求自然的总体风格。

不过，在流存于世的园林专著中，日本的《作庭记》比计成的《园冶》要早600多年。据说某个贵族在自家造园过程中，对工匠施工中的随意性实在是忍无可忍，身为完美主义者的这位，干脆自己动手，撰写了一本筑园指南。类似的园林著作还有《山水并野形式图》《嵯峨流庭古法秘传之书》《筑山庭造传》《筑山染指录》《筑山山水传》《山水图解书》等一大堆。对比我们的寥寥几本，不能不感慨唐朝学徒的那股子认真劲。

经过奈良时代（710—794）的全面学习，日式庭园在平安时代（794—

1185)逐渐发展出自身的特点与特色。进入幕府时代后,庭园无论是在形式上,还是在风格上,都更加追求禅意和精神世界。

我们说,园林反映了当地的风景;更深层次的,园林反映着当地的文化。神道教原是自然本位的思想体系。12 世纪禅宗东渡,并逐渐浸入本土文化。在两种审美意识相互浸润中,产生的园林艺术必然有其独特性。它追求的意境,是寂、枯、荒、哀……

池泉洄游式庭园,以水池为空间布局的中心,通过围绕着池水的曲折小径,能让园主绕着小池缓步冥想,诵颂这一位高僧的偈语,思索那一位大德的箴言。这种庭园布局形式,与苏州园林相通,以写意山水的手法谋篇布局、描摹点染,为园主塑造出幽远绵延的禅境。

世界文化遗产——平等院凤凰堂,是池泉洄游式庭园的经典之作。凤凰堂建于平安时代,最早是贵族的私人别墅,后来被用作供奉佛像,也就是所谓的"化园为寺"。整个园林,以一个心形的水池为中心,主体建筑造在池中小岛上,以两座小桥与池岸相连。凤凰堂为唐风木构,外形平整舒展,又富于韵律,好似欲振翅而飞的凤凰。池水周围,处处是精心修剪的林木苔藓,绿意盎然。

——在池泉洄游式庭园里,适合动态的"游赏思考"。

日本独有的庭园样式,便是枯山水(karesansui)。枯山水庭园是一种最具象征性的庭院模式,它将山水画的写意技法高度概括,推向极致。日本的禅宗本身强调极致的朴素和极强的内敛,具体反映在庭园中,就是连挖池子的工夫都省了,以白砂代表河流、瀑布,甚至大海,并在砂上细细耙制出曲线,好似万重波澜;也不用叠山,选几块气势浑厚的大石,组成石组,即是高山岛屿;而石块根部的白砂,往往被耙成一道道环

状若飞鸟的凤凰堂①

① 作者:663highland,维基媒体共享版权 CC BY 2.5

形,好似惊涛拍岸。

乍一看,枯山水庭园非常简单,但它正是以抽象纯净的形式,奉上了一片无限遐想的天地,越看便越能体味意境深远。在禅的空寂中,表现出"空相"与"无相"的境界。僧人们端坐在檐廊下,对着枯山水冥想修行,应该更容易通达般若。单纯从设计角度看,枯山水庭园与20世纪欧美建筑设计中的"极少主义"、"极简主义"风格有着很多共通之处。

苏州园林中,"香山帮"等工匠群体功不可没。在日本庭园设计建造的过程中,也有一批专业选手,石立僧就是一群负责设计建造园林的禅僧。其中,以梦窗疏石、雪舟等杨、千利休等人最为知名。例如,国师梦窗疏石设计的天龙寺、西芳寺、永保寺、吸江寺、瑞泉寺、惠林寺庭园,都留存至今,个个静寂娴雅、富于禅风。

龙安寺方丈庭①

室町时代(1336—1573),枯山水庭园达到艺术巅峰。无论是朝廷贵族,还是禅宗僧侣,都在质朴空灵的庭院里静赏园景,吟咏禅诗。始建于15世纪京都龙安寺的方丈庭,可以称为枯山水庭园的代表作品。庭园一面临着主体建筑,其他三面以石墙、石路明确框定了一个长方形的界限,满铺水纹状的白砂,大小石块仿佛是信手撒下,布满青绿的苔藓。白砂、山石与苔藓,抽象地表现出大海、仙岛与树林,充满着静谧空灵之韵。200多平方米的"空庭",竟然以特有的尺度感和透视感,幻化出一个超大的空间。让观者由有限进入无限,充分体会空寂的禅意。

到了安土桃山时代(1573—1603),千利休等"茶道造园六宗匠"将茶道思想融入设计中,开创了"茶庭"这种特殊的庭园程式。这一时期,石立僧们开始了佛儒并重的造园法,主张"曰佛、曰儒、曰百家",日本庭园中的文人味道反而渐渐浓郁起来。就像个武林高手,追求着最飘逸绝伦的招式,但功夫到了顶峰,又用起了"黑虎掏心"、"双凤贯耳"的常规套路。

——在枯山水庭园中,适合静态的"凝望凝思"。

3

苏州园林,为了把山水纳于粉墙之内,必须要适度简化、抽象化,以几块湖石代表山丘,以一汪池水代表大湖,写意点染,从小处体现出自然韵味。在这里,"抽象"只是园林设计的手法。

枯山水庭园,是对自然景物的极致抽象。极简景致幻化出的,是从小空间到大空间,甚至无限空间的精神诱导,充满了象征意义。在这里,"抽象"本身成了寓意所在。

苏州园林,弥漫画意诗情,禅意多是点缀。

日本庭园,配合枯寂冥思,禅意无比浓厚。

第二节　园林的艺术美学

一、画框·美的界定

1

> 香径小船通,菱歌绕故宫。
>
> 鱼沉秋水静,鸟宿暮山空。
>
> 荷叶桥边雨,芦花海上风。
>
> 归心无处托,高枕画屏中。
>
> ——〔唐〕许浑《忆长洲》

我们为了探讨园林的艺术美学,不但上溯千年,还绕着地球狂跑了一圈,浮光掠影地品赏了法式园林的古典油画、英式园林的乡村水粉画,以及日式庭园的禅意水墨画。现在,让我们回到苏州,把两扇园门轻轻合上,"高枕画屏中",一层层撩拨开苏州园林如同写意山水画般的意境。

一幅写意山水,着墨于宣纸也好,绢帛也罢,画成之后总会加以装裱,形成巨大的"中堂",长方的"条幅",圆形或扇形的"扇面",方形的"斗方"……这或大或小、或方或圆的载体,就是整幅写意山水的范围与界定。苏州园林

取自画意,自然也有视觉的、空间的、艺术的范围界定。

院落,园林中最基本的空间构成单元。苏州园林占地不大,只有通过分隔不同形状尺度、不同景致特点的院落空间,园中有园、景外有景,形成参差交错、循序渐进的空间序列,才能体现山重水复、柳暗花明的空间结构,才能形成引人入胜、渐入佳境的心理感受。有的院子舒阔气派,假山池水齐备;有的院子安静小巧,仅仅点缀一丛秀竹。院落的各种布局,成为苏州园林中最基本的空间界定方式。

> 粉墙苔色古,桯案竹行疏。
> 渐喜相知少,门无冗客车。
>
> ——〔宋〕陈深《深居》

"粉墙苔色古",讲的是白色的围墙上青苔斑驳,好似岁月留下印痕。苏州园林中的粉墙,工艺其实非常简单,一般用薄砖空斗砌筑,再用纸筋拌石灰浆刷白即可。然而,就是这普普通通的白墙,成为苏州园林中最重要的界定手段之一。它就像是一个画框,将苏州园林的艺术之美容纳在画框之中;同时,苏州园林的艺术之韵又漫生于画框之外。

首先,从三维的角度看,墙是空间组织的重要手段。吴地园林围墙较高,既围合勾勒出整个园林空间,又界定出若干个内部的院落单元。形式上,平坦的地方建平墙,坡地则就势建成阶梯状,还可以建波浪形云墙。这时的粉墙青瓦,在区域划分、范围界定的功能之外,又兼具了美学欣赏功能。

其次,从二维的角度看,白粉墙相当于一张超大的宣纸。在白墙映衬下,湖石、树木、竹丛、花卉、藤蔓,都像是在宣纸上描绘而成,平添了几分画的意境。更进一步的,还有把假山直接依墙而砌的手法,就像是墙外的山"生长"进了宅院内,二维三维之间形成互动,内外空间产生了奇妙的交流。

粉墙分割空间、遮蔽视线,外是市井红尘,锱铢必较;内是山林野趣,中隐居所。苏州园林的设计中,最忌讳的就是一览无余,这种界定的美学,是空间构图中最重要的因素之一,亦是东方审美的精华所在。

如今的苏州,常常结合本地文化,在街头巷尾、路边河畔,设一两个亭廊,一个小池石桥,或是几处假山花木点缀。这是园林文化传承的好做法,值得推广。不过,有时一些园林小品,虽然完全按古法建筑,但就是不如园林中那般优美。很多人据此推断,园林古建不太适合点缀在现代公共建筑之中。

其实,细看园林中的建筑,一个个单体拿出来,既朴素、又普通。苏州园林艺术之美,贵在经过预先精巧设计、组合搭配之后,获得的那份整体美感。一亭一阁,如果没有粉墙作为空间界定,视域的边界无法获得,就像是写意山水画没有了一个画框。界定缺失,山水意境就无法完整地体现出来。

所以说,现代都市中的拆墙透绿,原则上是好事,体现一种空间的延续与舒展,但也不应"一刀切",全部都搞大草坪、镂空围栏式的一览无余。在城市空间的塑造中,很多区域需要适度的界定,方能更显韵味。

隔断幽深,同样是建筑之美的一种体现。

> 两个黄鹂鸣翠柳,一行白鹭上青天。
> 窗含西岭千秋雪,门泊东吴万里船。
>
> ——〔唐〕杜甫《绝句》

如果说院落和粉墙是园林中大的框景,那么门与窗就是园林中小的界定。可以在窗边眺望远山的积雪,可以从门外看见归航的渔舟……

苏州园林中的窗,分为花窗和漏窗两种。花窗为木制,嵌有玻璃,一般设于建筑立面;而漏窗多为砖瓦,位于院落墙面。园林中的门,有院落间的屋宇式门楼,建筑楼阁的木门,以及不装门扇的洞门。

一窗一门,具有框景作用。穿过门窗,视线方向上的景致被"定格",构成一幅具有层次感的画面。正如清代李渔在《闲情偶寄》中所说:"同一物也,同一事也,此窗未设之前,仅作事物观,一有此窗,则不烦指点,人人俱作画图观矣。"屋后普普通通的两丛芭蕉,一块湖石,从花窗中看过去,立刻成了一幅写意小品。甚至屋外的檐下柱,屋内的落地罩,都可以作为静赏的画框。

一窗一门,与粉墙一起,切割建筑小空间和自然界大空间;但与墙不同的是,门窗还起着大小空间中穿插渗透、保持建筑内外互通交流的作用。漏窗和月洞门,将多重院落的景致贯穿起来,空间似隔非隔,景物若隐若现,增强了园林院落之间的联系。月洞门里面置石峰、植竹丛，无论是从哪个方向穿过门洞，都有不同的前、中、后景可以欣赏。

一窗一门，还具有视觉的指向性和引导性。同一个窗口，从不同的距离向外观测，就像是相机镜头变动焦距，形成不同的空间变化。更进一步地，通过游人缓步慢行，以不同角度观测门窗中的景致，一方面增强了流动变幻的动态审美，另一方面，景致被串连起来，好似一幅山水长卷。这就是苏州园林中"移步换景"的巧妙之处。

一窗一门，本身也具有一定的装饰作用。园林中，洞门大小不一，形状各异；花窗漏窗的图案都非常精美，纹样寓意深远。例如狮子林著名的"四雅"漏窗，即是以琴、棋、书、画为图案，文气扑面。伴随着晨昏雨雪，光影变幻，门与窗的层次感就会显得尤其强烈。

> 凿破苍苔地，偷他一片天。
> 白云生镜里，明月落阶前。
>
> ——〔唐〕杜牧《盆池》

负空间界定

也有学者另辟蹊径，认为园林中由湖石围合而成的池水也是一种界定。水被池子框定，那绿色的浮萍、粉色的荷花，以及斑斓的游鱼，都被点染在这幅水墨画中。更进一步的，水体也是一面镜子，把皎洁的明月、飘荡的浮云，以及碧蓝的天空，一把框进了园林之中。

杜牧写得出彩：挖个水池，是为了"偷他一片天"，把白云和明月统统忽悠到园子里来。往这条思路上走得更深的是尼采，他神神叨叨地来上一句："我们的眼睛就是我们的监狱，而目光所及之处就是监狱的围墙。"虽然满满的负能量，但是对于视域与心域，亦不失为一种精辟的界定。

用墙、用门、用窗、用池……

界定的,是一个视域范围;

界定的,亦是一种人生。

二、留白·美的意境

> 远看山有色,近听水无声。
>
> 春去花还在,人来鸟不惊。
>
> ——〔唐〕王维《画》

现实中看远处的山往往是云雾蒸腾、模糊不清的,但这里的山色却很清楚。越是走近流水,水声越大,但这里的流水却无声。春花必然随着春天的逝去而凋谢,而这里的花仍然绽放。这里的鸟,即使你走近了,它也不会从枝头惊飞……整首诗就像是设了个谜语,谜底就是诗的题目:画。

写意山水画有一个显著的特点——留白。所谓留白,就是宣纸上不着一墨的部分。以南宋"四大家"中马远、夏圭为例:马远人称"马一角",夏圭人称"夏半边",在他们的作品《踏歌图》《对月图》《溪山清远图》《长江万里图》中,用大面积留白引领意象,呼应着一角、半边的笔墨描摹,营造出深远意境,引发观者遐想。

留白成为山水画中最活跃的意境元素,还得从老庄哲学说起。在老子眼里,"无"是"妙"的体现,是产生万物的"道"的一个方面。天地万物是无和有的统一,是虚和实的统一。虚中盛满了"气",进而能使万物永动、生命不息。这和佛学中"空即是色,色即是空"有相通之处。也有人说"气"就是暗物质,正确与否,还得让《生活大爆炸》中的"谢耳朵"们去解答吧。

好在老聃、庄周最大的本事,就是能将一堆堆"玄而又玄"、让人头昏脑涨的概念团,用一两个例子,轻轻一点一拨,立马清透明彻。在《道德经》中,有个房屋的例子:"凿户牖以为室,当其无,有室之用。故有之以为利,无之以为用。"说这开凿门窗的房屋,人们往往着重于墙壁门窗本身("有"),但只有结合这四壁内的空间（"无"），才是一个真正的房间。据此，说明"有"和"无"是相互依存的、相互为用的。

②

> 无尘从不扫，有鸟莫令弹。
> 若要添风月，应除数百竿。
>
> ——〔唐〕韩愈《竹径》

"若要添风月，应除数百竿"，写的是园林中疏密的关系：竹子虽然优美，但竹林密密匝匝、排山倒海般地罗列堂前，雅意尽失，让人倒了胃口。在园林中，这儿一丛，那儿一片，竹丛在月光微风下摇曳生姿，方是园中美景。

逶迤竹径深

在写意山水画中，描绘景色山川的墨线、墨块之间是"实景"，而其间的空白部分便是"虚景"，讲究虚中有实，实中有虚，疏可走马，密不透风。正是画中之"虚"，让画中之"实"更有动感和气势，更显出饱满张力。也有人说，精心铺陈的"空白"，是整个画作的节奏感所在，让静态的画作充满了生命活力。

总体而言，中国古代绘画艺术重主观、重神韵，西洋经典油画重客观、重形似。其实，中国古代山水画并没有西方"透视"的概念，更不必去硬编出个"散点透视"的概念。我们讲究的是所谓"六远"——高远、深远、平远、阔远、迷远、幽远（〔宋〕韩拙《山水纯全集》）。这里的"远"，是指画家通过笔墨和留白营造意境，通过对于各种事物的写照，充分表达主观情思。写意山水画中，不必将画面全部涂满，背景留白让主题更为凸显。古代艺术家追求的便是那一份虚实相生、气韵生动的意境美。

具有写意山水画意境的苏州园林，也精于虚实之间的对比与结合。粉墙与池水,映衬着疏密相间的屋宇;漏窗与洞门,演绎着亦虚亦实的景观。运用虚实相生、掩映成趣的设计手法,模糊了自然与人工的界限。园林中的留白,就像用了一个余韵无穷的省略号,扩展了游赏者的想象空间。

行走苏州园林,框景是美的界定,令人有构思精妙之叹;

行走苏州园林,留白是画的意境,让人有意犹未尽之情。

> 园虽得半,身有余闲,便觉天空海阔;
> 事不求全,心常知足,自然气静神怡。
>
> ——〔清〕吴云题南半园联

在苏州有南北两座"半园",园主在虚实疏密的造景手法外,更进了一步:

南半园,"半"落在写意上,讲求"事若求全何所乐,人非有品不能闲",更多地渗入了园主的主观感受。

北半园,"半"落在写实上,园中有半桥、半亭、半榭、半廊、半船等,小小园林之中,以半见全,可以算作苏州园林中留白艺术的极致了。

啰嗦几句纯理论:留白手法在园林中的运用,实际上是园主通过园林规划和景观设计,让他的客人,也就是园林的游赏者,产生一种心理的"代入感",从而理解园主或恬淡而居,或隐而不仕,或参禅悟道的那一份初心。米兰·昆德拉(Milan Kundera)认为同情同感(感同身受、代入感)是情感的最高等级(《不可承受的生命之轻》):

> 同情(Compassion)和同感(Co-feeling),不仅仅是能感受别人的不幸,更是要去体会他的任何情感——欢乐,焦急,幸福,痛楚。这种同情,表明了一种最强烈的感情想象力和心灵感应力(Telepathy)。在感情的等级上,它是至高无上的。

写意山水画的形式美,在于界定之内,一方面讲求娴熟的笔墨技巧,另一方面着重留白的超然意境,笔墨是实,留白是虚,虚实之间方显意韵深远;

而苏州园林的形式美,在于界定之内,一方面讲求细节的充分呈现,另一方面着重整体的张弛有度,着微见著,疏密相生,壶中天地宛若自然天成。

三、点染·美的情感

①

> 景即是情，情即是景；
>
> 诗中有画，画中有诗。
>
> ——〔元〕倪瓒题苏州狮子林小方厅联

题款，写意山水画的组成部分。"题"是指在画上题写诗文；"款"是在画上记写年月、签署姓名、盖印钤章。元代文人画兴盛，出现了诗、书、画、印四者相结合的艺术形态。

玲珑玉壶冰

在画面上题写的诗文跋语，一方面成为画面欣赏的要素之一，增强了作品的形式美感；另一方面能使画家的立意进一步得到阐释，增加画面无法表达的内涵和蕴意。所谓"高情逸思，画之不足，题以发之"（〔清〕方薰《山静居画论》）。渐渐地，题款由补充点题，变成了点睛之笔。

苏州园林如画亦如诗，清代钱咏在《履园丛话》中提到："造园如作诗文，必使于曲折有法，前呼后应，最忌堆砌，最忌杂错，方称佳构。"可见造园与诗文的互通。陈从周是园林大家，他曾经用古诗词来形容苏州园林：

网师园如晏小山词，清新不落套；留园如吴梦窗词，七宝楼台，拆下不成片段；而拙政园中部，空灵处如闲云野鹤去来无踪，则姜白石之流了；沧浪亭犹若宋诗，怡园仿佛清词，皆能从其境界中揣摩得之。

各个园林的表情，无论是居、是隐、是禅，园主们大多还是忠孝礼智义的儒家，顶多是蒙上一方狂放傲世的小披肩，或是高举一块禅隐山野的免战牌。因此，他们对于自己的一方天地，急于通过各种题款表达出来。这时的园名匾额等等,早就不是几笔好书法那么简单了。

在苏州园林中,无论是园名院名,亭台楼阁上的楹联,厅堂中的匾额,游廊中的刻石,房内悬挂的书画,乃至门上的砖雕,都像是山水画作上的题款,包含对于园林立意的明示或暗喻,使园林的构成要素富有内涵和厚度。例如,上一章提到过很多取自禅宗公案的名称,进一步增强了园林的意境意韵。

下面,详细说说园林中常见的两个典故。

> 绿塘新水平,红槛小舟轻。
>
> 解缆随风去,开襟信意行。
>
> 鱼跳何事乐,鸥起复谁惊。
>
> 莫唱沧浪曲,无尘可濯缨。
>
> ——〔唐〕白居易《春池闲泛》

沧浪,苏州园林中常用的一个典故。除了第三章中提到的沧浪亭,怡园有小沧浪,拙政园有小沧浪水阁,网师园有濯缨水阁,等等,都是来自于《楚辞·渔父》中的故事:

屈原既放,游于江潭,行吟泽畔,颜色憔悴,形容枯槁。渔父见而问之曰:"子非三闾大夫与?何故至于斯?"屈原曰:"举世皆浊我独清,众人皆醉我独醒,是以见放。"渔父曰:"圣人不凝滞于物,而能与世推移。世人皆浊,何不淈其泥而扬其波?众人皆醉,何不哺其糟而歠其醨?何故深思高举,自令放为?"屈原曰:"吾闻之,新沐者必弹冠,新浴者必振衣;安能以身之察察,受物之汶汶者乎?宁赴湘流,葬于江鱼之腹中。安能以皓皓之白,而蒙世俗之尘埃乎?"渔父莞尔而笑,鼓枻而去,乃歌曰:"沧浪之水清兮,可以濯吾缨;沧浪之水浊兮,可以濯吾足。"遂去,不复与言。

——屈原遭到放逐,在江边游荡行吟,面容憔悴,形容枯槁。一位渔父见了,上去问他:您不是三闾大夫么,为什么落到这步田地?屈原答:天下浑浊而我独清,众人皆醉我独醒,所以我就被赶出来了。

——渔父感慨:圣人不会拘泥执着,而是随着世道推移。天下浑浊,何不搅浑泥水扬起点波浪?众人皆醉,你为什么不一起吃点酒糟、喝点酒汁?为什么要思虑过深与众不同,落得被放逐的下场呢?屈原不同意:我听说,洗头后一定要弹弹帽子,洗澡后一定要抖抖衣服。怎能让洁净的身体,接触世俗尘埃的污染呢?我宁愿跳到湘江里,葬身在江鱼腹中。怎么能让纯洁之物,蒙上世俗尘埃呢?

——渔父听了微微一笑,摇起船桨离去,飘来他的歌声:沧浪之水清啊,可以用来洗我的帽缨;沧浪之水浊啊,可以用来洗我的双足。渔父摇着船儿渐行渐远,不再与屈原多说什么了……

这短短几句,画面感极强。渔父与屈原的两问两答,实际上是展开了彼此间的思想碰撞。一方面准确地勾勒出了屈原的思想性格——高洁自信,不惜投身江水牺牲性命,也要坚持自己的理想。就像他在《离骚》中旗帜鲜明地呐喊:"亦余心之所善兮,虽九死其犹未悔!"另一方面,又成功地塑造了一位高蹈遁世的隐者形象。老子的观点是"和其光,同其尘",这位渔父显然是老庄哲学的信徒。两问两答,双方观点明显不是一条道上的,最后渔父不愠不怒,与屈原分道扬镳,江边留下了"沧浪"的歌声,这歌声不仅在湘水边,还在苏州园林中久久回荡。

园主们把这个典故用在园名院名中,点的是避世隐居之题。

> 濠梁庄惠谩相争,未必人情知物情。
>
> 獭捕鱼来鱼跃出,此非鱼乐是鱼惊。
>
> ——〔唐〕白居易《池上寓兴》

濠是河名,说的是庄子在濠水边的故事:

> 庄子与惠子游于濠梁之上。庄子曰:"鲦鱼出游从容,是鱼之乐也。"惠子曰:"子非鱼,安知鱼之乐?"庄子曰:"子非我,安知我不知鱼之乐?"惠子曰:"我非子,固不知子矣;子固非鱼也,子之不知鱼之乐,全矣!"庄子曰:"请循其本。子曰'汝安知鱼乐'云者,既已知吾知之而问我。我知之濠上也。"

——庄子和惠子一起在濠水的桥上游赏风景。庄子说:"鲦鱼在河水中游得多么悠闲自得,这是鱼的快乐啊。"惠子说:"你又不是鱼,怎么知道鱼是快乐的呢?"

——庄子说:"你又不是我,怎么知道我不知道鱼儿是快乐的呢?"惠子说:"我不是你,固然不知道你的想法;但同样道理,你不是鱼,就一定不会知道鱼的快乐。"

——庄子说:"让我们回到最初的问题,当你开始问我'你怎么知道鱼儿的快乐'的话,就说明你很清楚我知道,所以才来问我是'怎么'知道的。现在我告诉你,我是在濠水的桥上知道的。"

从逻辑上看,惠子占了上风,最后庄子已是在强词夺理;如果从形式上说,是庄子占了上风,按照《韩非子·外储说左上》说的所谓"后息者胜",也就是这种悖论谁能坚持到底的,是胜者。举个易于理解的例子,就像是一把手作总结发言,即使是逻辑上有些瑕疵,也不会有谁跳出来再说些什么了。抛开故事本身所阐述的哲学辩证思想不说,这段对话也实在是趣意盎然。

另一个典故,也是庄子的,这次他又跑到了濮水边:

> 庄子钓于濮水,楚王使大夫二人往先焉,曰:"愿以境内累矣!"庄子持竿不顾,曰:"吾闻楚有神龟,死已三千岁矣,王以巾笥而藏之庙堂之上。此龟者,宁其死为留骨而贵乎? 宁其生而曳尾于涂中乎?"二大夫曰:"宁生而曳尾涂中。"庄子曰:"往矣! 吾将曳尾于涂中"。

——庄子在濮水钓鱼,楚王派两位大夫前去看他。官员说:"希望能用国家政务来劳烦您。"翻译得直白点,就是"请您老出山当官吧"。庄子持竿,头也不回头地说:"我听说楚国有神龟,死了已有三千年,国王用锦缎竹匣将其珍藏于宗庙。这只神龟如果能选择,它是愿意

时有鱼出听

死后尊贵呢,还是愿意活在当下,在泥地里拖着尾巴爬来爬去呢?"

——官员说:"应该更愿意活在烂泥里拖着尾巴爬行。"庄子说:"我也是这么想的,你们走吧。"绕了半天,其实就是说没啥兴趣啊。估计两位大夫也想不出什么话来接,对话至此戛然而止。

庄子的隐逸思想，与苏州园林中"隐"的特点非常契合。例如，留园有"濠濮亭"，沧浪亭观鱼处原名"濠上观"。苏州园林中池水游鱼是标配，本来是园主与家人自得其乐的地方，一旦用上这"濠濮"的典故点个睛，自比那位潇洒脱俗的先贤，是不是立马上了两个档次呢？

> 堠馆人稀夜更长，姑苏城远树苍苍。
>
> 江湖潮落高楼迥，河汉秋归广殿凉。
>
> 月转碧梧移鹊影，露低红草湿萤光。
>
> 文园诗侣应多思，莫醉笙歌掩华堂。
>
> ——〔唐〕杜牧《渡吴江》

行走苏州园林，可以看到晨昏变化、草木枯荣，可以听到莺啼燕啭、风声雨声，可以感受到春华秋实、心境浮沉。一切的一切，都不由得让人有点儿诗兴，哪怕只能憋出一首打油诗，总也是记录下一份当时的心境与真情。在园林之中，诗情是必不可少的元素，它有两种表现方式：

一是明示与点题。很多园林建筑的名称，直接来自于诗词歌赋。例如拙政园的兰雪堂，取自李白的"独立天地间，清风洒兰雪"（《别鲁颂》）；与谁同坐轩，取自苏轼的"与谁同坐，明月清风我"（《点绛唇·闲倚胡床》）；怡园的碧梧栖凤树，取自杜甫的"碧梧栖老凤凰枝"（《秋兴八首》）；退思园的"闹红一舸"，直接引自姜夔的《念奴娇·闹红一舸》……在苏州园林中，这样的例子不胜枚举。

诗情的另一种表现方式，是联想与暗喻。唐代王昌龄《诗格》一文，把诗的境界分为三种——物境、情境和意境。只写山水之形者为物境，能借景生情者为情境，能托物言志者为意境。举例来说，园林中一众植物，都被赋予拟人化的品格：竹之虚心有节，兰之幽谷清香，梅之独傲霜雪，莲之出淤泥而不染。而植物布置成的景致，以及对于这些景致的概括，这儿一对亭台前的楹联，那儿一块厅堂上的匾额，都在喻意园林主人的品格与情操。甚至一个普通的小池子，也非得取名"砚池"或"洗墨池"，文艺味儿十足。园林中的匾、联、碑、碣、摩崖石刻，这儿亭子来块砖雕"隔尘"（怡园），那儿一座桥上题个

"渡香"（艺圃）；这儿写个"梳风"（拙政园），那儿点个"锁云"（网师园）……可谓是意韵深永，文华绮秀无处不在。

诗意园林是景与情的结合，触景生情时，情景已交融。苏州园林真心不大，以"上车睡觉、下车拍照"的节奏，一天能逛七八个园子。也难怪有的游客进得园来，转上一圈，说是可看的东西不多。其实，苏州园林充满着诗情画意，一湾曲水，一片幽林，都需要静下心来，细细品读。只有真正参透了苏州园林的意旨、意境、意趣，才能理解这一幅立体的画作，这一曲凝固的音乐，这一首无声的诗歌……

行走在园林中，在同一个池水边，不同的年代里，是否有位佳人倚窗幽泣，黯然神伤；是否有位才子凭栏望月，举杯高歌？虽然已经寻不见古人，好在通过诗的情感，这份园林情怀留传下来，让人回味，引人想象。想到这里，我们不由地感慨万千，满脸严肃地吟道：

枯藤老树昏鸦，小桥流水人家，空调 WiFi 西瓜。夕阳西下，晚饭有鱼有虾……

第三节　园林的视觉美学

一、藏与露的结合

1

夜雨连明春水生，娇云浓暖弄微晴。
帘虚日薄花竹静，时有乳鸠相对鸣。

——〔宋〕苏舜钦《初晴游沧浪亭》

当苏舜钦第一次来到沧浪亭时，这里只是一片废园荒地，但是一眼望去，"草树郁然，崇阜广水，不类乎城中"（《沧浪亭记》）。于是，他下定决心，花了四万钱把这块地买下。其实，有时候人与人之间的缘分，也只是因为在人群中的那一眼。

在美的界定中,画的意境和诗的情感,通过情与景的交融铺陈,渐次呈现在游赏者的面前。而在人体感官中,能够直接触动心境的,是视像的流动、色彩的明暗、个体的形态、整体的层次……景物与视线的巧妙组合,正是园林构景艺术的魅力所在。

为了吸引视线、引导观赏,首先需要精心谋划空间的视觉效果,以及景物的意境构设。陈友冰在《中国古典诗词的美感与表达》中,谈到日常生活中的审美体验:

> 含而不露的事物总比浅露、单一的事物更能让人赏心悦目、启人深思,因为它可以唤起人们的审美注意和丰富的审美联想,而浅露单一,则会引起审美疲劳。"接天莲叶无穷碧"固然有气势,但"小荷才露尖尖角"更有情思;"风吹草低见牛羊"给人苍茫之感,而"草色遥看近却无"更有审美趣味。

因此,在苏州园林的布局谋篇中,强调含蓄有致,切忌一览无余。园林大都建在小巷深处,与民居混杂一起,不显山、不露水。例如网师园的大门,选在小巷深处,园主就是要让大官的轿马随从进不来,"盖其筑园之初心,即藉此以避大官之舆从也"(〔清〕梁章钜《浪迹续谈》)。拙政园东部的归田园居,也是"门临委巷,不容旋马,编竹为扉,质任自然"(王心一《归田园居记》)。艺圃、曲园等小众园林,更是得仰仗手机地图 APP,七拐八绕,才能一览芳踪了。

其次,即使好不容易寻着园林,进得园来,也断断不能像欧美园林,一下子把美景尽收眼底。留园的入口便是最好的例子:从园门进来,是一个约 50米长的走道,走道两边都为高墙,显得狭长封闭,让游人的视角受到压缩,同时免不得有点儿好奇:就这么点地方吗? 在连通着小厅与小天井处,视线又有数次收与放,但就总体而言,仍然十分收敛。抵达走道尽头,园林的主体空间出现在眼前,视域与心境一齐释放,明亮舒展、开朗畅快的感觉袭来,让人对这种"欲扬先抑,欲露先藏"的艺术手法大为倾倒。就如同在威尼斯的窄巷中穿行,早就迷失了方向,突然转过一个街角,见到圣马可广场,自然会觉得这里是"欧洲最美的客厅"。

最后,即使已经"人立小庭深院"了,园林的设计者还得再来个"犹抱琵琶半遮面",继续幽远着、含蓄着。在总体空间有限的情况下,景物安排幽深屈曲、深邃回合,令空间变化显得丰富多彩。运用的主要艺术手法有"障景"与

"藏景"，这两者其实没多大差别。例如在园林中，看似信手放置的一个洞门、一个屏风，甚至是一块立石、一丛修竹，都能起到隔而不隔、界而未界的作用，增加了空间的层次感。有时需要游赏者移步绕行方能通过，由此扩展了园林的空间，延长了游览的时间。

曲槛倒涵波，俗障都空，两面荷花三面柳；

疏窗虚受月，纤尘不染，二分烟水一分秋。

——〔清〕张荣培题苏州沧浪亭

　　曲槛波影，水上荷花，岸边垂柳……镜头缓缓摇过，视觉的层次感就出来了。在《中国造园论》中，张家骥将园林的空间意识概括为"视觉莫穷，往复无尽"。要让视觉没有穷尽，首先需要用足"借景"的手法。

　　苏州园林中，常常把墙外或远处的著名景观"借入"、"引入"园中，为我所用，为我所赏。例如拙政园的别有洞天亭，一湾碧水，满池荷花，两岸树木的掩映中，远处北寺塔影跃入眼帘。视域范围之内，近景、中景，再加上借来的塔影远景，高低错落，俯仰得宜，无需高贵的巨炮长镜头，手机随意一拍亦是美景。沧浪亭的水廊，深得借景要义，一连串的漏窗，让园外池水垂柳穿墙破壁，跃入园内，大大扩充了空间的深度。

　　《园冶》中，强调借景的重要性——"借者，园虽别内外，得景则无拘远近"；借景的原则——"极目所至，俗则屏之，嘉则收之"；具体的做法，就是布置适当的眺望点，使视线越出园垣，把园外之景收入园中。

　　不过，苏州园林大都是封闭围

远借北寺塔

合的形式,拙政园般疏朗加上北寺塔般高峙,可遇而不可求,沧浪亭的曲水绕园也属神来之笔。在大多数园林中,主要通过内部借景,扩展视域边界,强化空间深度,让空间形态更为复杂,让视觉感受更为生动。

园林设计者深谙"借景"之法,在园内分隔出若干院落和景致组团,通过洞门漏窗相互借景,使不同空间的景致互相渗透;通过高耸的楼阁假山,让不同空间内的景致相互呼应;甚至通过临池建筑,将水面这种"负空间",通过向上借景的方式,幻化出生动的艺术体验来。

3

> 山欲高,尽出之则不高,烟霞锁其腰则高矣。
>
> 水欲远,尽出之则不远,掩映断其流则远矣。
>
> ——〔宋〕郭熙《林泉高致》

《林泉高致》是郭老师"水墨技法"课的教材,他认为要体现山的高耸,就在山腰画点烟云;要体现水的悠远,就来点儿曲折掩映……总之,画起来不能太过平直。在园林规划中,道理也大体相似。追求空间"视觉莫穷,往复无尽",一是通过各种借景手法扩展空间视域;二是以掩映曲折的设计达到往复无尽的效果。

在写意山水园林中,常用手法就是"幽曲",这种情境最适合切上那么一点点宋词,作为搭配:

曲径——通幽曲径,似往而复。赵鼎在《双翠羽》中写道:小园曲径,度疏林深处,幽兰微馥……

曲水——绕园曲水,繁花弄影。欧阳修在《浣溪沙》中写道:斜桥曲水绕楼台,夕阳高处画屏开……

曲桥——卧波曲桥,印月泛鲤。李

小廊曲通幽

好古在《菩萨蛮》中写道:何处早莺啼,曲桥西复西……

曲廊——回还曲廊,入梦深处。赵孟坚在《沁园春》中写道:步绕曲廊,倦回芳帐,梦遍江南山水涯……

苏州园林虽然不大,妙在把握幽曲之意,在有限的空间里,让人游之不尽。

二、动与静的游赏

1

> 空山新雨后,天气晚来秋。
>
> 明月松间照,清泉石上流。
>
> 竹喧归浣女,莲动下渔舟。
>
> 随意春芳歇,王孙自可留。
>
> ——〔唐〕王维《山居秋暝》

空山新雨后的一个初秋傍晚,明月从松隙间洒下幽幽清光,清泉在山石上淙淙流淌。听到竹林喧响,知道是洗衣的姑娘归来;看到莲叶轻摇,想必是上游荡下轻舟……诗中动静结合,为我们展现了一幅《山居秋暝图》。在苏州园林的视觉美学体系中,静与动也是一对"欢喜冤家",演化出了多种游赏形式。

首先,说说静景与静赏:设计者会运用框景和借景的手法,创造诸多坐望或是驻足之处,可以用粉墙作纸,以草木山石为画,形成一幅幅山水小品;也可以用漏窗、挂落、洞门定格景致,慢慢地供人品味欣赏。

举殿春簃为例,这是网师园内的一处独立小庭,面积不足一亩。主体建筑是连在一起的大小两间书房,书房北面的小天井植竹、梅、芭蕉,透过红木镶边的长方形窗框,构成多幅框景,仿佛一幅幅优美雅致的水墨小品。建筑南向为一个稍大的院落,散布着山石、清泉、半亭,透过门与窗看去,整体显得工整柔和、雅淡明快。

建筑上有两副对联,第一副先解释清楚院落的功用是书房:"镫火夜深书有味,墨华晨湛字生香。"——深夜挑灯,读书更有滋味;清晨挥毫,字里行间飘着墨香。第二副就是描写在院中静观、静赏的景致:"巢安翡翠春云暖,窗

第四章 解析,文艺范致敬经典

129

护芭蕉夜雨凉。"——翠竹上落着鸟巢，春云渐暖；芭蕉叶掩映着窗户，夜雨微凉。作为书房院落，殿春簃是静的经典。

对于禅意浓浓的庭院来说，静态的美更切合禅意，更适合禅思。不必像日式庭园中搞得那么极端，一定要万物枯寂才显禅意。苏州园林空间中，边边角角的地方隔出一小块来，搞个禅房小庵，种几棵竹子，加个小池，也是非常方便惬意的。就像是王维写的："泉声咽危石，日色冷青松。薄暮空潭曲，安禅制毒龙。"——泉水撞击着高耸的崖石，响声幽然呜咽；日光好不容易照进青松林里，已经显得寒冷。黄昏时来到空潭边上，身心安然进入清寂宁静的禅境，以抛开心中一切邪念妄想。

不过，在真实生活中，园主们躲向园中一角，究竟是闭门思考哲学问题，还是仅仅为了避避家中的"河东狮吼"，就不得而知了。《六祖坛经》中记载："时有风吹幡动。一僧曰风动，一僧曰幡动。议论不已。"禅宗六祖慧能法师轻轻地、静静地说了一句："不是风，不是幡，是你们的心在动啊。"

我们这些凡人容易受到所处环境的影响，是谓"心随境转"；而见闻多了，经历多了，能够以平常心看待世间的悲欢离合、成败得失，不以物喜、不以己忧，有这份领悟，也算是稍有"境随心转"之得了。

> 曲槛俯清流，暝烟两岸，斜日半山，横枕鳌峰，水面倒衔苍石；
> 晴空摇翠浪，花露侵诗，槐薰入扇，凉生蝉翅，柳阴深锁金铺。
>
> ——〔清〕顾文彬集宋词题怡园联

从上文的对联不难感受，即使在怡园中静坐，都能时时处处欣赏着动态之美，看看这些动作——俯、枕、衔、摇、侵、入、生、锁……

其次，动的景致也可以静赏，这里举一栏一亭作个说明。

美人靠，苏州园林中的标配。一般建于回廊两边，或者亭阁围槛临水的一侧。美人靠的下面是条凳，上面则是靠栏。靠栏的靠背弯曲，就像是鹅颈，所以正式的名称叫作"鹅颈椅"。在苏州，美人靠也常被称为"吴王靠"，反正是又能扯上吴王与西施的故事传奇。

美女凭栏，蹙眉凝眸、顾盼流芳，本是风景一道。凭栏而望的，不仅有美人,还有"把吴钩看了,栏杆拍遍,无人会,登临意"的猛男辛弃疾,有"独自莫凭栏,无限江山,别时容易见时难"的柔弱词中帝李煜……"美人靠"除休憩之外,更兼得凌波静赏之趣,赏的是在微风中摇曳的花枝,赏的是粼粼波光中的倒影,赏的是那一池红白的游鱼。

独自莫栏杆

再说说一个小亭——网师园的月到风来亭。这个名字,一听就是直白地以静邀动。小亭位于伸入池中的半岛上,地势较高,适合欣赏波光红鳞;亭子正中有一面大镜,每到明月升起时,便可看见水中、镜中、天上三个明亮的圆月。园主静坐亭中,身清心清,长风送月,共饮共吟……

3

> 爽借清风明借月;
>
> 动观流水静观山。
>
> ——〔清〕赵之谦题拙政园梧竹幽居联

第三,静的景致亦可以动观。

在园林空间内,通过精心设计动线,以径沿池转、廊引人随等各种方式,游赏线路自然就会被拉长。即使本身是静态的景色,一旦被纳入游赏动线中,通过游赏者的视线不断变化,不断调整,也就会成为动态的景观,显得更加清邃幽远,逸气流转。

为达到连续委婉、曲线流动的效果,园林设计者考虑动线时,充分运用了曲折断续、烘托遮挡、透漏疏密等手法。行走在曲廊,行走在曲桥,行走在曲径,动静交织间,一步自成一景。

这里详细说一下回廊。回廊,在园林中不属于大件,但绝对不可或缺,不经意间,满园都是它的身影:有贴墙的,有离墙的;曲折有法的是曲廊,不曲则成修廊;有穿过多重院落的,有沿着土山起伏而上下的,有在水边河畔逶巡的……

廊其实具有非常实用的功能,无论是雨雪纷纷或是日头暴晒,都可以在园林院落、建筑间穿行。同时,由于廊的视觉穿透性,可以春日看花、夏日赏荷、秋日品桂、冬日赏雪、入夜赏月。通过廊引人随,又形成动赏的规定线路,游人绕廊漫步,一步便成一景。

从心理学角度看,皇家园林的宽阔大气,让一个静立的人,用足各种感观,转上个 360 度,去体味那份壮阔;而宗庙更是直线式、朝拜式的,让一个行进中的人,产生仪式化的视觉感受,设计初衷是要让朝拜者产生心理对比——自身之小和皇权之大,并由此产生强烈的心理暗示,不由自主地产生崇敬之情。

在私家园林中,通过动线的组织,一方面是让游赏者不由自主地走动起来;另一方面,也能够自由地决定停与行,自主地把握急与缓,因此游赏中的把控感、控制力更强,心理上也就显得更加自在轻松。

> 游冶未知还,闲留莺管垂杨,鱼栖暗竹;
> 登临休望远,人倚虚阑唤鹤,隔水呼鸥。
>
> ——〔清〕顾文彬集宋词题怡园小沧浪联

最后,说说游冶、登临的动景与动赏。

园林景观有晨昏之异,雨雪之别,四季之殊,枯荣之变;而通过廊的穿插流动,人的视野交错,空间的纵深扩展……在自然流动的光影间,一切景色都动了起来,充斥着韵律感;更进一步的,景致也随着观赏者心境产生一定的变化。园林空间的艺术性,就在于景与人之间的互动与交流。

沿着苏州园林中的曲廊行进,随处可见修篁葱翠、花影移墙;登上一段山径,赏峰峦峻奇、古树青藤;走累了,在高处坐亭凭栏,俯瞰园林全景,楼台隐现;下山穿过幽深壑洞,一泓清澈池水展开,径沿池转,又是一步一景;可于池畔亭中闲坐,细数戏水游鱼;也可以进入轩阁之中,沏上一杯佳茗,从明窗中尽收佳山美景……宜行宜留,全凭心境。

一年之中,景色与游赏心境不同。一生之中呢? 一人游赏,心境不同,如果是携佳偶、携尊长、携幼辈同游呢？步移景异，境随心转，视觉美学的内涵，也在这动静缓急之间，体现得淋漓尽致。

三、光与影的交流

1

黑夜给了我黑色的眼睛，
我却用它寻找光明。

——顾城《一代人》

《一代人》是现代诗的经典之作，以不和谐的意象组合，创造了最为强烈的感情色彩。园林中的黑白，没那么激烈；然而在看似平淡无奇的光影黑白之间，缓慢流淌着充沛悠长的感情。

游赏于园林之中，最为直观的视觉感受就是建筑的素雅，极少雕梁画栋，不见金粉

世博德国馆[①]

银饰，粉墙（白墙）、黛瓦（黑瓦）、栗色的木构、灰色的窗框，就是建筑的全部色彩了。这里有几个层次的原因：

首先，从本书前面几章中不难发现，在这文化经济繁荣的城市中，诸多园主本来就是文人，即使是富商巨贾，也讲究诗书传家。而苏州城乡的整体建筑风貌，本来就是以黑白灰为主，很多园主为"隐"而来，自然不会标新立异，把房子弄得五色杂呈。禅宗的流行，使得很多园主的艺术欣赏转向空灵淡远，园林的建筑风格就更显沉静质朴了。

另一个重要的方面，就是视觉之美了。建筑中，色彩的多寡与结构的繁

第四章　解析，文艺范致敬经典

简,都会被理论家们所争论。在建筑的繁与简方面,20世纪著名的建筑师路德维希·密斯·凡德罗(Ludwig Mies van der Rohe)说:Less is more——少即多,建筑设计应该提倡简单,反对过度装饰。第二年,他就用其代表作1929年世博会德国馆,来诠释这一理念。而到了美国建筑家罗伯特·文丘里(Robert Venturi)嘴里,就变成less is bore——少即单调了,他的后现代主义建筑理论,就和他的书名一样,叫作《建筑的复杂性和矛盾性》。

这场美学争论,可以用两句话来调和。一句来自《诗经》的"素以为绚兮",至素也即是一种绚丽啊;另一句是从《易经》中引申出的"白贲",说的是"极饰反素"的道理,华彩绚丽到了极致,竟然趋于平淡无色。看来,等美学跑到了终点线,等着在那儿的,又是哲学。

上文中引用过的《山居秋暝》,是王维的诗作。王维还是南宗画之祖,他的水墨山水画,影响着后世文人画的发展。中国画本来运用青、赤、黄、白、黑五种色彩,后来逐渐从重色彩向重水墨转变,将墨色分为"焦、浓、重、淡、清"五色,将"素色主义"推向了极至极美的意境:画出的水,水流云烟;画出的山,山色空濛,达到了诗画相融的最高境界。苏州园林是写意山水园林,充分吸收了"素以为绚"的理念,大片粉墙既是界定,又是一种基本色调,搭配上黑色、栗色和灰色,色彩的控制力非常强。

最后,别忘了园林"居"的本质。苏州园林整体素雅的色彩选择,其实有利于长期维护。说到底,园林毕竟只是一处居家庭院。例如,园林中的粉墙,愈是日久斑白,愈显得古拙可亲;立柱的暗色,即使是有些龟裂,也不用马上修复。多说一句,现在很多城市建筑,求新求异求绚丽,但愿设计师的美梦,在一段时间的光鲜后,不要成为长期使用者和楼宇维护者的噩梦啊。

沧浪独步亦无惊,聊上危台四望中。
秋色入林红暗淡,日光穿竹翠玲珑。

——〔宋〕苏舜钦《沧浪亭怀贯之》

虽然园林建筑的主色调是灰白黑,整个园林可不是灰蒙蒙的一片。因为在园林的色彩体系中,这黑灰白的建筑是作为底衬的,正是有了这一基调,才衬出了满园的风光无限：天之蓝、水之碧、花之红、柳之绿……

苏州园林中，栽种各种绿色的乔木、灌木和草本植物。通过落叶树和常绿树的混搭，竹丛和灌木的穿插，层层叠叠间，明暗疏密中，绿色也因此变得丰富多姿。在拙政园中，有晓丹晚翠、浮翠阁、绿绮亭等多个赏绿佳处，怡园有锁绿轩，留园有绿荫轩，沧浪亭有翠玲珑，等等。

在万绿丛中，点缀着各种花木，让园林中四时色彩不同，怡情悦目：牡丹与玉兰，侧重表现春景；紫薇与荷花，则是在夏天绽放；秋有菊花、红枫、桂花；冬有梅花、山茶、天竺等。更有枇杷、石榴、柑橘等色彩鲜艳的观果植物，在绿色中点缀，让园中色彩格外缤纷。

> 一片水光飞入户，
> 千千竹影乱蹬墙。
>
> ——〔唐〕韩翃《张山人草堂会王方士》

苏州园林在素、淡、雅的底衬下，不仅充满各种色彩，还有波光粼粼、竹影摇动的光影变幻。苏舜钦这样描写自己的园林："澄川翠干，光影会合于轩户之间，尤与风月为相宜。"（《沧浪亭记》）——澄澈的小河，翠绿的竹子，阳光与阴影在门窗之间交错相接，尤在有风有月的时候，更为宜人美丽。北宋词人张先，更是个捕捉光影的高手："云破月来花弄影"；"娇柔懒起，帘幕卷花影"；"柔柳摇摇，坠轻絮无影"……都将园林中的光影变幻描摹得出神入化。

建筑是实的，光与影是虚的，但虚

光之教堂①

第四章 解析，文艺范致敬经典

实之间，常常互通有无。就连讲了一辈子建筑理性和机械美的柯布西耶（Le Corbusier），在晚年设计朗香教堂时，一反常态，用厚墙上大小不一、外小内大的窗洞，呈现出极为缥缈虚幻的光影效果来。安藤忠雄（Tadao Ando）的代表作品——"光之教堂"，则是更上一层楼，在一面素墙上用一个顶天立地的十字形空洞，由阳光凭空构成一个巨大的十字架，营造出令人震撼的光影效果，让观者在第一时间想起那句"上帝说光，光就出现了"（《旧约·创世纪》）。

有光的地方，有影；反过来，有影子的地方，也应有光。随着昼夜更替，光影让园林中的静止空间呈现出多种变化，平添了一份情趣：晨曦之中，柔曼的光亮费力穿过高树石峰间的氤氲水气，散射在早起打拳的白髯老翁身上；骄阳当空，微风徐来，池水上闪动的折光一下子跃将起来，猛地跳入苍树掩映的八角亭中；午后慵懒时分，光线偷偷侵入厅堂的领地，将海棠纹窗格拉得好长好长；炊烟升起，那用尽最后力气，蹭着粉墙跃进园来的，是一抹鲜花般煦暖的霞光；入夜，那一地的月光，在苍苔小路上泼洒开去，提醒着游子归家的方向……

秋阳弄光影

光的变幻带来影的不同，加上苏州园林中雕花的窗棂门框，有漫射效果的窗纸或玻璃，灵动变化的水面，风中的嘉木修竹……都能形成不同的光影效果。特别是园林中处处有水，不仅将蓝天白云、亭阁楼台、繁花芳树映入其中，丰富了视觉空间在垂直方向上的层次与深度；而且在浮光掠影间，为园林的视觉空间增添了强烈的韵律感。例如，狮子林有座"暗香疏影楼"，取字于宋代林逋的诗句"疏影横斜水清浅，暗香浮动月黄昏"，几株梅花斜斜地倒映在清浅的水面上，黄昏时分月上枝梢，光影幻化，暗香浮动，幽雅醉人。

园林建筑中的前出廊，也叫檐廊，就是房檐伸出很深的部分，形成一个附属的走廊，也是一个光影变幻的佳处。园林在各地与文化紧密结合，千姿百态，建筑也是这样。不过，小到具体建筑之中，很多基本功能是相通的：檐廊避雨遮阳，实用功能与视觉美学功能齐备。在日本庭园之中，这一空间形式被称为"缘侧"，附加一个木制走道，是坐赏庭院、品茶沉思的重要空间。老美的廊屋（bungalow）也是一个道理，不过大多加个木椅，喝喝咖啡。没有水准高低的差异，只有因缘际会的不同。

园林视觉美学的精要，除了藏与露的结合、动与静的游赏、光与影的交流，还有疏与密的切磋、俯与仰的应和……

第五章　解构，技术控拆卸池山

上一章，我们说到园林的艺术美学，有美的界定、美的意境、美的情感；谈及园林的视觉美学，有藏与露、动与静、光与影……

解构，就像是把洋葱一层一层剥开，终归会被戳中一两个泪点。书斋中《旧住宅参考图录》，是陈从周在苏州工业专科学校兼职时拍摄记录的。可惜的是，这本不着一字的测绘与照片图册，也被贴上"封建残余"标签。书总算是流传下来，但书中记录的很多旧宅古物，经过一场磨难，再也寻不回原来踪迹。

好在风波平静后，在政府与民间、学界与艺匠的经年努力下，一大批园林古建得以修复如初。有些事情其实并不久远，但回望起来竟已恍若隔世。越是如此就越应该铭记，为的，只是不再经历。

解构，又像是在抽丝剥茧：将丝一根一根地抽出，把茧一层一层地剥开，密密匝匝的耐心、细致与层次，都是为了多少道工艺后，经纬交织出的那一份繁复亮丽。苏州园林就像是一匹高贵素雅的绸缎，让我们也如抽丝剥茧般，对它做个解析，说说这里的一山一池、一亭一阁、一草一木……

文艺范地解构，就像是用核磁共振，让我们能够从美学、文学等多重角度，将苏州园林看得更加清晰。不过对于技术控而言，撩起袖管，操起刀刨，轮起斧锯，一阵吱呀乱砍，铁定是更加过瘾。

大家准备，我们开工了！

碧水绕石山

第一节　掇山理水

一、掇山·雾绕石峰

> 一峰则太华千寻，
> 一勺则江湖万里。
>
> ——〔明〕文震亨《长物志·水石》

现在的科技发展可谓日新月异，虚拟现实（Virtual Reality）技术已经开始走进日常生活。简单说来，虚拟现实就是运用各种技术手段，模拟出三维虚拟世界，提供视听嗅触各种感受，让人可以"沉浸（Emerging）"到"渲染（Rendering）"的世界中去，从而产生心理学上所谓的"移情（Emphathy）"。

古人的技术手段没那么先进，但基本思路还是一样的——叠个小土堆，挖个小池子，"沉浸"到一峰石、一勺水勾勒出的虚拟世界中去，产生"移情"，仿佛是身处太华千寻、江湖万里。

园林意境中一勺一峰，是对于自然山水的凝练与概括；同时，所谓"石令人古，水令人远"，峰池又成为文人精神的具体体现。那么，如何将峰峦请进粉墙围合之中，推窗即能够欣赏五岳雄姿呢？古代园林设计者主要运用"掇山"手法。

苏州园林中堆假山的技艺，叫作掇山或叠山，有的以堆土为主，石块点缀；有的则是完全运用石块堆砌。在建筑园林时，挖池时的土方量刚好够堆个缓坡。小土丘上错落参差，栽植些花草树木，点缀个把小亭。这样营造出来的坡地景观，具有自然山林的野趣。

而石多土少，甚至全部石构的假山，更像是艺术作品。计成的《园冶》十三篇，专门辟了两个章节，一章写选石，一章写掇山。石材方面，他这样写道：

苏州府所属洞庭山，石产水涯，惟消夏湾者为最。性坚而润，有嵌

空、穿眼、宛转、崄怪势。一种色白,一种色青而黑,一种微黑青。其质文理纵横,笼络起隐,于石面遍多坳坎,盖因风浪冲激而成,谓之弹子窝,叩之微有声。采人携锤錾入深水中,度奇巧取凿,贯以巨索,浮大舟,架而出之。此石以高大为贵,惟宜植立轩堂前,或点乔松奇卉下,装治假山,罗列园林广榭中,颇多伟观也。

计成不仅是个园林设计高手,行文码字也精炼有致。一小段文字,将太湖石的产地、特色、由来、取石、运用,说得非常透彻。更为可贵的是,他可不是牛僧儒、宋徽宗那种偏执狂的"石痴"。这位实践经验丰富的园林设计师,对于太湖石的态度很简单:建材而已。

黄石势巍峨

计成认为,选石不应拘泥于原产地,建材质量是唯一的标准,"如别山有未开取者,择其透漏、青骨、坚质采之,未尝亚太湖也"。甚至太湖石也并不一定是最佳选择,他认为黄石"块虽顽夯,峻更嶙峋,是石堪堆,便山可采"——石材虽然粗朴,垒高亦能显出嶙峋之态;再加上黄石分布广泛,容易垒砌,完全可以在筑园时广泛采用。

2

> 吴门荜闾阓,迎送每踏攀。
> 一水帝乡路,片云师子山。
>
> ——〔宋〕范仲淹《苏州十咏·阊门》

古城西部多山,师子山就是现在的狮山,也是苏州乐园的所在地。因此,吴地石材资源相当丰富,例如洞庭西山的太湖石、尧峰山的黄石等。更加方便的是,吴地水网四通八达,石材通过古城"双棋盘"格局中的水路能够直接运抵园林工地。在大量施工实践的基础上,苏州园林的掇山技术自然愈加高超。《园冶》中,阐述了掇山的要义:

掇山之始，桩木为先，较其短长，察乎虚实。随势挖其麻柱，谅高挂以称竿；绳索坚牢，扛抬稳重。立根铺以粗石，大块满盖桩头；堑里扫以查灰，著潮尽钻山骨。方堆顽夯而起，渐以皴纹而加。

——掇山第一步是打桩，确定桩木入地深浅，观察土壤的虚实软硬。根据地势立好起重用的麻柱，按照假山的高度挂好起重吊杆；起吊绳索务必牢固，起吊放落务必稳重。假山基要用粗石铺底，用大块的石头盖满桩头；基坑中一般填入碎石灰渣，太潮湿的话就全都用石头填充。先用那些顽石作底，再逐渐按照皴法垒筑。

掌握了这种基本的施工工艺，下一步就可以根据园林布局的实际需要，因地制宜，因景设石，塑造出不同类型的"山景"：

园山，"厅前三峰，楼前一壁而已，是以散漫理之，可得佳境也"——在厅堂前方的庭园中，筑一个壁山或是点上三峰，只要是布置得疏落有致，就可以创造出优美的境界。

厅山，"或有嘉树，稍点玲珑石块。不然，墙中嵌理壁崖，或顶植卉木垂蔓，似有深境也"——厅堂前面如果有形态好的树木，就点缀些玲珑的石块。没有树木，就在墙壁上嵌筑山石，或者在石峰顶上种植花木藤萝，同样会产生山林幽趣。

楼山，"楼面掇山，宜最高才入妙。高者恐逼于前，不若远之，更有深意"——楼前掇山应该堆得高些，才能引人入胜。但过高又有逼近的压迫感，不如布置得稍远一些，更有深幽之意。

阁山，"阁皆四敞也，宜于山侧，坦而可上，便以登眺，何必梯之"——阁四面开敞，宜建于石山旁边。阁山应该平坦易上，便于登阁远望，这样阁内就不用设楼梯了。

书房山，"凡掇小山，或依嘉树卉木，聚散而理；或悬崖峻壁，各有别致。书房中最宜者，更以山石为池，俯于窗下，似得濠濮间想"——书房庭院中的小石山，或者靠近花木，显得错落有致；或如悬崖峭壁，各有别致不同。最好以山石为岸，在窗下构筑小池，倚窗俯看就有濠濮之思。

池山，"池上理山，园中第一胜也。若大若小，更有妙境。就水点其步石，从巅架以飞梁。洞穴潜藏，穿崖径水，峰峦缥缈，漏月招云。莫言世上无仙，斯住世瀛壶也"——池山是园中胜景，大小各异更佳。池中设跨步石，山顶架飞梁。山洞深邃，穿过山崖跨过池水；石峰缥缈，透过月光引来流云。别说世上没有神仙,这里就是人间仙境啊。

内室山,"内室中掇山,宜坚宜峻,壁立岩悬,令人不可攀"——室内假山一定要做得坚固峻拔,山壁直立,岩头悬空,以防人们登攀。

峭壁山,"峭壁山者,靠壁理也。藉以粉壁为纸,以石为绘也。理者相石皴纹,仿古人笔意,植黄山松柏、古梅、美竹。收之圆窗,宛然境游也"——峭壁山靠墙构筑,以粉墙为宣纸,以石峰为图画。匠人要研究石头纹理,仿古人的写意山水画意,种上黄山松柏,古梅美竹。从圆形漏窗看过去,就像是境中之游。

无论是园山、厅山还是楼山,细节处理都比较重要:

> 瘦漏生奇,玲珑安巧。峭壁贵於直立;悬崖使其后坚。岩、峦、洞、穴之莫穷,涧、壑、坡、矶只俨是。信足疑无别境,举头自有深情。蹊径盘且长,峰峦秀而古。多方景胜,咫尺山林。

——"瘦"、"漏"的石块布局得当,自然显得奇巧玲珑。峭壁贵在突兀矗立,垒砌悬崖要让后部坚固牢靠。岩、峦、洞、穴要显得幽深莫测,涧、壑、坡、矶要显得自然真实。信步走来山重水复,举目望去柳暗花明。路径盘曲绵延,峰峦秀丽古朴。四周都是胜景,咫尺宛若山林。

> 一片玲珑石,神功讵琢成。
>
> 瑞分芝草秀,奇合夏云生。
>
> ——〔清〕徐崧《题瑞云峰》

一般而言,我国的古代思维更重感觉、重经验。举个身边的例子,直到如今,我们做菜时常用的语汇,还是放少许盐,撒一把葱,加适量高汤……让厨房中常备天平量杯的人情何以堪。赏石也是如此,诗人们大都讲的是"瑞"、"奇"、"皱"、"秀",绝对没人提什么身高腰围之类。

掇山,更是一门强调直观感受、没有定式可循的艺术。不过换个角度思考,这也正是园林掇石叠山的奇妙之处。设计者胸中要有真山的意境,然后依据景致规划需要,加以概括、加以创造。所谓"片山多致,寸石生情",参考写意山水画的意境,根据空间不同,大则造山叠峰,小则布置一、二湖石点缀。

"小仿云林，大宗子久"，小的假山可以仿效倪瓒幽远简淡的画意；大的假山可以尊崇黄公望雄伟豪壮的笔锋。正是这种无定式，让苏州各个园林中的山石造景具有各自鲜明的特点。

抚石望山远

因为掇山是技术，又是艺术，杰出艺匠能在历史上留下姓名。例如，明代的周秉忠、张南阳，清代的戈裕良等。戈裕良的作品，留存至今的有两处，一处是环秀山庄的湖石假山，另一处在常熟燕园，是黄石假山佳作。

环秀山庄位于古城内，假山分立主次山峰，气势磅礴；构出危崖绝壁，峭拔雄奇；间以盘旋小径，高下迂回；山间点缀常绿的柏树、观叶的青枫和观花的紫薇；特别值得一提的是，山中以峭壁夹峙，谷如一线天，曲折幽静，颇有峡谷之意，为园林中少见。

在仅仅半亩地之内，自然界中的峰、峦、崖、壁、洞、谷都被艺术地缩移摹拟，幻化出千岩万壑。咫尺山林，浑若天成，代表了苏州园林掇山的最高水平。戈氏还创造了"钩带法"，将石拱桥桥洞的原理巧妙运用于堆叠假山洞壑上，再加以若干不规则的拱券构成洞顶，用这种方法构筑的山洞十分逼真。

从工艺角度来说：以前叠湖石，要用糯米汁掺适当的石灰作为胶合材料；勾抹材料有石灰加桐油，或是石灰加麻筋青煤二种，干结都较慢；勾抹后一般刷盐卤铁屑，使所嵌之缝不鲜明突出。勾抹黄石则用光胶、青煤加宜兴黄土（苏州市园林和绿化管理局网站）。现在，一般都用水泥进行假山施工，一方面是调色更加方便逼真，另一方面牢固程度也更高。不过，由于湖石越来越少，在现代园林绿化中，大面积用湖石未免太过土豪，于是常用零星的大黄石点缀土坡，半伏半露，配合参差苗木，同样给人以真实的美感。

环秀山庄中有一副俞樾的对联："丘壑在胸中，看叠石流泉，有天然画本；园林甲吴下，愿携琴载酒，作人外清游。"——只要胸中有丘壑万千，看园林中的泉水石峰，就能联想到这座名山、那条大川；不用出门，弹着小曲喝着小酒，在园子里便可作一番尘世外清游了。

①

> 有意不在大，湛湛方丈馀。
> 荷侧泻清露，萍开见游鱼。
>
> ——〔唐〕白居易《小池二首》

露珠从荷叶边滴下，鱼从浮萍中游出，动感十足。还有更具画面感的，来自唐代冯延巳的《谒金门》："风乍起，吹皱一池春水。闲引鸳鸯香径里，手挼红杏蕊。斗鸭阑干独倚，碧玉搔头斜坠。终日望君君不至，举头闻鹊喜。"

——春风乍起，吹皱了一池碧水。百无聊赖，在花间小径里逗引池中的鸳鸯，随手折下杏花蕊把它轻轻揉碎。独自倚靠在池边的栏杆上观看斗鸭，头上的碧玉簪斜垂下来。整日思念心上人，但始终不见回来，忽然听到喜鹊的叫声（是不是心上人回来了呢？）。

伍子胥圈定的整个苏州城，城外湖泊密布，城内河道纵横。古城中地下水位很高，几铲子下去，一池春水就冒了出来，开池引水非常容易。因此在园林设计中，较小园林往往以池作为原点和中心点；而在大型园林中，各个景观空间也往往以池作为中心。

老子曾曰："上善若水，水善利万物而不争。"于是在园林中，一众风雅之事与水发生了"正相关"——卧石听泉、俯水鸣琴、曲水流觞、濠濮间想……为了迎合园主追求雅量高致的心理预期，或大或小的池水自然而然地成了苏州园林标准配置。

前面谈过掇山，这里说说理水。理水，就是仿照自然界中的江湖、溪

洗砚鱼吞墨

涧、瀑布,进行设计布局;水面天光云影,水中碧波游鱼,水边亭阁花木,以一方清池形成园中的主要景致空间。掇山加上理水,山水相连相映,刚柔相济,生动自然,为"居"着、"隐"着、"禅"着的园林增添了勃勃生气。

行走苏州园林,不难发现,池水布局各有巧妙:沧浪亭的池水,在园墙之外曲折蜿蜒,又与园内山体建筑形成整体效果;网师园的水池池面集中,周边廊榭亭台错落有致,整体形成了内敛、向心的空间格局,呈现出开阔明朗的景象;拙政园空间广阔,因此将水面设计为几个不同的部分,形成幽曲回环的串连系统,与不同景区的花木、屋宇、山石掩映,形成深远层叠的景观空间……

即使是在普通宅院中,哪怕是仅有小池一方,如果石岸设计得当,并辅以细竹、枯藤、朱鱼、翠荷,绕池慢步,步移景异,也立刻带来满满的山野之趣。

> 波光杳杳不极,霁景澹澹初斜。
>
> 黑蛱蝶粘莲蕊,红蜻蜓褒菱花。
>
> ——〔唐〕皮日休《胥口即事六言》

水无常形,随器而成形。根据岸形设计的变化,延则为溪,聚则为池。无论是溪是池,只要是水波澹澹,园子就立刻鲜活起来,这里一只黑蛱蝶粘着莲蕊不放,那儿一双红蜻蜓踮脚站在菱花之上。

理水,对于园林设计者是个考验。从大的角度说,要考虑水面的宽窄变化,并与园中各个景观空间互相呼应,以期产生收放、开合的节奏韵律;从小的方面讲,还要考虑池岸堆叠的风格、岛屿矶滩的分布、花木水阁的掩映等因素。苏州园林中,有很多水景艺术的普适规律:

岸,通常叠石为岸。苏城多雨,土岸容易被冲刷崩塌。从实用角度说,石岸是园林池塘的护坡;同时,高低起伏的石岸,又令池水显得曲折有致。太湖石本身曲折空灵,堆叠池岸怎么都好看;而黄石平直,设计时更需要精准把控,方能显得自然质朴。

湾,园林中通常在水池一角,以叠石手法勾画出溪汊涧谷、水湾萦绕的效果。更进一步的,辅以蒲草古藤,给人以水源未尽的深邃感觉。如果水面较宽,点缀些水阁、水廊之类的临水建筑,会让池水显得更加生动多姿。

桥，以梁板式石桥为多。在苏州园林里，无论水面宽窄，都可以架桥。宽者架曲桥方便通行游赏，同时有划分水面的效果，增加层次和景深；窄者桥面贴水而过，保持空间贯通，隔而不分，让观赏者感到池水更加广阔。

荷池净无波

岛，较大水面中的景观点缀。皇家园林讲究一池三山——瑶池中的蓬莱、方丈、瀛洲三座仙山。苏州园林中的岛屿，弱化了象征意义，岸、矶、桥、岛的不同组合，令游赏者的视觉有聚有分，产生一种有断有续的节奏和韵律。

舫，仿船形建筑。与水面配合呼应的临水建筑，有的紧贴水边，有的用平台过渡。其中，最为精彩的便是舫，又被称为"不系舟"。舫或临水边而筑，或是立在水中央，让游赏者与池水更加亲近。

影，水体负空间在视觉上的独特效果，让园林艺术的表达更为丰满。水中皎洁的明月，水面潋滟的波纹，云影、石影、亭影、榭影、树影、花影……尽汇于一方翠玉之中。

鱼，更是池中标配。倚栏而望，鱼儿怡然自得，在绿荷红莲下游弋，耳边仿佛飘过来两千多年前的乐府歌声：江南可采莲，莲叶何田田，鱼戏莲叶间……

> 月到天心处，风来水面时。
> 一般清意味，料得少人知。
>
> ——〔宋〕邵雍《清夜吟》

其实，很多描写故乡风土的书籍中，对故乡的大奸大恶之人，往往避之唯恐不及。同样地，很多描写苏州园林的专著，通篇都是溢美之词，仿佛已经找不到任何缺点。既然我们在前面提到过苏州的土著大恶朱勔，在这里，不妨继续实事求是一把,谈谈苏州园林的缺点。

在苏州园林中,静态水景的艺术水准非常高。池水与山石、建筑、花木掩映契合,在月到天心、风来水面之时,波光敛滟,让人心醉。不过在动态水景方面,还是有缺憾的。虽然也有泉、涧、瀑的形态,但是动力问题始终没有得到很好的解决。

在国外古典园林中,很早就出现了喷泉叠瀑等艺术手法,体现动态水景。古代伊斯兰园林中,以交叉的道路构成中轴线,以水池喷泉作为整个庭园的视觉中心。据说古罗马城共有 3000 多个喷泉,与雕像、柱饰、水池等结合,形成丰富的景观。文艺复兴时期的欧洲,喷泉更是盛极一时。

景观喷泉大多利用地下压力使水涌出,也有的利用高处的蓄水池持续供水。直到公元 18 世纪,西式喷泉才传入中国。1747 年,乾隆在圆明园西洋楼建了谐奇趣、海晏堂、大水法三大喷泉,利用人力加蓄水池供水。不过,要是出现欧洲喷泉边常见的半裸雕塑,那还得了?曾经在海晏堂池边拱立的,是我们熟悉的十二生肖铜像,身披罗汉袍,每个扣子都扣得严严实实。

扯远了,说回苏州园林。从水源角度分析,大多直接与园外河道相通,有一定的互通交换功能。池中一般都有比较深的井,一方面与地下水互通,另一方面保持一定温度,让鱼类安然过冬。但在园林中,难以实现流水瀑布,唯一能够采取的方法是在楼阁高处承接汇集雨水,通过容器蓄水,并引导至假山之间,在一定时间里形成流瀑的景象。

也有学者认为,苏州园林是以游鱼、雨荷、波光等点缀,能以静景出动态,形成静中有动的感觉,终归有些牵强。好在现代园林建筑中,一个小泵就能解决循环问题,一方面增加了曝氧量,有利于水体自洁和观赏鱼饲养;另一方面,也能够塑造出流泉飞瀑的景致,充分展现水体的立面美与动态美。

三、席地·人醉花间

> 江南春暖杏花多,拾翠寻芳逐队过。
> 满地绿阴铺径转,隔枝黄鸟近人歌。
>
> ——〔明〕金大舆《白下春游曲七首》

园林处处花香鸟语,满地绿阴,人随径转。计成更是用"吟花席地,醉月铺毡"来形容园林生活中的美好场景:在花丛中吟诗,地堪当席;在月光下饮酒,石似铺毡。根据不同的实用功能和美学感受,园林的地面用材种类与铺设方法都有所不同。《园冶》十三章中专门辟出一章,探讨地面铺设。

首先,无论是假山峰翠之间的石径,绕着池水的步道,还是厅堂前的地面,都必须与景观布局相呼应,举例来说,"花环窄路偏宜石,堂回空庭须用砖"。取材也不必太过讲究,江南地区最常见的乱石、鹅卵石、青石板、砖块,都可以用来铺地。《园冶》中列出了几种常见的施工工艺,这些方法至今仍被广泛使用:

乱石路,用小如石榴子的乱石铺砌路面,坚固雅致,无论曲折高低、依山沿壑,路面都显得比较一致。而用鹅卵石在路面砌出花纹,不坚固还显得俗气。

鹅卵石,适合铺在不常走动的地方,最好大小相间铺砌,是个考验工匠水平的活。可以用砖块瓦片,嵌以卵石,形成锦纹图案。但是,镶嵌成鹤、鹿、狮子滚绣球之类的图案,就"画虎不成反类犬"了。

冰裂地,青石板拼合成冰裂纹图样,适合于山上的平地、水边的坡地、楼舍的台面、亭边的空地。可仿照花窗的冰裂纹款式,灵活变化不拘一格。用破方砖拼缝磨平的方法铺砌更佳。

石径厚苍苔

推想起来,计成应该是个"高冷"的人,大到全园石山,小到地面用料,都追求"宛若自然"。他明确摒弃繁复陈杂,反对用鹅卵石拼出动物图案,认为这种方式不仅费工费料,还充斥着人工痕迹。

不过,行走苏州园林,地面拼花中最常见的一类是纹样图案:直线有菱花、定胜、六角景、套方、书条、绦环、冰裂等;弧线常见的是鱼鳞、钱纹、海棠、球纹、秋叶、葵花、如意、波纹等;还有寿字、万字等抽象化的文字图案。第二大类是各种拼接图样:有狮虎、龙凤、仙鹤、喜鹊、蝙蝠等鸟兽,有松柏、牡丹、荷花、梅兰竹菊等花卉,还有花瓶、文玩、聚宝盆等图案。大多数游赏者,会惊讶于各种花纹的精美别致。这样看来，我们都还是"俗人"啊。

②

> 曲砌虚庭，玉影半分秋月；
>
> 联诗换酒，夜深醉踏长虹。
>
> ——〔清〕顾文彬集宋词题怡园玉虹亭联

怡园主人顾文彬是楹联圣手，描写了一个喝酒"喝断片"了的生活片断——曲砌虚庭秋月朦胧，我用联用诗换来美酒，这通海喝啊……夜深了醉意也来了，踏过园中小径，仿佛是脚踏长虹。

其实，在园林具体场景中，小径、蹬道、地面等铺砌形式各有不同。例如，园中道路、踏步、山坡蹬道，一般用整齐的条石侧砖铺设，显得中规中矩；或者用湖石、石板、卵石配合，组成丰富的纹理。在园林建筑的内部，一般以方砖平铺为主；走廊和庭院的地面，多以磨砖竖着铺砌，构成人字、席纹、间方、斗纹等朴素精雅的几何图形。

苏州产的砖瓦久负盛名，特点可以归纳为四句话——颗粒细腻，质地密实，敲之有声，断之无孔。明永乐年间，苏州古城北边的陆墓（今陆慕），就开始为皇宫烧制御用金砖。明清两代均由苏州府知府督造，每方砖上都压有尺寸、年份和督造知府的姓名，可以算作古代的可追溯二维码。

不过要特别说明的是，这金砖中半点金子成分都没有，只是因为专供京城，被称为"京砖"，后来传着传着，就干脆叫"御窑金砖"了，听起来就"高大上"啊。据说在明代，从取土练泥，制坯阴干，装窑烧窑，直到窨水出窑，几大步骤的制作工序达到 29 道。光是烧窑，就得先用麦柴文火熏烤一个月，再用片柴烧一个月，松柴烧 40 天，共 130 日方能出窑。御窑至今还没断火，现在一般是以砻糠作为燃料，每炉窑连续烧 30 天。一炉烧好，就把窑门封起来，浇水闷窑，使砖成为青色，再用几天时间自然冷却，最后出窑。

御用的两百斤大砖都能做，铺地用的普通青砖，自然不在话下。在园林里，厅堂地面的施工方法，是在土基上加夯铺砂，满铺方砖后用油灰嵌缝，再经打磨而成。由于苏州本地产的方砖质地细密，铺出来的地面自然平整美观。

> 东园载酒西园醉；
> 南陌寻花北陌归。
>
> ——〔清〕沈秉成集宋诗题耦园载酒堂联

跟着沈秉成在耦园里面，东园西园、南陌北陌地溜达，总体印象是：耦园地方不算小，其园林布局和建筑风格都比较朴素平实，处处充溢着老沈与夫人偕"居"、偕"隐"的情感。在这类居家园林中，废瓦残砖也是铺地的好材料。

《园冶》中写道："废瓦片也有行时，当湖石削铺，波纹汹涌；破方砖可留大用，绕梅花磨，冰裂纷纭。"——废弃的瓦片也能派上用场，环绕湖石竖铺，仿佛是波涛汹涌、巨峰出水；破碎的方砖也不要扔掉，绕梅花拼合镶砌，成冰裂图纹，好像是花树从冰块中生长绽放。

行文至此，想到王澍在威尼斯双年展中的作品——《瓦园》。他用6.4万片瓦，修建了约800平方米的倾斜"水面"，参观者可以通过曲折的竹桥登临其上，可以近观瓦片做的水面，也可以远眺威尼斯城市。这作品的根，其实也在古典园林中啊。

近年来，国内城市都追求大型前卫建筑，但王澍设计中国美术学院象山新校区、宁波美术馆等建筑，却回归中国传统，这也许是他能斩获普利兹克建筑奖的最根本原因吧。如今的建筑业界，需要更多以本土营造为根源的"中国好声音"啊。

无论是废物利用的瓦片，还是购买崭新的石材，铺地在计成眼中，早就不仅仅是个技术活了："路径寻常，阶除脱俗，莲生袜底，步出个中来；翠拾林深，春从何处是。"——铺条小路虽然是平常之工，但应使庭院地面脱离尘俗之气，要铺得足下宛如莲花开，好似有美人花丛中来；通过小径，到林间深处拾得一片翠羽，感觉庭园处处春意盎然。

苏州园林万千变化的地面上，处处留着岁月印痕的苍苔点点，不时飘落标明节气的庭花片片。行走其上，虽没有莲生袜底，至少也是平添了一份浓浓的诗情画意。

第二节　园林建筑

一、穿墙透壁·建筑结构

1

窗间梅熟落蒂,墙下笋成出林。

连雨不知春去,一晴方觉夏深。

——〔宋〕范成大《喜晴》

窗间梅落蒂,墙下笋成林,与皇家园林相比,私家园林占地都不大,又要兼顾居住功能,因此建筑密度普遍较高。中小型园林的建筑密度达到三成以上。园林中的建筑,除了具备各自的实用功能外,与假山、池水、地面一起,成为园林景观的有机组成部分。

在黑格尔(Hegel)的建筑美学体系中,美是理念的感性呈现,而建筑是人类最早的艺术形式之一。在汉宝德看来,现代建筑应该追求形式、功能、结构完全契合所得到的美感;做不到的话,至少要符合功能主义或是结构主义两者之一(《如何欣赏建筑》)。

苏州园林建筑美学,来自于三个群体的视角:以计成为代表的园林设计群体,以香山帮匠人为代表的建设群体,以及园主、诗人、画家等园林欣赏群体。三个群体,三重审美体验,不断磨合反复层叠,使得苏州园林的建筑审美逐渐明晰,并最终在明代定型。行走在园林中,不难发现,各类建筑在形式、功能与结构上,基本达到了和谐统一。

园林建筑与宫廷、宗庙、府宅建筑不同,它们高低错落、轻巧玲珑,嵌合在宛若自然的山水环境之中。对于身处室内的游赏者,亭台楼榭是欣赏山云水月的观景原点;同时,对于在园中流连的人来说,建筑物本身也是一道亮丽的风景。

> 醉日小红楼，珠络藏香，一片秋香世界；
>
> 疏云紫碧岫，薛阶听雨，几层凉雨阑干。
>
> ——〔清〕顾文彬集宋词题恰园楹联

　　小红楼珠络藏香，紫碧岫薛阶听雨。让我们走近一步，穿墙透壁地细细考察一下园林建筑。首先，约略讨论一下建筑的结构。

　　中国古代的木构建筑，与欧洲早期建筑有着明显的不同。木结构建筑的防火性和耐久度是其软肋，如今古罗马、古希腊的雄伟遗址仍然屹立，而秦汉宫殿早已经湮灭无踪，只能在诗中追寻了。难怪林徽因、梁思成这一对建筑界的神仙眷侣当初发现唐代木构建筑——五台山佛光寺时，可谓举国轰动。

木构的空间可能性

　　但是从形态方面看，以梁柱承重的木结构建筑，比石砌建筑显得更加轻灵优雅。因为苏州园林的建筑大都采用抬梁式木构架，建筑屋顶的重量由椽子、檩、脊瓜柱、梁、柱一直传导到地面基础部分。在这种结构中，建筑的墙体就被完全解放出来。

　　行走苏州园林，不难发现：亭廊楼阁中，可以全墙，可以半墙，甚至可以完全无墙，给了园林建筑者极大的想象空间和发挥余地。通过门窗墙体的灵活配置，整体建筑显得轻盈非常。从庭院中看，建筑物与周边的山水树木相互呼应，或掩映含蓄，或透景借景；同时，从建筑内部看庭院中的景致，又可以取得更为开阔通透的视野。

　　莱特（Frank Lloyd Wright）提倡有机建筑，他将建筑比作是一棵大树，从自然土地中生长出来。实际上，梁柱结构的确具有参天大树的意韵：先在石础上立柱子，柱上架梁，梁上再叠上瓜柱和梁，直至最上层的脊瓜柱，上面用檩和椽作为连接点支撑屋面……这样的一个单元，像极了一棵拔地而起的大树；两个单元并列，就好似两棵大树，共同撑起了一个最基本的木构架。

如果我们继续"种树",把两个平行的木构架用枋连接起来,四根屋柱就如同四棵大树,向下一起踏实大地,向上一起支撑屋顶。四柱内部的空间,就形成了木构建筑最基本的体量单元——"间"。江南民居的一开间,通常面宽一丈,也就是3.3米。

从高度看,檐高一般为明间(中间一间)面阔的十分之八。在多开间的房屋中,次间面阔一般等于檐高,也就是面宽为明间的十分之八。这就是园林古建中最基本的模数关系,细节就不一一展开了。

木建筑营建方面,古代有一定的规范标准,例如宋代的《营造法式》、清代的《清工程做法则例》等,一方面规范了各类建筑的标准,另一方面也是等级森严的一种直观体现。根据主人身份等级不同,间阔和间深各有不同,不能越级建房。例如太和殿面宽达到十一开间,间阔和间深的规制都是最大的。苏州园林的建筑,大都不过是三间、五间的序列。

不过,在古城的尺度内,园林面积占地都不算大。以较小的建筑形态,通过空间序列的灵动变化,反倒能取得更为丰富的美学感受。

> 如跂斯翼,如矢斯棘,
> 如鸟斯革,如翚斯飞。
>
> ——《诗经·小雅·斯干》

《诗经》中的这一段,描写的正是屋宇之美:房屋端正如君子站立,檐角伸展如箭镞锋利,仿佛大鸟展翼,好似锦鸡飞腾……

苏州园林中,在建筑木构架最上方的椽子上,一般会铺上一层薄砖。苏州话把这层砖叫作"望砖",再上面就是黛瓦覆盖的屋顶了。望砖的作用,一方面是阻挡瓦楞中漏下的雨水,防止透风落尘;另一方面,从室内向上看,顶面显得更加洁净工整。

建筑内部的柱梁枋椽,大都油漆成栗壳色。最简单的油漆工艺,是先在木料上披一次面漆,加上稀猪血浆调色,最后上一铺广漆;考究些的,也有用面漆加上两铺广漆的做法。

吴地民居的屋顶,主要有硬山、歇山、攒尖三种式样:硬山顶屋面以中间

飞檐舞春风

横向正脊为界,分前后两面坡,左右两面山墙;歇山顶屋面是悬山顶与庑殿顶的组合,形成四坡九脊的造型;而攒尖顶是圆形和正多边形建筑的屋顶造型,除圆形攒尖顶无脊外,屋脊自屋面和各角中心屋顶汇聚,而且脊间坡面略呈弧形。

江南气候温暖,积雪日子不多,因此各式屋顶的屋檐与屋角起翘可以更高。其中尤其以攒尖顶翘得最为飘逸,被人们称之为"飞檐"。这种形状既利于屋面排水,又具有轻盈欲飞的美感。

翘起的屋角弯转如同半月,名曰"发戗"。曲线优美的发戗分为两种:一种叫水戗发戗,另一种叫嫩戗发戗。简单理解,就是后者结构更复杂些,两端屋檐升起更高。如果能在区分硬山、歇山、攒尖几种屋顶之外,还能稍稍点评屋角的反翘样式,就可以冒充一下古建专家了。

二、厅堂楼阁·居所配置

> 五架三间新草堂,石阶桂柱竹编墙。
>
> 南檐纳日冬天暖,北户迎风夏月凉。
>
> ——〔唐〕白居易《香炉峰下新卜山居》

老白新盖的山居草堂,用的是五架三间的格式,大小与苏州园林中的厅堂相仿。园林建筑,在满足功能要求之外,还与周围景色协调统一,形成内、外、动、静的观赏组合。为了适应这种变化要求,园林建筑本身的形式较多,常见的有厅、堂、楼、阁、轩、馆、榭、舫、亭、廊等等。

堂,按《说文解字》的方式解读,上"尚"下"土"。"尚"是指高级的,"土"是坛、是宫殿,表示高雅的殿室。《园冶》中也解说道:"堂就是处于院落轴线中央向阳的房屋,取其'堂堂高显'之意。"

笼统地看,厅和堂实际上是一回事:作为园林中的主要建筑形式,是园主们进行各种社交活动的场所,例如会客、宴请、祭祀、赏景等等。厅堂的空间高大宏敞,室内装饰考究,家具陈设典雅,前后院落多置花木山池。不过按构造分,梁架用圆料的叫作圆堂,梁架为长方形木料的叫作扁作厅。园林中,厅堂的种类很多,例如大厅、四面厅、花厅、荷花厅、花篮厅、鸳鸯厅。

大厅,园林中的主要建筑,面阔一般为三间或五间,两侧为山墙,厅堂后面开窗透景;面向庭院的一般用长窗,既有利于采光通风,又可在室内欣赏庭院中的风景。

四面厅,多建于疏朗开阔的地点,以柱、门和长窗区隔室内外空间,周围再绕以檐廊。既可以在厅内端坐,静观厅外四周景致;又能够沿着回廊,进行或走或停的动赏。例如拙政园远香堂,就是四面厅的佳作。

花厅,比较靠近住宅,兼具生活与会客之用。一般自成院落,点缀石峰小景,环境整体上要求安静。例如拙政园的玉兰堂、留园的还我读书处。

荷花厅,临水建筑,常常建有宽敞的亲水平台,如怡园的藕香榭。

花篮厅,步柱悬空,柱的下端雕刻成花篮形,这样一来既扩大了室内空间,又增添了装饰性,如狮子林的花篮厅。

鸳鸯厅,脊柱间屏风、罩、纱槅等把厅堂分为前后对称的两个部分,脊柱前后梁架分别为扁作和圆料。厅堂的南面宜冬,北面宜夏。以拙政园的鸳鸯厅为例,南厅面对向阳的小庭院,暖意融融,院内种植名种山茶,题名为"十八曼陀罗花馆",适合冬春两季居住;北厅面对着一池荷花,芙蕖飘香,鸳鸯戏水,凉风习习,题名为"三十六鸳鸯馆",适合夏秋两季活动。而留园的林泉耆硕之馆,则是以功能区分。北厅供男主人会客,南厅是女主人会友的地方。中国民俗中常把配对的事物用"鸳鸯"称之,一厅分鸳鸯两厅,功能不同,时节迥异,构成了一个奇妙的复合空间。

> 柳老香丝宛,荷新钿扇圆。
>
> 残春深树里,斜日小楼前。
>
> ——〔唐〕白居易《池边》

楼,《说文》中定义为"房屋之上再筑房屋";《尔雅》中指"高台之上狭曲而修长的房屋"。《园冶》中谈及楼的建筑结构形式,就"如同在堂之上再加高一层"。

园林院落中,楼阁多设于最后一进或是左右两厢。受技术水平和工程造价等因素影响,苏州园林中的楼阁一般为两层,鲜有像黄鹤楼、滕王阁这样宏大高耸的楼阁。虽说是少了份"落霞与孤鹜齐飞,秋水共长天一色"(王勃《滕王阁序》)的壮美,但是多了一分"凉风作意侵团扇,斜日多情近小楼"(文徵明《新秋》)的情调。

园林之中,楼的面阔一般也是三间或五间,屋顶为歇山式或硬山式。从室内的楼梯,或是室外的假山上至二楼。二楼可用作卧室或是书房,更重要的是可以凭窗观景。从园林理论角度,楼与院落中的亭台之间,能够形成所谓"对景";通俗点儿说,就是你站在楼上看我,我站在亭中望你,互为景观。在山池花木之间,楼显得更加富于变化,例如拙政园倒影楼,便是临池建楼,水映重檐,更显风姿。

阁,就严格意义而言,应该是下部架空,底层高悬的房屋,源自古代的干阑式建筑。在吴地,按《园冶》的定义,阁就是有四坡屋顶,并在四面墙上开设窗户的建筑物。也就是说,在苏州园林中,两层的楼与阁区别并不大,只是阁的屋顶一般为歇山式或攒尖顶,整体显得更为轻盈。而在山上或是水边,阁也可作单层。

入我室皆端人正士;
升此堂多古画奇书。
——〔清〕翁同龢题铁琴铜剑楼联

楼阁中,吴地众多藏书楼值得一书,例如铁琴铜剑楼、过云楼等。宋代以后,随着造纸术的普及,印本书的推广,藏书从皇家走向民间。既然是文人园林,书斋中收藏些古籍善本,显出主人品位高雅;更有兴趣与财力的,就干脆专门建个藏书楼,堆满古画奇书。

然而古时藏书并不容易,兵、虫、水、火四大祸患,哪一样都得防。虫是书

蠹,俗称书蛀虫。火患凶猛,叶
梦得是宋代苏州著名的藏书
家,可惜一次失火,家中藏书楼
与全部藏书全都化为灰烬。江
南多雨,一年一度的梅雨季,让
底楼返潮,连衣物家具都潮湿
发霉,更不用说书籍字画了。
这时,楼阁的好处就显现出来
了,二楼如果南北开窗,保持空
气流通,可以有效地透风防霉。

耦园藏书楼:鲽砚庐

所以吴地的藏书楼,大都将二楼用作藏珍,一楼供人阅读。

　　防虫防火防水,还能倚仗各种技术手段和防范措施,但是在战乱动荡的冲击下,藏书更为艰辛。例如,常熟的铁琴铜剑楼,在乾隆年间由瞿绍基所建,在太平天国战乱期间,瞿氏家族将藏书整体迁移了七次之多。

　　苏州最知名的藏书楼——过云楼,是清代怡园主人顾文彬所建,其后人几代相传,收藏的书画、古董、古籍善本雄冠江南。1937年,顾家人将最精品的书画转移至上海租界的银行保险库,放不下带不动的只能埋入地窖。苏州沦陷后,顾氏家族的几处住所被日寇反复搜查劫掠。不幸中的万幸,地窖未被发现。不过当年仓促建造的地窖,最终抵挡不住经年潮湿。苏州光复后顾家打开地窖,很多书画已经霉变损坏。可惜、可恨啊。

三、亭廊榭舫·园林巧思

1

> 拥素云黄鹤,高树晚蝉,下瞰苍崖立;
>
> 看槛曲萦红,檐牙飞翠,惟有玉阑知。
>
> ——〔清〕顾文彬集词题怡园螺髻亭联

　　园林之中,还有轩、馆、斋等。其实,从建筑结构角度分析,它们与厅堂差别不大。常常被用来作为赏景的小建筑,或是点缀在僻静之处,承担书房、教学、禅思等功能。至于亭、廊、榭、舫等建筑，在苏州园林的建筑序列之中，更是可以信手拈来、灵活配置的素材。如果说园林建筑是一出大戏，配角的风采一点儿也不会输给主角。就像是《白蛇传》中的一主一从、一姐一妹，少了这小青，戏文就会寡淡不少。

展翅击长空

亭，结构简单，建筑表达却是丰富非常。从功能角度说，它是建筑物的一种，可以在其中吟诗、抚琴、对弈；在游赏动线中，也可以作为一个停留、休憩、赏景的节点。园主和园林设计者对于亭的钟情，主要因为它的灵活性：

首先，亭子的建筑形式比较灵活，大小没有定规。苏州园林中最小的亭子应该是怡园的螺髻亭，这座六角攒尖顶的小亭，每边宽仅1米多，檐高也只有2米左右。其次，亭子的形式多种多样，从横截面上看，有半亭、圆亭、方亭、长方亭、六角亭、八角亭、梅花亭、扇形亭、双亭等等。第三，亭子在园中的位置也较为随意，可以筑于平阔，可以隐于林中，可临于池侧，可居于山巅……

所以说，亭既是园林景观组合中一个铁定出现的常数；又是一个因地制宜、因景而异的变量。

更重要的是，亭本身也是园林建筑中的视觉焦点，有"江山无限景，都聚一亭中"的说法。苏州园林的亭，多数为单檐攒尖顶或是歇山式。攒尖顶从剖面看是以两侧翘起的檐角收拢向下，再以曲线形向上，最终汇成三角形尖顶。对于观赏者而言，会产生一种飘逸飞腾的心理暗示。如果是在假山上设亭阁，这种感觉就更加强烈。

从美学角度看，亭的形状具有飘逸的文人气质，与园林的内涵特质最为相符。宗白华曾分析："中国人爱在山水中设置空亭一所。所谓群山郁苍，群木荟蔚，空亭翼然，吐纳云气。一座空亭竟成为山川灵气动荡吐纳的交点和山川精神聚积的处所。"（《美学散步》）

> 浓烟隔帘香漏泄,斜灯映竹光参差。
> 绕廊倚柱堪惆怅,细雨轻寒花落时。
>
> ——〔唐〕韩偓《绕廊》

廊,按照《园冶》中的定义,就是庑延伸出一步的建筑物,以曲折幽长为胜。在书中,计成没忘记给自己的筑园工作室打个广告,他说:我设计建造的"之"字形曲廊,就像衣带一样曲折回旋,随地形而弯折,随山势而转曲;或盘旋山腰,或沿着水边,通花间,越沟壑,具有蜿蜒缠绕无尽延伸之感。可谓是虚虚实实、变幻无穷啊。

苏州园林中的廊有很多种,除了蜿蜒无尽的"曲廊",还有山际蟠延的"山廊",飘于清波的"桥廊",两廊并一墙的"复廊",等等。从实用功能角度看,廊是园林各个建筑之间的连结纽带,让园林中生活的人避免日晒雨淋,在其间穿梭游赏。从视觉角度分析,廊有三重功能:首先,廊是划分园林空

凌波小飞虹

间的重要手段,通过穿院、临水、沿墙、步山的各种廊,亦虚亦实地将园林的各个院落围合,进行空间上的二次分隔;其次,廊与各种建筑、假山池水、高低花木呼应配合,可以形成高低错落的视觉层次;第三,廊是游赏路线的导向指引,通过事先精心预设好的"照片集",形成步移景异、一步一景的美学感受。

就建筑结构而言,廊并不复杂,砖石辅地,两排柱列,加上一个屋顶即可,以玲珑轻巧为佳。但是在具体建造时,需要因地制宜、灵活处理,有的是沿墙走廊,有的是并行复廊,有的穿厅榭,有的含亭台。沧浪亭的复廊是公认的点睛之作,陈从周先生这样描写:"园周以复廊,廊间以花墙,两面可行。园外景色,自漏窗中投入,最逗游人。园内园外,似隔非隔,山崖水际,欲断还来。"

度影入银塘,漫销凝四壁骊珠,两堤鸥暝;

何时共渔艇,闲记省一蓑松雨,双桨莼波。

——〔清〕顾文彬集宋词题怡园画舫联

榭,最早是和"台"联系在一起的建筑形式。春秋时期,各国的宫室和宗庙建筑中,常在夯土台上建造敞厅,这种敞厅就叫"榭",主要用作设宴畅饮。台榭既能眺望远方、防潮防敌,又显得高大威猛,因此直到汉代这种建筑形式还非常流行。不过在苏州园林中,榭大多位于临水平台上,称为"水榭"。水榭是单体木构建筑,建筑四面都有长窗,柱间还有美人靠,便于坐赏水景。屋顶常用卷棚歇山式,整体建筑疏朗平和,与园林中平静的池水非常和谐。

逍遥不系舟

舫,也是一种临水的园林建筑形式。整体看,舫就像是一艘船,三面临水,以石材建筑的平台作为船体,船尾或船身一侧与陆地相连,方便游赏者进出。前舱正面开敞,显得气势轩昂;中舱略低,往往为披山顶,两旁配置和合窗;后舱为二层小楼,状若飞举。三个舱房内部贯通,从外部看,又有点像是一个轩、榭、楼的混合体。从功能角度分析,舫既可以临水观鱼赏荷,又可以登楼眺望园景,还能在舱中抚琴对弈、饮宴宾朋。因此,只要是水面足够宽广,园林中常常出现舫的身影。

舫的外形模仿舟楫,因此也被称为"不系舟"。庄子说起话来,总是那么洒脱飘逸:"巧者劳而智者忧,无能者无所求,饱食而遨游,泛若不系之舟,虚而遨游者也。"(《庄子·列御寇》)拥有个小园小池的园主,登舫如登舟,虽然不能真正随波而行,思绪心境早就随波荡起,追随着先哲,开始又一次的逍遥之游。

1

> 桃之夭夭,灼灼其华。之子于归,宜其室家。
>
> 桃之夭夭,有蕡其实。之子于归,宜其家室。
>
> 桃之夭夭,其叶蓁蓁。之子于归,宜其家人。
>
> ——〔先秦〕佚名《诗经·桃夭》

诗经中这一篇《桃夭》,写的是一位上古媒婆,正在向男方做着强有力的推荐——桃花绽蕊鲜艳如火,谁娶了她,一定会家庭和顺啊!桃花鲜艳桃子肥大,谁娶了她,一定会家庭美满啊!桃花鲜艳叶子浓密,谁娶了她,一定会家人幸福啊!从诗经的时代开始,人们就擅长以花起兴。在园林中,花木更是不可或缺的重要元素。

童寯说:园之布局,虽变幻无尽,而其最简单需要,实全含于"園"字之内。今将"園"字图解之:"囗"者围墙也。"土"者形似屋宇平面,可代表亭榭。"口"字居中为池。"衣"字在前似石似树。(《江南园林志》)园林中的"林"是指植物。可见,植物是园林中与建筑、池石同样重要的艺术构件。

西晋潘岳,就是著名的美男子潘安。据坊间传说,他长得实在太帅,每天开个板车去城里逛一圈,就会有一大堆女粉丝扔来瓜果鲜蔬,所谓"掷果盈车",天天满载而归,回家做蔬菜色拉。潘岳在《闲居赋》中,描写心中的田园:

> 筑室穿池,长杨映沼,芳枳树樆,游鳞瀺灂,菡萏敷披,竹木蓊蔼,灵果参差。张公大谷之梨,溧侯乌椑之柿,周文弱枝之枣,房陵朱仲之李,靡不毕植。三桃表樱胡之别,二柰耀丹白之色,石榴蒲陶之珍,磊落蔓延乎其侧。梅杏郁棣之属,繁荣藻丽之饰,华实照烂,言所不能极也。菜则葱韭蒜芋,青笋紫姜,堇荠甘旨,蓼蕹芬芳,襄荷依阴,时藿向阳,绿葵含露,白薤负霜。
>
> ——修筑房屋,挖掘池塘,杨柳辉映池水,枳树编成篱笆,游鱼出没,荷花

开放,竹木郁茂,珍果参差。张圣公的大谷梨,溧侯的乌椑柿,周文王的弱枝枣,房陵县的朱仲李,全部都种下去。樱桃、冬桃、山桃成熟的时节不同,白柰赤柰显现出鲜艳颜色,石榴蒲陶的果实长在旁边。梅、杏、李、棣,生长茂盛,花果繁华,无法用言语形容。种的蔬菜有葱、韭、蒜、芋、青笋、紫姜,堇荠甘甜,蓼荽清香,襄荷喜欢阴凉,时藿向着太阳,绿葵沾着露水,白薤带着秋霜。

潘岳描绘的,是中原地区的田园生活,园林中植物品种丰富,实用与观赏兼得。《闲居赋》有句"孝乎惟孝,友于兄弟,此亦拙者之为政也",后来王献臣就是根据这句话,把自家园林取名"拙政"。在烟雨江南,可供园林选择的植物品种就更多了。吴地有大量温带常见的植物品种,培育观赏性花卉的历史也很长,为园林提供了丰富的素材。

红绿间晴空

面积稍大的苏州园林,植物品种都在百种以上。其中,常见的花卉品种有山茶、桂花、玉兰、牡丹、月季、杜鹃、栀子花、金丝桃、六月雪、含笑、梅花、芍药、蜡梅、桃花、海棠、紫薇、丁香、迎春、木槿、木芙蓉、绣球、棣棠等等。

园林中,各种花草树木配植适当,与山池建筑互相呼应,在四季的交替中,让园林生活更增添了一份意趣。就像《园冶》中所说:"风生寒峭,溪湾柳间栽桃;月隐清微,屋绕梅余种竹。似多幽趣,更入深情。两三间曲尽春藏,一二处堪为暑避。"相对于色彩素雅的园林建筑,四季花和观赏果更为缤纷艳丽,因而成为园林视觉中的点睛之笔。

行走苏州园林,满目的繁花芳草,古木修竹,藤萝碧荷,处处都显得生机蓬勃。

细雨茸茸湿楝花,南风树树熟枇杷。
徐行不记山深浅,一路莺啼送到家。
——〔明〕杨基《天平山中》

天平山、大阳山、穹窿山、上方山、缥缈峰、花山、虞山等,如今仍是原生植物的基因宝库。素材愈是充分,设计者就愈加游刃有余。在苏州园林里,配植的原则十分明确,要求四时景色不同,令人百游不厌。园林设计师和花匠们,从西部丘陵搬来各种花卉果树,利用植物季相组合搭配,力求做到小小庭园之内,一年四季都有繁花胜果可赏。

北宋《西清诗话》中有则欧阳修的故事。欧阳修在滁州做官时,在琅琊山造了醒心、醉翁两个亭子,并嘱咐手下园丁老谢,在林间亭边广种花卉。老谢书面请示他:您能否具体指示种哪些品种?欧阳修的批示是这样的:浅深红白宜相间,先后仍须次第栽,我欲四时携酒去,莫教一日无花开。(《谢判官幽谷种花》)这个批示体现高超的领导艺术,文字简练隽永,要求乍一看并不高,但真的执行起来,属下一定全部累得趴倒。

春到苏城,园林中有玉兰、桃花、牡丹;夏天有紫薇、石榴、荷花;秋天有桂花、菊花;冬天有山茶、腊梅等等。吴地盛产水果,枇杷、杨梅、金橘、橘子、黄桃、石榴、板栗、银杏、柿子等果树,也可以选上几种,移入园中观赏。观果植物中,最常见的有枇杷、石榴和南天竹:枇杷成熟时,挂满枝头的都是黄澄澄的"金果",非常讨喜;石榴不仅是赏花赏果,还有多子多福的民间寓意;南天竹亦称天竹,冬季结小红果,常常与一石一竹配对,构成景观小品,点缀园林一角。

下面,我们例举两个园林常见的花木品种——梅与桂。

> 桥转攒虹饮,波通斗鹢浮。
>
> 竹扉梅圃静,水巷橘园幽。
>
> ——〔唐〕李绅《过吴门二十四韵》

梅,自古以来就被赋予了太多含意,梅、兰、竹、菊"四君子",松、竹、梅"三友",等等。对于梅的比喻,实际上都是作者托物言志,向我们表达三个层次的寓意:

一是凌寒不屈的顽强。梅花香自苦寒,古今诗人常常梅雪同吟。宋代卢梅坡有诗句"梅须逊雪三分白,雪却输梅一段香"(《雪梅》),雪中梅花,傲骨清峻,高雅芬芳。

二是引领众芳的勇气。梅花在严寒中率先开放,引出百花烂漫。北宋杨忆在一首词的上阕中写道："江南节物，水昏云淡，飞雪满前村。千寻翠岭，一枝芳艳，迢递寄归人。"（《少年游》）诗人在江南踏雪寻梅，从一枝梅花中寻到了春的讯息。

三是清冷淡雅的品格。士大夫们的逻辑是，梅花在寒冬孤芳自赏，必然有高洁脱俗的风骨、不同流合污的心志。元代王冕的《墨梅》："吾家洗砚池头树，朵朵花开淡墨痕。不要人夸颜色好，只留清气满乾坤。"就是借助梅花，说出不愿同流合污的心里话，言浅意深。

《墨梅》清意满

因为梅花的多重寓意，行走苏州园林，几乎处处有梅。例如沧浪亭的闻妙香室，拙政园的雪香云蔚亭，狮子林的问梅阁，虎丘的冷香阁，等等，取名都是来自梅花。不过，受园林面积所限，梅花一般不作丛植。园林的石间池畔，轩外竹前，点缀上一两株梅花，立刻有了绝佳意境——"众芳摇落独暄妍，占尽风情向小园。疏影横斜水清浅，暗香浮动月黄昏。"（〔宋〕林逋《山园小梅》）

苏州郊外，自古就有邓尉"香雪海"胜景。梅花盛开时漫山遍野，花光映照，暗香浮动，仿佛身临香国仙境。梅海的主要品种是千叶重瓣白梅，也有红梅、绿梅、紫梅、墨梅等品种。元末明初徐达祖称赞邓尉的"十里梅花"，明代多称"香雪三十里"，后来甚至达到过绵延五六十里的规模，梅花随着山坡起伏，宛若一片花的海洋。每年惊蛰后的一个月，"光福探梅"成了吴地文人墨客的必备郊游路线。康熙两次、乾隆六次邓尉赏梅，更是让这里成为首屈一指的赏梅胜地。

④

藓干石斜妨，翠叶招凉，金络一团香露；
锦温花共醉，红莲并蒂，镜开千瓣春霞。
——〔清〕顾文彬集宋词题怡园金粟亭联

桂花，色黄似金，花小如粟，被称为"金粟"。桂树，木质细密，纹理如犀，也被称为木樨树。桂树一年四季常青，枝繁叶茂；桂花不畏秋霜，香气四溢，成为苏州古城庭院街坊中栽植造景的主要花木之一。

汉晋以后，中国神话体系开始将桂花与月亮联系在一起。唐代《酉阳杂俎》中描写月中的神桂："高五百丈，下有一人常斫斫之，树创随合。其人姓吴名刚，西河人，学仙有过，谪令伐树。"想想这位吴刚老兄，就觉得"作孽"（吴语：可怜）。在3800万平方公里的土地上，就他和貌美如花的神仙姐姐两个人，外加玉兔蟾蜍两种宠物。本来有大把时间在月宫里谈情，在桂花下说爱，但被玉皇大帝罚着砍树，永远也砍不断，又永远不能停下。

这种人生的悲催程度，与希腊神山上的西西弗斯属于一个量级。西西弗斯触怒了诸神，被罚到人间，每天要推一块巨石到山顶，而这巨石晚上会自动滚落，第二天再从头推过。东西方神界大佬们的思路出奇地一致，重点不在身体的苦痛上，而是要用明示的失败来反复虐心。故事的结局，西西弗斯最终被召回了天庭。至于吴刚，"阿波罗11"和"玉兔号"都没见到，估计也是惩戒期满，带上美女宠物回到西河，建个小园林隐居起来了。

桂花，具有两个方面的亲和力，特别受到吴地人的宠爱：

一是从民间习俗角度看，古代老百姓都讲究讨口彩。在特定场合说句吉利话，或是在给事物取名时，表达出吉祥美好的愿望。例如，年夜饭称为"团圆饭"，生日那天吃的面条叫"长寿面"，鲤鱼代表"年年有余"，等等。从学术角度看，应该能够算作正向的心理暗示。

在园林宅院里，莳花植木也讲究吉利的说辞：种一棵金桂，是"金风送香"；种一棵金桂和一棵银桂，是"双桂留芳"、"金银呈样"；一棵玉兰搭配一棵金桂，来个"金玉满堂"；院子大的土豪们，可以玉兰、海棠、牡丹、桂花四种传统花木一齐上，取"玉、堂、富、贵"之谐音，成为口彩的四次方。

更加重要的是，科举考试中的"秋闱"，在桂花盛开时举行。秋闱中举的榜文被称为"桂榜"，因此"蟾宫折桂"就成了考中进士、金榜题名的代名词，也引申为仕途得志、飞黄腾达。这么多吉祥口彩，逼得整天标榜淡泊名利的园主都不能不在园林里种上几棵了。

二是从古代吃货们的视角看，桂花是吴地食文化的最好辅材。到了桂花盛开的时候，桂树的绿叶之间，挤满了点点黄花，空气中弥漫着醉人香味。收集飘落一地的桂花后，放清水里漂洗一下，加白糖蒸熟，或是拌入蜂蜜。这样一来，花香便被白糖和蜂蜜封存，可以在一年四季随时享用了：桂花糖年糕、桂花糯米藕、桂花酒酿圆子、桂花冬酿酒、桂花糖芋艿、桂花糖粥……这甜糯的香气远远地一闻，便是地地道道的苏州味道。

如今，在太湖边的窑上村，还保留着老桂2千亩，10万余株；城中大型市民公园——桂花公园，种植的桂花有50多种；走在苏州的街头巷尾，桂花的香气也会一下子从哪个街角跳出来，把你包围。

当然，赏桂最好还是要行走园林。举例来说，留园的闻木樨香轩四面开敞，一池清水皱碧铺锦，四周桂花叶绿千层。金秋时节，桂花盛开，香气沁入肺腑。轩中有副对联："奇石尽含千古秀；桂花香动万山秋。"一个"动"字，将花黄万点、香气弥漫的景象写绝了。在沧浪亭的清香馆，则是用庭院围合的方法，让桂花香气聚留不散。网师园的小山丛桂轩，耦园的樨廊，怡园的金粟亭，都是赏桂佳处。

初来苏州的人可能不理解，苏州的市花为何会选取花形简单、花体纤小、色彩偏淡的桂花？其实，就像李清照写的："暗淡轻黄体性柔，情疏迹远只香留。何须浅碧深红色，自是花中第一流。"（《鹧鸪天·桂花》）——淡黄色的桂花，并不鲜艳，但体态轻盈；于幽静之处，不惹人注意，只留给人香味；不需要具有名花的夺目色彩；桂花色淡香浓，才是花中的第一流。

内秀淡雅的桂花，与吴地的文化韵味，简直是完美契合啊！

二、修松茂竹·客舍青青柳色新

1

> 瞻彼淇奥，绿竹猗猗。
> 有匪君子，如切如磋，如琢如磨。
> 瑟兮僩兮，赫兮咺兮，有匪君子，终不可谖兮！
> ——〔先秦〕佚名《诗经·淇奥》

还记得上一段开篇《诗经·桃夭》里的媒婆吗？在男方家里，她把女孩子包装宣传成一朵盛开的桃花。就在我们赏梅品桂时，媒婆可是一点儿都没闲着，一路小跑到了女方家里，狠吹起淇水河边的男方来：

——看那淇水河湾边，有一片翠竹修长；有位翩翩君子啊，像象牙经过切磋,似美玉经过琢磨,仪容庄重兮,心胸宽广兮,威武雄壮兮,容光焕发兮;这样的翩翩君子啊,见一见吧,一见保证你终生难忘!

竹子与君子,竹林与园林总是联系在一起。苏州园林中的假山池水、各种建筑,与修松茂竹、绿柳红枫的组合:从视觉艺术角度看,有掩映、有对应、有倒影,形成园林起伏错落的轮廓线;从景观艺术角度看,有组合、有分景、有景深,形成层次分明的景观结构。

观赏树木品类很多,有瓜子黄杨、八角金盘、女贞、槭、枫香、垂柳、香樟、梧桐、槐、乌桕、罗汉松、白皮松、桧柏、柳杉、榆、榉、银杏……有的独立于天井,或婀娜飘逸,或亭亭玉立,自成一景;有的掺杂配合,以高低姿态形成变化;也有成片的山林,以乔木、灌木与草本搭配,层叠之间,光影之中,原本单一的绿色充满了深与浅、明与暗的韵律。

古木入青云

《园冶》中阐述:"新筑易乎开基,只可载杨移竹;旧园妙于翻造,自然古木繁花。"意思是建筑易成,古木难觅。金学智也认为古木是园林建构中最难具备的条件之一。亭榭可以建造,假山可以堆叠,一般的花木可以栽种或移植,历时均不需很久,但是,古木却非要千百年的时间不可(《中国园林美学》)。

园主们大都风雅,吟了一堆诗文,希望园林能在家族中世代流传。但是从本书第三章中不难发现,苏州园林都曾经数易其主,甚至屡建屡毁。这样一来,充分利用荒废园林中遗留的古树,成为一种常见的园林造景手法。后人重修园林,不仅不砍伐古树,反而视作珍品,与山池建筑巧妙设计组合,形成充满古意的画面。例如前文提到过的苏舜钦,正是看中城南荒园古木郁然,才决定花四万钱,买下建筑沧浪亭的。

园林树木种植的精髓,其实就是"自然"二字。但为了这简单的两字,要考虑的因素可是一个都少不了:姿态、搭配、季节……

首先，说说姿态。清代石涛总结："古人写树，或三株五株，九株十株，令其反正阴阳，各自面目，参差高下，生动有致。"（《苦瓜和尚画语录》）写意山水园林之中，树木的栽植也遵循画意，就像陈从周分析的："窗外花树一角，即折枝尺幅；山间古树三五，幽篁一丛，乃模拟枯木竹石图。植物品种并不重要，重要的是姿态能否入画。"（《说园》）

其次，说说搭配。园林中，为了体现都市山林的自然野趣，要分层次种植各类植物：以高大乔木和较矮树丛参差相配，构成林的主体；间植茂密的竹丛或是花木；下植灌木和草类，最后以池边石上的垂柳、迎春，池畔泥中的芦苇等相组合，掩映宽阔的水面。

最后，说说季节。阮仪三认为：在苏州园林中，树木除了重姿态也很讲究品种，讲究四时的景色，讲究有落叶和不落叶的树，很少用香樟、扁柏这些长绿树，这些树木树冠浓密，挡景遮荫，愈长愈大很难控制。冬日院子里需要满园阳光，用落叶树及稀疏的白皮松、古松等不会造成阴森的感觉（《苏州日报：莳花植木亦有情》）。

无论是远处眺望山林，还是进入林间漫步，处处都青翠欲滴，浓荫蔽日，宛若崇阜山林。如果庭院狭小，也能用湖石或黄石叠成花台，配植树木花草，辅以石峰石笋，搞个浓缩版的自然山林。拙政园中有绿绮亭、浮翠阁，留园有涵碧山房、绿荫轩等，都是静心观赏青翠葱茏的佳处。

除了层层叠叠的绿意之外，随着季节的变化，有的树木也在变幻着色彩。秋风送爽时，金黄的银杏和火红的枫树，为咫尺山林添上了又一抹亮丽的色彩。

松柏有本性；

金石见盟心。

——〔清〕康有为题拙政园得真亭联

得真亭位于拙政园中部，旁边植有几棵黑松。"得真"二字来源于《荀子》中的一段话："桃李倩粲于一时，时至而后杀，至于松柏，经隆冬而不凋，蒙霜雪而不变，可谓得其真矣。"不远处有个方形水阁"听松风处"，那是在向"山中宰相"陶弘景致敬,因为老陶"特爱松风,庭院皆植松,每闻其响,欣然为乐"(《南史》)。听松风处与得真亭主题类似,相互应和。

松柏,自古被赋予顽强不屈的寓意。《论语·子罕》中说:"岁寒,然后知松柏后凋也。"说的是直到每年中最寒冷的季节,才知道松柏是最后落叶的。从刘禹锡的"后来富贵已凋落,岁寒松柏犹依然"(《将赴汝州》),到陈老总的"大雪压青松,青松挺且直。要知松高洁,待到雪化时"(《青松》),诗人们常常赞美松柏孤直耐寒的品格。

看松读画轩

古人对于树木的审美,除了花叶色彩之外,树形也相当重要。松柏常绿,姿态古拙,线条苍劲,因此成为园林中的必选植物之一。在这里,松柏不用成片成林,只要以一两棵点缀,让人欣赏其孤树独秀之美。

网师园的看松读画轩、古五松园,怡园的松籁阁,留园的古木交柯,狮子林的揖峰指柏轩,天平山庄的岁寒堂,都是以松柏为主景。据说,看松读画轩南面的柏树已有千年历史,堪称苏州园林中的古木之首。

云根新径络山腰,暗绿交阴宿露飘。
行到竹深啼鸟闹,鹈鸠老怨画眉娇。

——〔宋〕范成大《山径》

不知道石湖居士行走在姑苏城西的哪座山头上,山径竹深,鸟儿啼闹。玲珑翠竹,虽然是草本,但高大挺拔,遭霜雪而不凋,历四时而常茂。竹子有节空心,唐代张九龄赞美道:"高节人相重,虚心世所知。"(《和黄门卢侍御咏竹》)

作为东坡肉的发明专利持有人,苏轼苏东坡写竹的切入点与肉相关,一点儿也不奇怪。他的咏竹名句"宁可食无肉,不可居无竹。无肉令人瘦,无竹使人俗。人瘦尚可肥,士俗不可医"(《於潜僧绿筠轩》),将竹子作为名士风度的标贴。

清代郑燮郑板桥一生咏竹画竹，"咬定青山不放松,立根原在破岩中。千磨万击还坚劲,任尔东西南北风"(《竹石》),赞美了翠竹坚定顽强、不屈不挠的风骨,不畏逆境、蒸蒸日上的禀性。当然,老郑让人喜欢的,是那份"扫来竹叶烹茶叶,劈碎松根煮菜根"的潇洒劲道。

白居易在《养竹记》中,更是从头到脚,对竹进行了集中的、强力的、猛烈的表扬:

> 竹似贤,何哉?竹本固,固以树德;君子见其本,则思善建不拔者。竹性直,直以立身;君子见其性,则思中立不倚者。竹心空,空似体道;君子见其心,则思应用虚者。竹节贞,贞以立志;君子见其节,则思砥砺名行,夷险一致者。夫如是,故君子人多树为庭实焉。

——竹子像贤人,这是为什么呢?竹根稳固,稳固可树德,君子看见竹根,就会联想到意志坚定的人。竹竿正直,正直可立身,君子看见竹竿,就会联想到处事正直的人。竹芯中空,心空可悟道,君子看见竹芯,就会联想到虚心求道的人。竹节坚贞,坚贞可立志,君子看见竹节,就会联想到砥砺名节、无论危险还是平安都始终如一的人。正因为如此,君子都喜欢在庭院中种竹。

绿意静深院

有这么多著名文人领衔,后世一众园主们自然会跟风,一拥而上。既然个个自比君子,庭院中哪少得了竹子的身影。常见的有象竹、斑竹、紫竹、箬竹、石竹、慈孝竹、观音竹、寿星竹、方竹、金镶碧玉竹等等。紫竹竿叶纤细,天井中点上三两枝配合石峰;象竹竿大且直,敞院中种上十几竿随风摇曳;箬竹叶阔成丛,土坡上种上一大片平添野趣。以竹为名的有沧浪亭的翠玲珑,狮子林的修竹阁,拙政园的梧竹幽居,等等。

人们归纳竹有"四美":如同碧玉、青翠如洗的色泽之美;竿劲枝疏、摇曳婆娑的姿态之美;摇风弄雨、滴沥空庭的音韵之美;翠影离离、倩影映窗的意境之美。在园林中,从满铺的竹林幽深,到点缀的一枝两枝,都成了最佳的景致。

1

> 野有蔓草,零露溥兮。
>
> 有美一人,清扬婉兮。
>
> 邂逅相遇,适我愿兮。
>
> ——《诗经·野有蔓草》

　　媒婆不用鼠标 PS,而是用三寸不烂之舌,给双方一键美图,什么磨皮、美肌、亮眼、切 V 字脸……都不在话下。在双方家里描述得那么好,两位适龄青年好歹得给点面子,就去郊游,见上一面吧。哪知道还真的就一见钟情,成功牵手了——野外草茂盛,缀满露晶莹。一位美人儿,顾盼自多情。有缘今日遇,一见已倾心……

　　与古木繁花相比,铺地草、攀墙藤和水生植物不太起眼,但也是园林点景的必备之物。草本植物除了观花类之外,常见的还有芭蕉、书带草、兰草、玉簪、虎耳草等。它们养护简单,布局随意,或点缀在墙角,或衬托着花丛,抑或是仅仅是为了覆盖园中裸露的土层,都让园林处处绿意盎然。

　　芭蕉,多植于窗前墙隅,或是两进之间的小天井中,姿态扶疏,绿荫如盖。雨打芭蕉,是园林生活中的一道清心风景,明代陈继儒在《小窗幽记》中,将这种声音比喻为天地之清籁。拙政园的"听雨轩",池畔石间植芭蕉数丛。轩名加上蕉叶,即使是烈日当空,游赏者也马上会有雨打

草长尘虑少

芭蕉的画面感,仿佛是听到了淅淅沥沥的雨声,悦耳清心,尘襟涤尽。片刻之间,普通小轩竟然多了一份诗意,几多韵味。

　　书带草,又叫麦冬、沿阶草。作为多年生常绿草本植物,书带草耐寒易维

护,花坛中、假山旁、树林下、池塘边都可以种植。虽然不像空谷幽兰那般清高拔俗,但这种铺地草因风披拂,楚楚有致,可以算作一种淡淡的风雅书卷之气。凡物一沾上书香,便备受文人园主们的喜爱了。因此苏州园林的墙阴石隙间,处处可见书带草的芳踪。陈从周感叹,过去园林中用书带草"补白",修正假山的缺陷,弥补花径的平直;现在到处可见的整齐划一、毫无特色的草坪,却难得一见有如兰叶般秀劲的书带草风姿(《天意怜幽草》)。

藤蔓类植物中有紫藤、常春藤、木香花、凌霄、蔷薇、爬墙虎、匍地柏等,攀缘在粉墙花架之上,为园林增加了生动的气息。大型藤蔓能单独成景,例如通往留园"小蓬莱"的廊桥上,紫藤覆盖,密密层层。拙政园中的一株紫藤,相传为明代文徵明手植,枝干虬曲盘旋,仿佛蛟龙腾挪,年年姹紫满架,缀垂千万。建造苏州博物馆新馆时,这株紫藤的一条枝杆被移到新馆天井中。

小小一株新藤,成为文脉传承的象征。

> 西风初入小溪帆,旋织波纹绉浅蓝。
>
> 行入闹荷无水面,红莲沉醉白莲酣。
>
> ——〔宋〕范成大《立秋后二日泛舟越来溪》

行走苏州园林,碧波之上,处处可见红莲沉醉白莲酣。园林中常见的水生植物有荷花、睡莲、芦苇、浮萍。游鱼穿行其间,丰富了水面的视觉效果。

荷花,花叶较大,叶似碧玉盘,如出水芙蓉,适合宽广的水面;睡莲的花叶较小,且超出水面不高,最适用于点缀小池。莲藕,江南地区"水八仙"的一种,是苏帮菜的经典食材;莲子,也是吴地甜品的常用辅料之一。莲与荷,凭借艳丽的色彩、幽雅的风姿、远溢的清香,得到了文人雅士的青睐,从《诗经》开始,写莲荷的诗词举不胜举。

唐代王昌龄吟唱着"荷叶罗裙一色裁,芙蓉向脸两边开。乱入池中看不见,闻歌始觉有人来"(《采莲曲》)——荷叶与采莲少女的罗裙都是碧绿一色,荷花与娇羞笑脸相映俱红,浑然难辨,直到听到悠扬的歌声传来,才知道那少女是在荷花之中……人荷互动,真是韵味十足。

白居易更绝,"菱叶萦波荷飐风,荷花深处小舟通。逢郎欲语低头笑,碧玉搔头落水中"(《采莲曲》)——菱叶在水面飘荡,荷叶在风中摇曳。荷花深处,采莲的小船轻快飞梭。采莲姑娘碰见自己的心上人,想跟他打招呼又怕人笑话,便低头羞涩微笑,一不留神,头上的玉簪掉落水中……

说到荷花的静态美,宋代杨万里可谓绝世高手,既有"接天莲叶无穷碧,映日荷花别样红"(《晓出净慈寺》)的全景镜头,又有"小荷才露尖尖角,早有蜻蜓立上头"(《小池》)的微距摄影。

无论是动是静,诗人们描写的还只是荷花之美。这时,关键人物周敦颐上场了,他的一篇《爱莲说》,赋予荷花特别的风度气节——"出淤泥而不染,濯清涟而不妖"。从此后园林主人们就常常以荷以莲,借景生情,自喻高洁了。

从技术层面看,在苏州园林中植荷一般都套陶缸,这样埋入池泥后,可以控制藕根四处漫长,让整个水面处处有"留白"。这种视觉处理手法,不仅让荷花更显突出,还能让池面无论是平澈如镜,或是被微风吹拂,都能够映衬出周边建筑花木,构成美丽的画面。

即使是残荷,园主们也非得搞出点诗情画意来。拙政园有个留听阁,取唐代李商隐的诗句"秋阴不散霞飞晚,留得枯荷听雨声"(《宿骆氏亭》)。站在阁中,晚唐的深秋暮雨,仿佛也滴在游人心上。拙政园的远香堂、芙蓉榭,留园的涵碧山房,沧浪亭的藕花小榭,怡园的藕香榭,退思园的水香榭等等,都是赏荷佳处。

风韵出瑶池

最后,让我们以清末名臣陆润庠在留园中的对联,作为整个园林植物章节的小结:

　　　　读书取正,读易取变,读骚取幽,读庄取达,读汉文取坚,最有味卷中岁月;

　　　　与菊同野,与梅同疏,与莲同洁,与兰同芳,与海棠同韵,定自称花里神仙。

——坐在园中书房,低下头,读读正儿八经的《尚书》、变幻莫测的《周易》、忧思愤懑的《离骚》、淡泊豁达的《庄子》、敦厚昂扬的汉赋;抬起头,看看园中的菊、梅、莲、兰、海棠等花木,有的拙朴、有的疏朗、有的高洁、有的芬芳、有的韵致,真是神仙岁月啊。

第六章　苏工，如切如磋长相依

苏州园林的养护颇费工夫：从建筑落架大修，池子清淤换水，到修剪花草树木，保养木制家具……时间流转、世事无常，曾经宾客不断、宴乐经年的大园子，曲未尽人已散，人一走茶就凉，没多久就杂草丛生，楼塌园败了。《桃花扇》中简简单单一句——"眼见他起朱楼，眼见他宴宾客，眼见他楼塌了"，道出多少人世沧桑。

居者与居所之间的正面关系，最知名的便是荷尔德林的那句——"人，诗意地栖居"，清浅而动人。清末张荣培在留园有副对联："花木丽春初，分明半郭半村，雨笠烟蓑新点缀；园林甲天下，仿佛一丘一壑，豆棚瓜架小营经。"无论半郭半村雨笠烟蓑，还是一丘一壑豆棚瓜架，苏州的各个园林，都是居者心中的山林。其实在时间与空间上，居所又是居者本身的拓展与留痕。

吴文化与园林的关系，有些类似。吴文化的精髓，早已经浸润在园林生活的点滴之中；通过一阁一亭，一书一画，一笙一箫的铺陈，文化又得到了新的灵感与升华。园林是了解苏州文化的一扇窗：园林中，家具器物、服饰刺绣、古玩珍藏，是有形的"苏工"杰作；昆曲评弹、书画琴曲、饮食文化、民间节俗，是无形的吴地风采。最最精彩的，是各个艺术门类间的融通辉映，异彩纷呈。

冰心在玉壶

不求写全也无法写全,苏州园林与园林苏州的古韵与今风,苏州文化与文化苏州的传承与发扬……只是作为一个开始,让我们一起去体味园林中的文化内涵和心灵滋养。这里先看苏工,那是吴地文化在苏州园林中"凝"成的有形之艺。

第一节 凝刻·雅室长物

一、苏工苏作

1

> 茂苑长洲满地春,吴儿歌舞逐时新。
> 风流百巧花灯手,犹是夫差国里人。
>
> ——〔宋〕孙嵩《姑苏元夕》

如今的时尚界,言必称巴黎、米兰、纽约和伦敦。而在明代,有"苏工"、"苏样"、"吴品"、"吴制"的说法,"夫差国里"的各类服饰用品、生活方式,是那个年代的时尚标签。究其原因,倒也简单,就是从小背诵的那句——经济基础决定上层建筑。

第一章中谈到过明清苏州的经济地位,自明代中期至太平天国之前,苏州是全国经济最发达的城市。晚明,苏州一地的税粮总额即占全国的近十分之一,随着商品经济的发展和市民意识的高涨,这里拥有了引领潮流的实力与基础。在 16 世纪,明代理学家章潢在《图书编》中写道:

> 且夫吴者,四方之所观赴也。吴有服而华,四方慕而服之,非是则以为弗文也;吴有器而美,四方慕而御之,非是则以为弗珍也。服之用弥博而吴益工于服,器之用弥广而吴益精于器。是天下之俗皆以吴侈,而天下之财皆以吴啬也。

同样在 16 世纪,王士性游遍了全国十四省,写成人文地理巨著《广志绎》。在书中,也留下了一段对于苏州的文人记忆:

姑苏人聪慧好古，亦善仿古法为之，书画之临摹，鼎彝之冶淬，能令真赝不辨。又善操海内上下进退之权，苏人以为雅者，则四方随而雅之，俗者，则随而俗之，其赏识品第本精，故物莫能违。又如斋头清玩、几案、床榻，近皆以紫檀、花梨为尚，尚古朴不尚雕镂，即物有雕镂，亦皆商、周、秦、汉之式，海内僻远皆效尤之，此亦嘉、隆、万三朝为盛。

上面引述的两段话，讲的都是吴地引领了全国的时尚风潮。两段的意思也差不多，就不一一翻译了。倒是这种现象背后的原因，值得详细谈谈。其实，王士性那句"又善操海内上下进退之权"，已经快要触及到了答案。

第一章曾经提到，明代苏州的人口密度远远超过亩产所能供养的极值，也就是说当时的农业生产力水平已经跟不上人口增长速度了。此时，市场的"无形之手"展示了强大的力量：苏州通过水路，由湖广、江西大量输入粮食。城西的枫桥，由于紧临苏州最繁华的商业区——阊门，北接"十四省货物辐辏之所"的浒墅关，成为江南著名的"米市"。

粮食可以从外地购入，那么能够差异化输出的产品在哪里？这个人口基数大、文化程度相对较高、民众性格沉静细致的城市，选择了丝绸、棉织、刺绣、雕刻等手工业。于是，手工作坊如雨后春笋般出现，支撑了大量非农人口；同时，乡村田亩转向桑树、棉花等经济作物种植，以追求更高的附加价

另辟通幽径

值；从城市规划学角度看，一大批专业化的商业市镇在江南蓬勃发展。

简单说来，吴地产生了资本主义的萌芽。放在这一个时代大背景下，就能理解"苏州造"的各类商品，为什么会越来越精细了。以最有名的苏作红木、苏工玉器为例，本地是没有一丁点儿原料的，吴人必须精挑细选、精打细算、精雕细作，才能获得最大的附加价值。

再加上那时可没有知识产权保护，一个新品种出来，会有一群跟风者扑上去仿造，逼得你往更精更细上走。不过，当市场竞争白热化，手工工具的工艺精度已经达到上限了。怎么办？那就得仰仗最难，但却能产生最高附加价

值的终极大招——"制造时尚、引领时尚"了。

这就是商品经济高度发达的苏州,用"苏工吴风"去引导把控市场的根本原因。

2

> 我画惜如金,君藏慎于璧。
>
> 好画与好藏,同是为物役。
>
> ——〔明〕文徵明《题画赠许国用》

智商与情商都超高的庄子,早就说过"物物而不物于物……一龙一蛇,与时俱化"(《庄子外篇·山木》),在晚明那个经济社会变革的时代,躲进园林这样的世外桃源,不为"物役",而是以"役物"追求心灵宁静,无疑是当时绝大多数士子文人的共同选择。也正是这批"役物"的精英,引领了时尚之风。

作为文徵明的曾孙,文震亨的诗文书法咸继家风,山水画韵格兼胜。这里特别要介绍的是,文震亨著有《土室缘》《香草坨志》《清斋位置》等与园林相关的文章,他在 1621 年更是写成了一本简明扼要,但意义厚重的书——《长物志》。

文震亨在《长物志》卷一开篇中说道:"混迹廛市,要须门庭雅洁,室庐清靓,亭台具旷士之怀,斋阁有幽人之致。又当种佳木怪箨,陈金石图书,令居之者忘老,寓之者忘归,游之者忘倦。"随后,他以十二卷的篇幅,对于室庐、花木、水石、禽鱼、书画、几榻、器具、位置、衣饰、舟车、蔬果、香茗,一一作了点评。

长物,原本是个佛学词汇,指多余的东西,也就是"身无长物"成语中的意思。唐代白居易有诗云:"何以销(消)烦暑,端居一院中。眼前无长物,窗下有清风。"(《销暑》)长物,也有指奢侈品的意思,因此海外的研究学者,例如柯律格(Craig Clunas),直接将书名翻译为"Treatise on Superfluous Things"。

不过,在文震亨的语境中,"长物"投射了文人意趣,积淀了使用者的品格意志。在《长物志》的序言中,文震亨的友人沈春泽总结了全书的要义:

> 予观启美是编,室庐有制,贵其爽而倩、古而洁也;花木、水石、禽鱼有经,贵其秀而远、宜而趣也;书画有目,贵其奇而逸、隽而永也;几榻有度,器具有式,位置有定,贵其精而便、简而裁、巧而自然也;衣饰有王、谢

之风，舟车有武陵蜀道之想，蔬果有仙家瓜枣之味，香茗有葕会、玉川之癖，贵其幽而闇、淡而可思也。

挹古今清华美妙之气于耳、目之前，供我呼吸，罗天地琐杂碎细之物于几席之上，听我指挥，挟日用寒不可衣、饥不可食之器，尊瑜拱璧，享轻千金，以寄我慷慨不平，非有真韵、真才与真情以胜之，其调弗同也。

本书中着重介绍了计成和他的造园专著——《园冶》。有意思的是，这两位苏州土著是一个年代的人：计成生于1582年，文震亨生于1585年。计成的《园冶》偏重筑园规划与技术，而《长物志》更注重于对园林的欣赏。其实，这与文震亨的成长环境密不可分。

文氏家族在明清两代绵延十二世，是苏州文人世家大族中的典型。其中，文徵明名气最响，做过翰林院待诏；祖父文彭廷试第一，当到南京国子监博士；父亲文元发，做过卫辉府同知；兄长更牛，文震孟是天启壬戌状元，做到礼部左侍郎兼东阁大学士。文震亨作为某某子孙的身份，让他不得不去走那条道路，但科举的相对公平，又让文震亨屡试不第。要知道，就连他的状元哥哥文震孟也是用了三十年时间，考了十次才搞定的。

既然无法兼济天下，倒不如寄情于山水泉石。文震亨参与设计建造的园舍有高师巷的香草坨、城西的碧浪园等。园林生活中的点点滴滴，在文震亨的笔下，自然是信手拈来。《长物志》简直就是本明代园林生活的“穿越指南”，从园林营造、园林中所用物品的选用摆放，到收藏赏鉴诸法，都描述得细致而有条理。作者以自身的文化素养和艺术造诣，纤悉毕具，擘划雅俗，也就是什么细节都分清了雅与俗。

推想起来，他写这本《长物志》纯属兴趣所至，与明代高濂的《遵生八笺》、屠隆的《考槃馀事》等书类似，是一种对于文士独具的所谓“韵”、“才”和“情”的追寻。作者并非出于功利，而是纯粹用来寄托闲适消遣之情，体现所谓的名士精神。不过，《长物志》一旦写成，作为园林生活方式的优雅记录，立刻成为吴地制订与引领“时尚标杆”的组成元素。范金民这样总结这种苏样的时尚（《“苏样”、“苏意”：明清苏州领潮流》）：

无论服饰样式、丝竹爱好、收藏古玩，还是一般生活方式，在当时民众看来，均有雅俗之分。而雅俗的衡量和裁定标准，却是由苏州人制定。这样，就相当于吴地人掌握了生活和时尚领域的话语权，站在了那个时代的制高点上。

时尚,需要对于市场的敏锐嗅觉,需要商品不断地推陈出新,还需要一批时尚人士的鼓吹引领。有了以文震亨为代表的文人引领,有市民普遍的艺术审美与韵致才情,古代苏州与时尚非常紧密地连接在一起。

二、文木文石

1

> 鸟啼花落屋西东,柏子烟青芋火红。
> 人道我居城市里,我疑身在万山中。
>
> ——〔元〕释惟则《狮子林即景》

即使是狮子林这样的大园,追求的也是都市山林的意趣。其实,从第三章中不难发现,无论园林的主要表情是"居"、是"隐",还是"禅",都决定了园主们不会采用繁复豪奢的家具。

《长物志》中,专门有一卷谈居室的布置:"位置之法,繁简不同,寒暑各异,高堂广榭,曲房奥室,各有所宜,即如图书鼎彝之属,亦须安设得所,方如图画。"总体而言,是要求在实用性的基础上,尽量做到古朴雅洁。

行走苏州园林,随处可见各类细木家具,有桌、椅、床、榻、箱、柜、台、几、案、架等等,样式大都古朴典雅,绝大多数都走轻巧俊秀、素雅简洁的路线。直到清代,才开始有繁复的雕刻。苏州的"文青"们,把苏式家具所用的硬木材料和花纹云石,都冠之一个"文"字,称之为"文木"、"文石"。

立石小五岳

苏州园林家具中,最具代表性的是"苏作明式家具"。明式家具的选材、设计、工艺、韵味,都充分体现了与园林高度契合的浓郁文人气息。明式家具用料考究,当时还没有大量从南洋等地进口酸枝木、花梨木,更没有来自遥远非洲、美洲的舶来品。因此,不像现在有

所谓红木三十三种的宽泛标准。

明式家具的主要选择为黄花梨、紫檀、鸡翅和铁力木。这些木材质地坚致细密，色泽沉稳庄重，且带有自然纹理。从设计角度讲，苏作明式家具造型线条简洁柔和、朴素大方，雕刻主要起画龙点睛的作用，不事铺张，处处彰显的是古趣淡雅的风韵。

《长物志》中详细描述了二十多种家具的造型、尺寸、装饰、做法，家具的装饰只能略雕云头、如意之类，不可雕龙凤花草诸俗式，施金漆红漆更是俗不堪用。除了家具本身，他还强调室内设计的空间布置："云林清秘，高梧古石中，仅一几一榻，令人想见其风致，真令神骨俱冷。故韵士所居，入门便有一种高雅绝俗之趣。"

这种居室氛围的营造，也反映了明代普遍的文人意趣与审美追求。

> 身衣竺乾服，手援牺氏琴。
> 繁声不愿奏，古意一何深。
> ——〔宋〕梅尧臣《茂芝上人归姑苏》

苏作明式家具，关注的重点在于古与雅，木材本身的价值倒在其次。这一点，值得我们现代人深思。这里举两个影响深远的例子，一是南官帽椅，二是明式榻。

南官帽椅，也称为"文椅"，是明式扶手椅中最典型的作品。整体团方巩固，匀称舒展，看上去简单随意。但是越看越有味道，会有增一分太浓、减一分太淡的感觉。其实，文椅的空间尺度所展现的，都是经过反复推敲、精密设计后的"极简主义"：从整体的稳重，柱脚的收放，到鹅脖的抑扬，漏空的背板，都是在用最简单的方式，充分体现工艺的复杂与难度，处处透出一股生灵般的机巧。

明式榻，更是充分体现了"简、厚、精、雅"的苏作风格，看上去就是一身的浑厚质朴、落落大方；细看每一线条的曲直转折，严谨准确。文震亨在《长物志》中写道："古人制几榻，虽长短广狭不齐，置之斋室，必古雅可爱，又坐卧依□，无不便适。燕衍之暇，以之展经史，阅书画，陈鼎彝，罗看核，施枕簟，何施

不可。"

明式榻是坐禅静思的最佳之处,就像元代马致远描绘的:"卧一榻清风,看一轮明月,盖一片白云,枕一块顽石"(《陈抟高卧》),多么自在,如此逍遥。不过可惜的是,清末很多逍遥榻演变成了烟榻,困住了多少国人的尊严与灵魂。无怪乎梁启超那一代人,要写下《少年中国说》那样的霹雳雄文,希冀着有朝一日我们能够:

> 红日初升,其道大光。河出伏流,一泻汪洋。潜龙腾渊,鳞爪飞扬。乳虎啸谷,百兽震惶。鹰隼试翼,风尘翕张。奇花初胎,矞矞皇皇。干将发硎,有作其芒。天戴其苍,地履其黄。纵有千古,横有八荒。前途似海,来日方长……

说回家具,作为家居生活的必需品,苏作明式家具本身高逸朴雅,具有艺术欣赏价值。同时在园宅中又有装饰点睛作用,与苏州园林可谓是相得益彰、浑然天成。王世襄是当代鉴赏大家,他对明式家具的理解更上了一个层次:"研究明式家具的意义远远超出对具体器物及其艺术性的鉴赏范畴,明式家具的核心哲理对当今社会的人文环境与道德观念仍不失为一种深刻的启迪。"

我们普通人倒也不必如此高深,宅在家里翻翻王世襄的《明式家具萃珍》便是一种享受,或是往苏州的相城区、吴中区、常熟市暴走一圈,定能发现众多红木作坊中好东西不少。在吴地,哪里都可以欣赏中国古典家具的奇珍——苏工明式家具。

虽然从艺术角度,明式家具让人心醉神迷,但是终归有些"可远观,而不可亵玩焉"的悲催。家中点缀一二出点儿古风,抑或是端坐喝茶会友还行,但一经与现在家中的常用仪态——窝着看电视、斜着玩平板、躺着刷微信相结合……无一不是违和感爆棚。

不过,换一个角度来说,有谁能把苏作明式家具的艺术魂魄,从收藏领域真正延伸到现代生活之中;有谁能将苏工巧匠的纯手工技艺,与工业4.0之间找个平衡点,就能创出一片广阔蓝海。

三、木雕砖雕

在江南人家的日常生活中,除了大件家具之外,细木雕刻也是处处可见:大到花轿、地屏,小到笼、盘、匣、罐、座、筒、砚盒、灯罩、提菜盒、首饰箱等等。苏工技艺的精巧,在这些木艺制作中更是发挥得尽致淋漓,雕琢出了装饰与实用功能兼得的艺术珍品。

仔细观察苏州的园林与民居建筑,在梁、枋、檐、檩、椽等木建筑构造中,在门、窗、罩、栏杆、槅扇、裙板、挂落装饰中,都可以看到木雕装饰的身影。这些木雕多为栗褐和乌黑色,与苏州园林、苏作家具的风格保持一致,形成协调统一的艺术效果。

雕镂见匠心

细细鉴赏的话,这些木雕作品又各具特色。举例来说:园林内檐装修中常用的"罩",纹样繁复又剔透镂空,既能有效划分室内空间,又不阻隔光线视野。在留园的林泉耆硕之馆,由于厅堂的面积较大,罩的边框采用内外两圆形式,显得优美大气;而在拙政园的留听阁,罩主动适应较小的空间尺度,以精细的古树盘根雕刻,兼具艺术观赏性和划分空间的实用效果。

在苏作木艺的制造过程中,最让人称道的一点,是对于材料本身的充分运用,工匠们精细计算、重在凿磨,善于将小料拼成家具中大的部件。一方面,是工匠省一分料,即省下一分成本的经济价值考量;另一方面,客观上也让苏作工艺有着简朴的意味。看看现在有的红木家具炒成天价,炒作能够一下子窜得很高,但很难飞得更远。对于我们普通百姓而言,添两把纯明式的圈椅点缀家居,哪怕是杂木又如何,我们要抓住的是苏作工艺的神与韵。

家具的确属于艺术品范畴,但归根结底还是日常家居用品,归于本真,方为正道。

②

三年无事客吴乡,南陌春园碧草长。
共醉八门回画舸,独还三径掩书堂。

——〔唐〕许浑《送元昼上人归苏州》

无论是在碧草春园、画舸还是书堂,处处有精美的雕刻。苏州园林古建有"三雕"的说法,除了上文所说的木雕外,还有石雕和砖雕的艺术形式。

在江南绵绵细雨中,相对于木雕,石雕和砖雕更加耐久,常被用于室外装饰。纹样无论是花木珍禽、山水景观,还是历史故事,总有一堆的吉祥寓意;还有刻上"福禄寿禧"、"忠孝节义"的,更是直截了当地向来访嘉宾传达着园主的"三观"。

石雕石刻,最佳的原料便是苏州城外的金山石,或是雕刻完成后运入城中,或是将原料运来在府上细雕。石匠们都是个中好手,因此园林中处处是雕与刻的艺术品:有园林宅院大门口的砷石和上马石,有园林山池中点缀的石桥、石桌和石凳,有园林建筑用的石柱、石础、须弥座和栏杆,有园林犄角旮旯里作装饰的书条石和碑碣……

在园宅厅堂前的门楼、照壁,空窗、洞门,以及墙的"墀头"等部位,一般都有青砖雕刻。砖

藻耀万卷堂

雕本身具有较强的装饰性，色调又符合"灰、白、黑"的园林建筑风格，因此每个园林中都少不了它的身影。苏州建筑工匠群体的专业化程度高，砖雕称为"花砖"，砖雕匠人称为"凿花匠"。花砖的内容多取材于戏曲故事、人物山水、花鸟走兽、吉祥图案等等。而园林中的门楼则是砖雕艺术集大成的作品，最有意思的是，苏州园林中的精美门楼一般不朝街巷，而是向内，再一次体现出什么叫作"低调奢华"。

例如网师园主厅万卷堂前，有一个"藻耀高翔"门楼。门楼建于清乾隆年间，高约6米，宽3.2米，厚达1米。从结构上讲，顶部是单檐歇山卷棚，戗角起翘，造型轻巧别致，富有灵气。而在房顶下面、大门上方的一大片空间里，就是水磨青砖雕刻尽显功力的时候了：

砖雕分为上枋、字牌、下枋三个组成部分，呈倒阶梯状排列。上枋横匾是蔓草图，蔓生植物枝繁叶茂，连绵不断，象征茂盛、长久吉祥；字碑刻有"藻耀高翔"四字，意思为文采华丽、展翅高飞。字碑左侧雕郭子仪上寿图，意为福寿双全，右侧雕周文王访贤图，意谓德贤齐备；下枋三个圆形"寿"字，还有祥云、蝙蝠、钱币等雕刻点缀。

总之，这一扇大门不仅造型优美、雕镂精细，还把能想到的祝福一下子全堆上去，性价比高得吓人。

第二节　凝脂·闲情偶寄

一、子冈玉

1

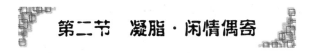

　　鹤鸣于九皋，声闻于野。鱼潜在渊，或在于渚。乐彼之园，爰有树檀，其下维萚。他山之石，可以为错。

　　鹤鸣于九皋，声闻于天。鱼在于渚，或潜在渊。乐彼之园，爰有树檀，其下维榖。他山之石，可以攻玉。

——《诗经·小雅·鹤鸣》

第二章中曾经谈及,先秦时代正是园林的萌芽时期。乡野囿苑注重自然风景,山池鱼鸟仿佛世外桃源。《诗经》中这首优美的歌咏,从鹤说到鱼,从檀说到玉,讲的完完全全是园林之景:

——鹤鸣曲池,声传四野。鱼潜深潭,时浮岸边。乐在园林中啊,檀树浓荫,地上铺着落叶。他山之石,可以用来磨玉。

——鹤鸣曲池,声传天边。鱼浮岸边,时抵深渊。乐在园林中啊,檀树浓荫,下面构树丛生。他山之石,可以用来琢玉。

中国的传统文化绵延传承,园林审美中随便说个物件,都能追溯到西元之前。就连这首小诗也能体现传承:不仅"他山之石,可以攻玉"的成语常常见诸报端,就连它的歌咏结构——A + B + A′ + B′,现在的流行歌曲也还在使用啊。

嘉实掩小亭

玉石,自古以来就被视为珍宝。但是"玉不琢、不成器",玉石只有经过巧手雕琢,方能焕发出神采与魅力。明代中期以来,苏州在很多方面引领着时尚潮流。其中,古代时尚界的重要一环——玉器配饰,自然也少不了苏工苏意的身影。明清苏城寻求更高商品附加值,有一个市场之手自然筛选的过程。因此,适合民风地情的玉石雕刻,在这里发展成为一项重要的手工艺门类。苏州玉器制作与消费市场高度繁荣,并且辐射到全国各地。

除了经济原因之外,人群普遍的价值取向也值得一提:吴地人口基数大、教育程度高,历来人才辈出。但是在科举体系中,苏州"批发"的一大拨状元郎,终究只是金字塔尖上的少数,大量"高手"散落在吴地民间。加之当经济社会发展到一定程度,人们追求的价值观也会有不同。吴地才俊有的著书、有的筑园;有的收藏大件家具,有的玩赏小件玉器。

即使是走过漫长仕途的人,晚年回乡退隐,也多是寄情金石之乐、耽于收藏之趣。就像清代俞樾所说:"秋月春风在怀抱,吉金乐石为文章。""吉金"是古代钟鼎彝器的统称,"乐石"泛指碑石或碑碣。也就是说以金石考据鉴赏,作为归隐后的生活追求。

这种较为普遍的价值取向,让玉石收藏与鉴赏形成氛围,进一步促进了玉石雕刻业的发展。

2

> 满把晶荧雪霜色,特达天姿几人识。
>
> 治玉之工初琢成,荧荧辉彩锵锵声。
>
> ——〔宋〕四锡《琢玉歌》

在古代苏州,治玉、琢玉的工匠被称为"先生"。陆子冈,便是一个知名琢玉先生。明代嘉靖、万历年间,陆子冈已经是苏工玉作的代表人物。明代张岱在《陶庵梦忆》中记录了多个"吴中绝技",第一个例子就是陆子冈妙手碾玉:

> 俱可上下百年,保无敌手。但其良工心苦,亦技艺之能事。至其厚薄浅深,浓淡疏密,适与后世鉴赏之心力、目力针芥相投,是则岂工匠所能办乎? 盖技也而进乎艺矣。

张岱的意思很直白,陆大师干的可不仅仅是个技术活,他早就已经上升到艺术的高度了! 在江南地区,徐渭等一众名流都曾追捧他的攻玉绝技,民间甚至将"子冈玉"与唐伯虎的仕女画相提并论。到了清代,玉工多喜署子冈款,向前辈致敬,可见陆子冈影响之大。

现在故宫博物院中藏有他的青玉合卺杯、青玉山水人物方盒、青玉婴戏纹执壶、茶晶梅花花插等多件玉雕作品。而所谓"子冈牌",更能凸显玉雕与文人雅趣之间的关系:玉牌保持着长宽厚分别为 6、4 和 0.9 厘米的形制,一面琢磨山水、人物、花鸟、瑞兽;另一面雕刻诗文、书法、印章等等,人文气息非常浓郁。

不过,正因为民间对大师的景仰如滔滔江水,穿凿附会的事情也不少。例如有人说子冈治玉与一般匠人用金刚砂"琢玉"不同,是用"昆吾刀"直接在玉上刻画。其实,这种说法太不靠谱,所谓"昆吾"是夏桀盟国,唐宋都有诗篇以"昆吾刀"来形容利刃。古代玉器制作中,以无齿锯、陀具、钻、金刚砂、石英砂等工具进行切割磨琢,只在细部刻划时,才使用金属工具。本是人家的功夫到位,哪还真有什么割玉如泥"昆吾刀"啊。

在明清时期,苏州的玉器成为全国翘楚。宋应星在《天工开物》里说:"良玉虽集京师,工巧则推苏郡。"苏州城里的专诸巷、周王庙弄、宝林寺前、王枢密巷、梵门桥弄、学士街、剪金桥巷等街巷,玉器作坊鳞次栉比,车玉声不断。每年阴历九月,在周王庙都要举办庙会,琢玉行会举行观摩活动,供全城作坊交流作品、切磋技艺。在北京,清乾隆年间设立"琢玉馆",征召苏州玉工为宫廷制作玉器,因为集中,人称"苏帮"玉工与玉器。

借景亦生情

近年来,苏作玉器重新焕发活力,成为极富地域特征的文化产业。相王路、十全街、南石皮弄等街巷中,出现了大量玉雕工作室。其实,在古城内部的街区重生、城市更新进程中,如果能够适时抓住吴文化的根,不仅能够重新焕发吴地手工艺术的风采,也能够为园林街区增添更多内生活力、凝聚力和吸引力。

苏州本地没有玉脉,从明清到如今,却都以苏工玉雕闻名,从另一种角度诠释了"他山之石"的深刻寓意。

二、核舟记

1

> 江南季春天,莼叶细如弦。
> 池边草作径,湖上叶如船。
>
> ——〔唐〕严维《状江南·季春》

阳春三月,处处绿意,草铺如径,叶儿如船。不过,在苏州还有更小的船——核舟。明清时期的江南,除了玉石赏玩雕琢外,也流行竹雕、牙雕、核雕等精雕、微雕艺术,以竹根、竹节、象牙、牛角、桃核、橄榄核作为原材料,刻山水人物、花卉鸟兽等,作品精巧有致、雅俗共赏。核雕,因为明代魏学洢的《核舟记》,为很多人所熟悉。

全文描述的是天启年间虞山(今苏州常熟)核雕艺人王毅的作品——《苏

东坡赤壁游》。最后一段写道：

> 通计一舟，为人五；为窗
> 八；为箬篷，为楫，为炉，为
> 壶，为手卷，为念珠各一；对
> 联、题名并篆文，为字共三十
> 有四；而计其长曾不盈寸。
> 盖简桃核修狭者为之。嘻，
> 技亦灵怪矣哉！

想想也是，能在不到一寸的
小小桃核上，刻画五个人物、八扇
窗户，箬篷、船桨、火炉、茶壶、画
卷、念珠各一件，对联、题名和篆
文共计三十四个字，难怪魏学洢

何处泊心舟

最后感叹：哎呀，技艺真是灵怪啊！想起清代的宋起凤有一篇《核工记》，没啥
名气，但也是一篇描写核雕的精妙短文，文章最后总结道：

> 计人凡七：僧四，客一，童一，卒一。宫室器具凡九：城一，楼一，招提
> 一，浮屠一，舟一，阁一，炉灶一，钟鼓各一。景凡七：山、水、林木、滩石
> 四，星、月、灯火三。而人事如传更，报晓，侯门，夜归，隐几，煎茶，统为
> 六，各殊致意，且并其愁苦、寒惧、凝思诸态，俱一一肖之。语云："纳须弥
> 于芥子。"殆谓是欤！

在宋起凤手中这一枚小小桃坠上，总共雕刻了七个人，七种景，一座城，
一座楼，一座寺院，一个宝塔，一条小舟，一个阁楼……难怪他要感叹起来：佛
语说纳须弥于芥子，大概就是如此吧！

2

> 瘿床空默坐，清景不知斜。
> 暗数菩提子，闲看薜荔花。
> ——〔唐〕皮日休《寂上人院联句》

对于民间手工艺的水准,战国时期的《考工记》中有这样一段描述:"天有时,地有气,材有美,工有巧,合此四者,然后可以为良。"天时地利是客观因素,而选材与工艺是主观因素。这里先说说核雕的选材——核。

核雕最早用的是桃核,缘起于古人相信桃木驱鬼辟邪。不过,真要是搞把桃木剑带在身上总是累赘,那就带个桃核充充数吧。后来,也用橄榄核、杏核、杨梅核、核桃等作为载体,进行艺术加工。在苏工"南派"核雕艺术中,明代知名的有王叔远的精雕桃核、邢献的精雕核桃、夏白眼的精雕橄榄核,清代乾隆时有"鬼工"杜士元等人。到了近代,原料选用南方的一种"乌榄"果核,这种橄榄核与桃核相比,表面光洁,质地致密,容易施刀,因此更能体现苏工艺术水准。

核雕能够体现山水、风景、花鸟、人物、罗汉、菩萨等形象,造型鲜活、玲珑多巧、立体感强,制成的扇坠、佩件、串珠等文人清玩,成为人们玩赏收藏的珍品。明清时期,这门民间艺术到了盛行期,人们把核雕与金玉珠宝串起来,或垂挂于衣带,或吊坠在扇子下面,起到装饰和点缀作用,也可以在手中把玩,成为又一种流行全国的苏工艺术品。

也许真是与"舟"字有缘,古代有《核舟记》,而近代核雕的发源地,是苏州光福的舟山村。最早的一位大师叫殷根福,原本从事竹雕牙雕,因为一次偶然的机会开始了核雕创作。他以五刀"定位"的技艺(鼻头一刀,眼睛两刀,耳朵两刀),三刀两刻,一个罗汉的轮廓就展现在眼前。当然,此后还要靠慢工细活的慢慢琢磨。他的儿子殷荣生、女儿殷雪芸、徒弟须吟笙等,逐渐在舟山村形成了艺人梯队。如今的小小村落,聚集了一大批核雕艺匠。2008年,光福核雕被列入第二批国家级非物质文化遗产名录。

如今的舟山核雕,主要有三个系列:一是单粒核雕的挂件式,二是多个核雕穿成的珠串式,三是核舟之类的摆件。随着时代的发展,核雕的表现形式日趋多样,也更加符合市场的需求,例如出现了核雕的手机挂坠等新品种。橄榄核仁具有油性,经过玩家的多年把玩后,核雕的颜色会由浅黄色变为深红。

包浆油润、莹亮透心的核雕,仿佛带上了些许主人的灵性。

> 山静似太古，日长如小年。
>
> 余花犹可醉，好鸟不妨眠。
>
> 世味门常掩，时光簟已便。
>
> 梦中频得句，拈笔又忘筌。
>
> ——〔宋〕唐庚《醉眠》

诗中的"簟"是指竹席。整首诗写了山居醉眠、醒后有感的过程，事显而情隐，极富禅意——山上寂静得好像太古时代，日子清闲得一天就像一年。春意阑珊，余花可以醉赏，鸟儿啼鸣亦不妨碍我入眠。尝尽世味后常常掩上门扉，躺在竹席之上让光阴流淌。在梦中跳出几句优美诗文，醒来时拿起笔，却已经忘得干净……

看到这里，有人不免会问，核雕精品动辄上千上万，玉雕更是"黄金有价玉无价"的值钱物件，怎么又谈到这二三百元一张的席子上来了？其实，手工艺来源于生活，而活态的苏式技艺，无论价格高低，都是吴地留下的奇珍，都应该被传承下去。

夏日光与影

席，古已有之。苏州古城东边的工业园区唯亭镇草鞋山遗址，遗存由下而上依次为马家浜文化（距今约 6000 年）、崧泽文化和良渚文化。在考古挖掘中有竹席、芦席、篾席的痕迹，应该是用作盖房顶，或在室内铺地坪。

顺带说一句，近年来苏州现代公园、生态公园造得很多，既有利于市民休闲，又有利于生态保护；现在我们应该有精力与能力，大力加强各类遗址的加盖保护工作，展示吴地早期的建筑结构、稻作文化、玉器、陶器和纺织品，留下更多具有历史价值、文化意义的东西给后人。

在苏州古城西北有个大镇，名叫浒墅关。进入明代以后，吴地商品经济蓬勃发展，大量人口进入手工业生产领域，很多田地改种经济作物。因此，苏州也从"苏湖熟、天下足"的地区，变为了商品粮输入区。浒墅关位于京杭大运河边，估计每年的粮食中转量达到上千万石，进而促进枫桥一带米市的形成。明正德年间，京杭大运河沿线设立七大钞关，征收运输商品税。到了清代，浒墅关成为中央户部的二十四关之一，地位非常重要。

虽然是重要的钞关所在地，毕竟大进大出的商品贸易吸纳不了多少劳动力。吴地农村仍然保持着勤劳的习惯：农忙时日出而作，日落而息；农闲时因地制宜，搞点家庭手工业贴补家用。现在苏州高新区的浒墅关镇、浒墅关开发区、通安镇等地，自六朝开始，就有编草席的传统，明清时期更是发展到鼎盛。

打席是个技术活加体力活，据说一条四尺八的正宗浒关草席，总共要用大约两万根草，用榉木席机打上大半天。但由于当地气候利于"淡水草"生长，原料成本很低，席机投入也不大，最适合农村散户平时挣个辛苦钱。因此在这里几乎是家家织席，作为副业补贴家用。根据道光《浒墅关志》记载：浒墅乡村妇女织席者十之八九。

浒墅关，简称"浒关"。浒关席，又称"关席"。作为吴地手工艺文化的名片之一，关席有三个方面特点：一是原料采用蔺草，当地蔺草细而且长，质感较硬且具韧性，被称为"淡水草"，以区别于含盐碱水质中种植的"盐水草"。这种草色泽碧青、草质柔软，还带着一股清香。二是工艺精湛，光滑平整、编结紧密，只要保养得当，有"碗水不漏、祖代传用"的说法。第三就是做过皇宫使用的"贡席"，在古代，这可是最具权威性的资质认证了。

> 别院深深夏席清，石榴开遍透帘明。
> 树荫满地日当午，梦觉流莺时一声。
>
> ——〔宋〕苏舜钦《夏意》

在一个烈日当头的盛夏，因为树荫浓密夏席清，隐在沧浪亭中的老苏，迷迷糊糊看着石榴花，半梦半醒听见鸟啼鸣，好不惬意舒心。

关席在吴地，既有原材料，又有群众基础，自发形成了生产基地。自然而然地，席业的批发商也多了起来。生产加上贸易，都集中在一个区域，久而久之，就产生了所谓的产业集聚效应。

集聚发展到一定规模后，量变产生质变，反过来促进制作工艺趋于成熟。织席工艺有选料、劈丝、牵筋、上扣、添草、压扣、落扣等一系列精密的工艺流程；产品也更为丰富，有帘席、枕席、座席等，眠席还分五尺、加阔、满床、独眠等品种。

品种一多，"专业市场"自然应运而生，在浒墅关上、下塘两岸的运河边，草席店铺鳞次栉比，席品琳琅满目。市场繁荣到一定程度，行业协会也自发形成。1931 年，吴县"席业同业公会"成立，后来还组织运销合作社，发展浒关草席生产。

到了抗战时期，由于纸币波动太大，席业市场上出现了自制的钱筹，这种以席业席店信誉背书的钱筹，甚至在当地起到临时货币的作用。看看，类金融产品都出来了……

一张关席，能写一部商品经济史啊！

当然，既然是商品经济，产业的盛衰也是常态。在现代化大工业的冲击下，像很多传统手工业一样，由于原材料减少，传承人缺乏，没有形成知名品牌等多重因素，关席早已经失去了昔日的辉煌。最关键的是，随着居住条件、生活质量的提高，很多旧时的生活习惯已经改变。那些儿时夏日记忆的片断——搬个竹榻在露天睡到半夜再进屋，父母摇着蒲扇讲故事哄着小孩入眠，每天打一盆滚烫开水擦席子，等等，早已经随着快速发展的时代，离我们远去了。

无论如何，真心希望这门极具地方特色的手工技艺能够适度地与生态旅游相结合，作为一种活态的文化遗产，继续传承下去。

第三节 凝眸·锦绣浮生

一、宋锦缂丝

1

> 氓之蚩蚩，抱布贸丝。
> 匪来贸丝，来即我谋。
>
> ——〔先秦〕《诗经·卫风》

《诗经》里的很多诗篇实在是呆萌可人，短短十六字写尽少女心——那个看上去就一脸忠厚的小伙子，拿着布来跟我换丝。他可不是真的来换丝，而是来追我的呀……

先民们很早就懂得种桑养蚕、丝织刺绣，传说是黄帝的妻子嫘祖教会了天下百姓养蚕缫丝。作为吴地传统手工业，丝织在明清达到高峰。清光绪年间，仅现在的苏州市吴江区盛泽一镇，全年丝绸产量就有百万匹之巨。《醒世恒言》中这样描写：

> 东风二月暖洋洋，江南处处蚕桑忙。蚕欲温和桑欲干，明如良玉发奇光。缫成万缕千丝长，大筐小筐随络床。美人抽绎沾唾香，一经一纬机杼张。咿咿轧轧谐宫商，花开锦簇成匹量。莫忧人口无餐粮，朝来镇上添远商。

在苏州众多的手工艺术品中，有三种织云绣锦的奇珍，都与丝线相关——苏州宋锦、缂丝、苏州刺绣。先说说苏州宋锦：

苏州宋锦，与南京云锦、四川蜀锦一起，被誉为我国的三大名锦。有人说蜀锦最有名，云锦最华贵，而宋锦最为雅致。苏州的织锦技艺古已有之，南宋时有一批蜀锦机器和织工迁到苏州。通过引进与创新，质地精美、技艺独特的苏州宋锦正式登场。

在苏州作院，宋锦品种曾经达到 40 余种。明清以后织出的仿古宋锦，也被统一称为宋锦。宋锦分为几种类型：重锦质地厚重，色彩绚烂，用于宫廷制作铺垫陈设或是绘画挂轴，细锦主要用于服饰和书画装帧，重锦和细锦都是宋锦的正规品种；匣锦和小锦，属于宋锦的派生品种，主要用作书画装裱和锦匣制作。

宋锦的制作工序有20多道，能在织物中以经线和纬线分别显花，形成织锦的效果。宋锦成品色泽华丽，层次丰富；图案以变化的几何形为骨架，内填花卉或吉祥如意纹，艳而不俗，古朴高雅。其实，仔细看看很多纹样，与苏州园林建筑中的图案有很多共通之处。

2006年，宋锦被列入第一批国家级非物质文化遗产名录；2009年作为桑蚕丝织技艺，列入了世界非物质文化遗产；2014年的APEC会议上，与会贵宾穿着的"新中装"用的就是苏州宋锦面料。

> 柳花深巷午鸡声，桑叶尖新绿未成。
> 坐睡觉来无一事，满窗晴日看蚕生。
>
> ——〔宋〕范成大《四时田园杂兴》

范成大的田园生活，自然包括蚕桑。记得儿时苏州的各个小学，都会布置一项课外作业——养一季的"蚕宝宝"，这种结合生物学入门与传统匠艺文化的教育方式，也是一种吴地特色。下面介绍的手工艺术，不用以"苏州"冠名，也知道是地道的"苏州造"。

缂丝，宋代皇家御用织物之一，工匠们用这种特殊的工艺手法，织造帝后服饰、摹缂御真像和名人书画。自靖康后，随着能工巧匠南迁，缂丝名匠集中于陆墓、蠡口、光福、东渚一带，逐渐成为苏州地区的一门独特手工艺。到了清末，只有苏州还保留了这门技艺。

一般锦织的方法皆为通经通纬，而缂丝的特点是"通经断纬、生经熟纬、细经粗纬、白经彩纬、直经曲纬"：在木制织机上安装好本色经线，用毛笔在上面画样，然后用不同的竹梭，将彩色丝线作为纬线，"以梭代笔"进行缂织，再用拨子把线排紧形成图案。这种织法换色方便，因而色阶更为丰富，织出来的图案也就更加秀美。由于在图案轮廓和色阶变换处略有高低，呈现一丝断

第六章　苏工，如切如磋长相依

花团若簇锦

痕,犹如用刀雕镂琢刻而成,因此得名"缂丝"。

缂丝的传统技法有"结、掼、勾、戗"四种,所谓"戗"就是要用不同的颜色进行镶接调和,形成渲染过渡,因此一朵花往往需要上百种颜色。而在缂丝过程中,一色丝线要一把梭子,所以织造一幅作品往往需要换几千上万次梭子,是个非常费工费时的手工艺品种,素有"一寸缂丝一寸金"的说法。据说,明代万历皇帝的缂丝龙袍,是耗时整整13年才制作完成的。

正因为织造过程精致漫长,织出来的效果又非常华丽璀璨,因而缂丝作品都具有很高的观赏价值。不过,由于缂丝技术出师难,生产速度慢,艺术传承一度濒临危险。好在"织中之圣"——缂丝织造技艺,在2006年入选首批国家非物质文化遗产名录,王金山被指定为代表性传承人。

如今,通过各方努力,这种具有高附加值的手工艺产品在高级定制领域已经有所斩获;下一步,需要探索解答如何结合现代生活,传承创新,走入寻常百姓家庭的命题。

二、描龙绣凤

> 独坐纱窗刺绣迟,紫荆花下啭黄鹂。
> 欲知无限伤春意,尽在停针不语时。
>
> ——〔唐〕朱绛《春女怨》

诗中刻画一位大家闺秀正独坐绣花,银针穿梭、彩线缤纷;当她听到紫荆花下黄鹂声声,不由得停下针线,开始伤起春来。

刺绣是古代标准的"女红"基本功，堂幔、床围、被面、枕套、衣服、鞋子、绢帕、扇袋、荷包、香袋，哪样都用得上。据说古代的婆婆们，得先向媒人要绣品，希望从闺绣的细微之处看看姑娘家是否灵巧和贤淑。《红楼梦》第53回描述的就是这一类的闺阁绣娘：

> 原来绣这璎珞的也是个姑苏女子，名唤慧娘。因他亦是书香宦门之家，他原精于书画，不过偶然绣一两件针线作耍，并非市卖之物。凡这屏上所绣之花卉，皆仿的是唐、宋、元、明各名家的折枝花卉，故其格式配色皆从雅，本来非一味浓艳匠工可比。每一枝花侧皆用古人题此花之旧句，或诗词歌赋不一，皆用黑绒绣出草字来，且字迹勾踢，转折，轻重，连断皆与笔草无异……

吴地穷苦人家女子，则常常是以刺绣贴补家用，有为大家闺秀捉刀代工的，也有为绣庄外包赶活的。例如清代沈复在《浮生六记》中，讲述妻子陈芸从小以女红巧手担负家庭生计。周瘦鹃在《紫兰忆语》中记录，他六岁丧父，母亲靠针线收入供他入上海民立中学念书。笔者的爷爷体弱多病，奶奶就是靠着给大户人家缝缝补补，后来加上两个姑母早早工作帮衬，在丹阳小县城那狭窄的贺家弄里，硬是走出了伯父与父亲两个上世纪50年代的名牌大学生。

自宋代起，苏州刺绣具有一定规模，艺术水准也非常高。明代文震亨在《长物志》中记录："宋绣针线细密，设色精妙，光彩夺目，山水有远近的趣味，花鸟则绰约多姿、亲昵活泼，不可不藏一二幅，以备画中之一格。"到了清代，皇室绣品多出自苏绣艺人之手，据说苏城绣庄有150家，巅峰期的绣工总数达到10万。

直到现在，苏州古城中仍旧保留着绣衣弄、绣线巷等坊巷名称。随着经济社会发展，苏绣又走入艺术品欣赏的领域，制成台屏、挂轴、屏风等，为园林生活平添了一份意趣。苏绣风格与这座园林城市高度一致，精细而雅致。苏绣艺术的发展，最关键的是传承与创新兼备。其中，两位创新绣法的女将最为耀目。

清朝末年，苏绣大师沈寿首创"仿真绣"。这种绣法吸收了西洋油画的精华，让肖像有了光影的质感。沈寿这样回忆道：

> 我针法非有所受也，少而学焉，长而习焉，旧法而已。既悟绣之象物，物自有真，当仿真，既见欧人铅油之画，本于摄影，影生于光，光有

绿窗初睡起

阴阳,当辨阴阳,潜神凝虑,以新意运旧法渐有得。

沈寿与丈夫应慈禧之命赴京,担任清农工商部绣工科总教习;辛亥革命后迁居天津,开办自立女红传习所;后来,在南通实业家张謇创办的女红传习所中担任所长兼教习,最后留下《雪宧绣谱》一书留传后世。从苏州出发,到北京,转天津,直到最后在南通画下句号,这位刺绣大师一路行来,培养了一大批刺绣艺术人才。

民国时期,常州出了一位刺绣高手——杨守玉。她在丹阳正则女子职业中学任教时,接触到素描、水彩、油画等西洋绘画技法,尝试打破传统刺绣"密接其针,排比其线"的框架,借鉴西画笔触,创造出运针纵横交错、疏密重叠的"乱针绣",具有光色透视效果,立体感也更强,成为刺绣艺术中的一个独特流派。

1951年,应苏州市政府的邀请,杨守玉参与创办新中国第一所刺绣学校,亲手培养了一大批优秀的刺绣艺术人才。这所刺绣学校,就是苏州刺绣研究所的前身。

2

刺绣五纹添弱线,吹葭六琯动浮灰。
岸容待腊将舒柳,山意冲寒欲放梅。

——〔唐〕杜甫《小至》

小至就是冬至,过了冬至白日渐长。老杜这首诗举重若轻,"刺绣五纹添弱线"的意思是绣女们因为白昼变长,可以多绣几根五彩丝线了,春天气息正处处孕育……

以五彩丝线为笔，密密匝匝用心描绘出动人图卷。刺绣艺术之美，靠的就是真丝那份独特的华美质感；不过，凡事总有其两面性，动物纤维原料在光照潮湿后容易变色，天长日久纤维也容易炭化发脆。如果能够借助现代科技的力量，研发相应的长期保存技术，将进一步提升刺绣艺术品的市场价值。有空的话，可以去苏州刺绣研究所看看，因为那也属于标标准准的"行走苏州园林"。

苏州刺绣研究所位于阊间大城中心地带，从 1957 年设立至今，培养了数以百计的刺绣艺术大师和专家，顾文霞、李娥英被国家确定为第一批国家级非物质文化遗产项目的代表性传承人。最值得一提的是，刺绣研究所就坐落在世界历史遗产——环秀山庄内。

本书第五章中提到，环秀山庄是苏州园林中叠石艺术的经典佳作。刺绣大师们在苏州园林中静心创作，一抬头，望山池泉石；一低头，绣锦簇繁花。是否因为在苏式园林之中，作品就更加精美动人呢？这园林之"秀"，与苏绣之"绣"，交相辉映，成为一段现代的吴地传奇。

有空也可以走出苏州古城，沿着太湖大道驱车向西，或是搭乘现代有轨电车，来到苏州最西部的小镇——镇湖。这里不仅有苏州西部生态城这一滨湖旅游休闲目的地，更有着"八千绣娘、户户飞针"的苏工传奇。传统手工艺，最怕的是传承人越来越少，最后只留下博物馆中的一块块介绍展板，或是资料室中的一段段历史影像。但是，在这小镇中心的"绣品街"上，不仅有两三百家绣庄，刺绣艺术展示馆，更让人激动的是，伴随着太湖湿润清风扑面而来的，是苏州刺绣在民间涌动的蓬勃活力：

小镇不大，笔者在这里工作过一年时间，用脚步丈量过这里的每条巷陌。根本不用找镜头摆拍，随便走在哪条镇区小巷，或是郊野中的农舍门口，都能看到七八十岁的老奶奶，架着老花镜，一边晒着太阳，一边气定神闲地在绣架上飞针；也时常能看到小娘鱼（吴语：小女孩）安静地坐在绷架前，跟着大人学刺绣。在这里，还有苏州工艺美术职业技术学院办的绣娘大专班，有成为刺绣大师的"绣男"，有创新的针法专利，有筹备中的刺绣研究院……

一切的一切，简直就是非遗传承的理想状态！

三、巧夺天工

> 未孤佳节兴，日暮更登楼。
>
> 山远一痕碧，塔高双影浮。
>
> 橹声频欸乃，花气自清幽。
>
> 三径有佳色，一楼凝晚香。
>
> 题糕容点笔，采菊好称觞。
>
> 地僻林泉远，身闲岁月长。
>
> ——〔清〕严永华《九日偕外子挈儿登补读旧书楼》

才女严永华是佳偶之园——耦园的女主人。这篇诗文平淡无奇，不能算是佳作，不过看看诗中描写的这种小生活，真是羡煞旁人：她携着外子，也就是丈夫沈秉成，带着一双儿女，登上小楼，看看远山，看看塔影，听听橹声欸乃，闻闻花香清幽；走过小径，走进厅堂，顺道采点菊花，用来举杯祝酒；苏式糕点做完后，点上红绿糖汁，是谓"点笔题糕"……

安居水云乡

苏式生活，追求的不是堆砌金银，铺陈喧嚣，而是那一份内敛的精致典雅。诚如文震亨在《长物志》中所言："总之，随方制象，各有所宜，宁古无时，宁朴无巧，宁俭无俗；至于萧疏雅洁，又本性生，非强作解事者所得轻议矣。"——要根据实际情况，以适宜为原则，宁可古拙而不要太过前卫；宁可朴实而不要轻佻；宁可俭约而不要粗俗；出自本性的萧疏雅洁，要靠内心去领悟。

苏式生活、苏州园林相关的手工艺术精品真的写不完：苏扇、苏裱、苏灯、桃花坞木刻年画、民族乐器、戏剧服装、吴门篆刻等等。明清两代朝廷专门设织造局,组织宫中艺术品和日用品的制作,客观上促使这里的手工艺匠一直追求更高水平;同时,苏州有大量文人全情参与手工艺的设计制作,最终让这座城市成为公认的"工艺之都"。

民间手工艺规模化发展、精细化分工,自发形成了相对集中的生产基地,例如桃花坞大街的木刻年画,廖家巷集中扇业作坊,景德路的乐器店,城西的铜器作坊,城外横塘、木渎的绣品,陆墓的御窑金砖,等等。用现代语汇说,这不就是一个个产业集聚区吗?

不过在这个快速变化发展的时代,从古代穿越过来的传统手工艺,或多或少都会有些不适应。对于很多门类来说,当下最难的是活态保护与可持续发展。只有通过培育艺匠代代相传,工艺推陈出新,才能令曾经名重天下的苏工、苏意、苏制,在新的时代一脉相承,创新发展。

> 题诗雅有高人和;
>
> 吹笛闲寻野鹤听。
>
> ——〔清〕刘墉题狮子林揖峰指柏轩联

苏工,是一种生活时尚的自觉,一种由古代文人引领,吴地民众追捧的"轻奢"(Affordable Luxury)态度。

苏工,是传统的劳动密集型产业,在江南温润大地上,通过吴地人的智慧与巧手,能够达到的巅峰状态。

有人担心,已经是工业4.0时代了,手工艺该走向何处? 其实,工业4.0并不是继续在规模化、标准化上做文章,这是在世界工业化进程中,早就解决了的问题。工业4.0的目标是以智能制造、信息技术来改变传统模式,建立一个高度灵活的个性化和数字化的生产模式。仔细想想,个性化、独特性不也正是手工艺品的根基吗? 要笔者说,工业4.0其实是大工业这个虬髯壮汉,想去寻回他儿时的本真。

有人担心,随着网络遍布四野,Wifi苍苍,Data茫茫,人工智能兴起,手工艺该走向何方? 从困在身体囚笼中的斯蒂芬·霍金,到想要飞到火星的埃隆·马斯克,都在谈人工智能的奇点何时来袭。不过说到底,人工智能强于数学

第六章　苏工,如切如磋长相依

演算分析、多语言翻译、海量数据处理等方面;对于难以量化的东西,例如视觉美、艺术感之类的,即使在未来还会继续力不从心;而要是说到那份能将情感融入一笔一划、一刀一刻中的手工艺术,更是为难它了。

说回苏工,手工艺的确有着时代的烦恼。手工艺术在现代的发展,或早或晚,都需要触及两个核心命题:如何找到工艺传统的原真性与现代技术的结合之处? 如何将高度的个性化技巧与流行时尚的艺术性贴合得更近? 我们也期待着:

苏工,能在前人艺术积累中,借助互联网 + 、万众创新的喷薄之机,穿越古今,在现代生活中产生更大涟漪。

第七章 苏艺,云舒云卷长相守

园林生活,不仅有物质方面的精美雅致,更有精神层面的艺术追求。走在园林中,随处可以发现精妙的书法、隽永的对联,这儿一幅吴门书画,那边半墙古文碑刻,边游边赏,让人一唱三叹,回味无穷。

实际上,吴文化中包含的元素,或多或少,都与苏州园林有着内在的关联。就拿令人心醉神迷的昆曲来说,《牡丹亭》所有情节,竟然都是在一座园林中发生的。

细想起来,还真没有哪个地方,比苏州园林更能承载昆曲之美了。按照陈从周先生的观点:花厅、水阁都是兼作顾曲之所,如苏州怡园藕香榭、网师园濯缨水阁等,水殿风来,余音绕梁,隔院笙歌,侧耳倾听,此情此景,确令人向往(《园林美与昆曲美》)。

在"粉墙花影自重重,帘卷残荷水殿风"的庭园中,找一处亭阁,请两位名伶,头顶明月是灯,岸边垂柳作帘。咿咿呀呀的只是柔媚数声,一段红尘紫陌的宿世姻缘,便从那水面上荡过来,飘落在聆者的心中……

上一章,我们看过了与园林生活相关的"苏工",那是吴文化"凝"成的一件件有形杰作;这一章,再欣赏动听、动情、动人的"苏艺",无论是吴语、吴歌、评话、弹词、苏剧、昆曲,都是吴文化在园林中的喷薄潮涌!

隔院闻笙歌

第一节　动听·吴语吴歌

一、吴语·醉里吴音相媚好

1

> 茅檐低小,溪上青青草。
>
> 醉里吴音相媚好,白发谁家翁媪?
>
> 大儿锄豆溪东,中儿正织鸡笼。
>
> 最喜小儿无赖,溪头卧剥莲蓬。
>
> ——〔宋〕辛弃疾《清平乐·村居》

江南烟雨濛

"词中之龙"就是不一般,收起一身的豪侠之气,竟然立刻变化作一个安静的画家,用纯粹的白描手法,寥寥那么几笔,画出村居生活如此安详,点到吴地乡音如此美妙。

来苏州游赏园林的朋友,在很多场合会听到苏州方言。初听老苏州们说话,很多人的感受是:一句也听不懂,不过声腔音调软糯绵柔,倒是非常动听。我们常说"吴侬软语",讲的就是这一份酥软甜柔。不过,这里先得简单区分几个概念:吴语、苏白、苏州话。

吴语,一个巨大的方言体系,分布于今天江苏南部、上海、浙江大部、安徽南部、江西东北部、福建西北角。所谓"百里不同音",其中的小方言种类非常繁多。吴语非常接近古汉语中所谓的

"中古雅言"，最显著的特点是八声调齐备，拥有三十六声母并保留浊音。吴语保留了平上去入的平仄音韵，这正是古汉语韵律之美的直接体现。因为古代吴人吴地的政治、经济和文化中心大都在苏州附近，所以"苏州话"一直就是吴语的最典型代表。

苏州话，是指苏州古城及周边县区的方言，属于吴语语系中的太湖片区，一直是吴语系中的代表方言。除了吴语的共性特征，例如清浊对立外，自身还有尖团音分化等特点。例如，在苏州话中，箭与剑、清与轻、小与晓、相与香读起来并不相同，前者为尖音，后者为团音。不过，随着方言本身受到时代影响，这种小清新的特点也在不断弱化。苏州话的特色是元音发音部位靠前，说话时嘴型变化比较小，正是这点让苏州话听起来显得轻软可人。

> 皋桥路逶迤，碧水清风飘。
>
> 新秋折藕花，应对吴语娇。
>
> ——〔唐〕孟郊《送李翱习之》

苏白，就是吴语白话或苏州白话。白话相对于官话而言，是民间方言；白话文相对于文言文而言，实际上是老百姓口语的文字表达。苏白是一种以明清的苏州话为语法和词汇基础，以汉字为书写文字的汉语体系。一开始，苏白主要见于戏剧领域，很多梨园的演出戏本中，语音、词汇、语法都用方言。

清初，苏白又进入小说领域，最早的苏白小说是《豆棚闲话》。到了清末民初，更是出现了一拨苏白小说的小高峰。其中，以韩邦庆的《海上花列传》最为知名，讲的是陶玉甫和李漱芳、王莲生和沈小红两对情侣的故事。故事其实没什么特别，因为从明末清初的才子佳人小说，直到清末民初的"鸳鸯蝴蝶派"，江南的小说历来擅长情感描写。

《海上花列传》的特别之处在于，全书由文言和苏白写成，其中对话皆用苏州话。1892 年开始在报纸上连载，可以说是中国第一部方言小说。不过，书写得虽然好，但是大多数人看不懂啊。最后是张爱玲实在忍不住，将其翻译为国语和英语。看看，居然是要翻译的。

除了大量戏曲文本和苏白小说外，有一种与苏州方言有关的书籍也非常有意思。想来苏州方言对于老外来说，无异于是在听天书。不过这时，信仰的力量就体现出来了：例如，传教士穆麟德在 1892 年出版了《苏州方言字音表(A Syllabary of the Soochow Dialect)》，1899 年上海美华书馆出版了苏州土白的《圣经史记》，等等。

吴语发音清丽软糯，抑扬顿挫，还带点儿音乐感。但话说回来，再好听，也只不过是中国千万种方言之一而已，有什么特别之处呢？其实，吴语最大的魅力，在于她与吴歌、苏剧、评弹、昆曲等吴地艺术形式之间千丝万缕的联系。

二、吴歌·梦里摇到外婆桥

1

> 昨夜谁为吴会吟，风生万壑振空林。
>
> 龙惊不敢水中卧，猿啸时闻岩下音。
>
> ——〔唐〕李白《夜泊黄山闻殷十四吴吟》

"诗仙"写点小乐评，也非得搞得无比跌宕起伏——昨夜是谁唱出吴地的歌声，就像万壑之风振响空寂的树林？蛟龙惊起不敢在水中静卧，山猿边啸边听着岩下传来的歌声……

不过吴歌好听归好听，但李太白估计是被吵得整晚失眠了。冤有头，债有主，总得找到这个三更半夜分贝爆表的家伙。于是，他继续写道：

> 朝来果是沧洲逸，酤酒醍盘饭霜粟。
>
> 半酣更发江海声，客愁顿向杯中失。

——早晨一找，见面一聊，发现唱歌的殷十四果然是位高人，便带来栗子和他喝起酒来。酒至半酣时，这殷兄弟又发出江涛海啸的歌声，客地愁绪被歌声拌入酒中，消失得无影无踪了。

看看，李白本来是去"寻吼撕"（吴语：吵架）的，但又一次被吴歌给征服了。难怪在他的诗中多次响起吴歌："吴歌楚舞欢未毕，青山欲衔半边日"（《乌栖曲》）；"试发清秋兴，因为吴会吟"（《送麹十少府》）；"我有吴趋曲，无人知此音"（《赠薛校书》）；"雕盘绮食会众客，吴歌赵舞香风吹"（《扶风豪士歌》）；"楚舞醉碧云,吴歌断清猿"（《书情题蔡舍人雄》）……

吴歌,又称吴歈。唐代李绅的"花寺听莺入,春湖看雁留。里吟传绮唱,乡语认歈讴"（《过吴门二十四韵》）中,"歈讴"就是吴歌。吴歌是以吴语表达出的吴地艺术形式,充溢着朴素的生活气息。一般以口头演唱方式表演,没有乐器伴奏。主要包括摇船歌、莳秧歌、耘稻歌、打场歌等"劳动号子";也有男女情歌、儿歌、各种仪式歌曲、长篇叙事歌等等。

吴歌中常见水乡特色,摇船时唱船歌,打鱼时唱渔歌,吃鱼时当然也得来首儿歌,像这首几乎每个苏州土著都会唱的："摇摇摇,摇到外婆桥。买条鱼烧烧。头勿熟,尾巴焦。盛拉碗里必八跳。白米饭,鱼汤浇。吃仔宝宝又来摇。"

田野乡村中口口相传的民歌,有心人采风后记录下来,保留到了今天。例如,宋代郭茂倩在《乐府诗集·吴声歌曲》中记载了342首之多。下面这一首短歌："打杀长鸣鸡,弹去乌臼鸟,愿得连暝不复曙,一年都一晓",唱的是约会中的男女,只愿长夜漫漫,恨煞打鸣公鸡的心事。

明代,苏州人冯梦龙是个有生活的人,晚上挑灯写白话小说"三言"（《喻世明言》《警世通言》《醒世恒言》）;白天就深入田间地头采风,用苏白收集、记录、创作了很多吴地民歌,辑录成《山歌》《挂枝儿》和《夹竹桃》。在采集民歌的过程中,他尊重方言发声习惯,很少删改原曲,仅《山歌》就集录了383首吴歌,《挂枝儿》435首,成为研究吴地民间文化的第一手资料。

民间文艺作品总是那么的天趣十足、接近生活。在冯梦龙《挂枝儿》卷七中,收录了一首吴歌,稍微长些,意思与《乐府诗集》中的那首倒也相近："俏冤家一更里来,二更里耍,三更里睡,四更里猛听得鸡乱啼。持毛的你好不知趣,五更天未晓,如何先乱啼。催得个天明,鸡,天明我就杀了你。"唉,又是一只可怜的打鸣鸡啊!

要知道,冯梦龙也是昆腔传奇的创作者,写有《双雄记》等作品。由此也可以看出,吴歌、昆曲等艺术形式,本是互通互融的吴地文化奇珍。

蜘蛛生来解织罗，吴儿十五能娇歌。

旧曲嘹厉商声紧，新腔啴缓务头多。

——〔明〕袁宏道《江南子》

剑池石壁仄

袁宏道在明代文坛上地位非常重要，他反对"文必秦汉，诗必盛唐"的风气，提出"独抒性灵，不拘格套"的性灵说。老袁平时最大的兴趣就是访师求学，游历名山大川，曾说"与其死于床，何若死于一片冷石也"（《开先寺至黄岩寺观瀑记》）。这样的一枚"资深驴友"，如何会放过苏州城外的虎丘山？在当吴县知县两年的时间中，他六登虎丘山，并留下了描写吴歌的最精妙篇章——《虎丘记》。

虎丘的"绝崖纵壑"和庐山比起来，属于拳击比赛讲的"蝇量级"，但吴地风光，从来不在于峰峦之高，而在人文之深。在《虎丘记》中，袁宏道描写了中秋之夜，苏州市民"倾城阖户，连臂而至"，游赏了一天；到了入夜时分的千人石上，众人席地而坐，吃着野餐喝着酒，这时音乐声响起：

> 布席之初，唱者千百，声若聚蚊，不可辨识。分曹部署，竞以歌喉相斗；雅俗既陈，妍媸自别。未几而摇头顿足者，得数十人而已。已而明月浮空，石光如练，一切瓦釜，寂然停声，属而和者，才三四辈。一箫，一寸管，一人缓板而歌，竹肉相发，清声亮彻，听者魂销。比至夜深，月影横斜，荇藻凌乱，则箫板亦不复用，一夫登场，四座屏息，音若细发，响彻云际，每度一字，几尽一刻，飞鸟为之徘徊，壮士听而下泪矣。

这一场"虎丘吴歌音乐节"分为三个层次：

——布席之初，唱歌的人成百上千，声音像一群蚊子嗡嗡，分都分不清。

等到能够分清批次"拉歌"时,大家就能开始比拼起歌唱水平来;雅乐俗乐来一遍,唱功好坏就自然由"大众评审团"作评判了。

——过了一阵子,摇头顿脚按节而歌的人就只剩几十个人了。不久,明月高悬空中,照得山石如同洁白的绢绸,所有粗俗的声音悄悄停歇,这时唱和着的就只有三四个人了。一箫,一笛,一人舒缓地打着歌板唱着,管乐和歌喉一起迸发,清幽嘹亮,令听者魂销。

——到了深夜,月影横斜,树影散乱的时候,连箫板都不用了,一个人登场歌唱,四座的人都屏心静息。他的歌声细如发丝,却又响彻云霄。每吐一字,几乎要一刻的时间,飞鸟听之久久盘旋,不离;壮汉听之突然失控,泪崩。

经过老袁这神一样的文笔点染,曾经飘荡在虎丘夜空的吴歌天籁,就已经无法用"此曲只应天上有"等普通诗句来形容了。

> 结识私情恩爱深,五姑娘作双花鞋送郎君。
> 侧飞蝴蝶前头领,五幅金线盘后跟,
> 玉白缎子双切口,墙浪要绣八出好戏文。
> 送拨吾(送给我)阿天哥哥苏州城里跑一转,
> 挪勿要(你不要)踢坍花鞋抄后跟。
> 千针绣,万针引,绣出格双花鞋簇簇新,
> 阿天着仔格(穿着那)双花鞋笑盈盈,
> 着勒浪(穿上后)一脚勿差半毫分。
>
> ——吴歌《五姑娘》

对于吴歌,明代王世贞这样点评:"吴中人棹歌,虽俚字乡语,不能离俗。而得古风人遗意,其词亦可有采者。"(《艺苑卮言》)也就是说,吴歌虽然是乡间民谣,但有着自身的文学价值。

五四运动前后,北京大学发起了歌谣运动,先是鲁迅、周作人提议,蔡元培倡导,刘半农、顾颉刚等历史学家全情参与。他们认为:与职业艺术作品不同,民间歌谣生动地记录了普通民众的生活,就如同璞玉一般,是一种未经雕琢的文化传承。这里插一句,那时的北大教授刘半农、胡适、梁漱溟、刘文典

夕归歌袅袅

都是 30 岁不到,校长蔡元培最老成,刚满 50。从这并不太知名的歌谣运动,也能发现,正是对吾国与吾民的热爱,让那一代青年人,催生了勇于追寻"德先生"、"赛先生"的五四精神。

在歌谣运动中,顾颉刚根据多年来在家乡苏州收集的吴歌素材,编辑了《吴歌甲集》《吴歌小史》等书籍。仅《吴歌甲集》这本小册子就有胡适、沈兼士、俞平伯、钱玄同、刘半农作序,可见当时学界对于吴歌的重视程度。胡适在序中写道:"方言的文学越多,国语的文学越有取材的资料,越有浓富的内容和活泼的生命。"俞平伯在序中写道:"吴声何等的柔曼,其唱词又何等的温厚,若听其散漫泯灭,真万分可惜。"刘半农在序中写道:"吴歌的意趣不外乎语言、风土、艺术三项,这三件事,干脆说来,就是民族的灵魂。"

实际上,古诗中的吴歌是个宽泛的概念,吴地人的吟诗、清唱和曲艺都可以算。现今的吴歌,主要是指吴地民间的歌唱形式。初听吴歌的人,可能会吃惊:说好的吴侬软语,温柔细腻,怎么这般婉转激越,好似李白笔下的江涛海啸呢?原因很简单,这本就是田间地头上劳作累了,互相鼓劲加油的歌曲,踩着"杭育嗨哟"的劳动号子节奏,劲小了可不行。直到今天,吴歌仍保持着原生态,这也正是其魅力所在。在苏州古城的周边,有吴歌的"各大门派":如今在苏州大市范围内,有吴江区的芦墟山歌、相城区的阳澄渔歌、常熟市的白茆山歌、张家港市的河阳山歌、太仓市的双凤山歌,还有胜浦山歌、白洋湾山歌、昆山宣卷、浏河渔民号子、甪直的打连厢,等等。各地的吴歌都有自身的特点特色,例如芦墟山歌中,大都有一句"呜咳嗨嗨";白茆山歌的比较柔软,唱腔较长;甪直的打连厢,则必定得穿着特色水乡服饰。

2006 年,吴歌被列入第一批国家级非物质文化遗产名录。

月里嫦娥下凡尘,百花村里来落户。

结识对象田状元,一见钟情配夫妇。

种好承包责任田,再养百只鸡鸭鹅。

三年辰光不算长,嫦娥变成万元户。

——程锦钰《宣卷新调·天堂哪有人间好》

户、妇、鹅在吴语中是押韵的,吴地宝卷要的就是这样浅显易懂的调调。吴地民间艺术的宝贝很多,不光是在舞台上的流光溢彩,丝竹风月;也有像上面这样词曲通俗、田间地头上的热闹调门。2014 年,吴地宝卷成为第四批国家级非物质文化遗产名录的代表项目。

宝卷,源于唐代变文"俗讲"与宋代佛教的"说经",一开始仅限于僧宇尼庵之中,用通俗浅易的形式,讲唱经文和演唱佛经典故,传播宗教教义。宝卷就是这讲经的讲义、演唱的文本。宝卷的故事都较长,最长的达八九万字。明代的信众认为抄卷和摹经一样积功德,因此会写字的家庭都愿意抄写,不识字的人也会请人抄写,放在家中镇妖避邪。后来宝卷也出现了木刻本、石印本。信仰的力量在不经意间,为后世留下了这一民间文学的海量文本。

宣卷,顾名思义就是宣讲宝卷。讲时用"白",即乡土大白话;唱时用"偈",也叫"吟",是用略显规整的七言和十言韵文形式。高僧大德的阳春白雪,配合上宣卷的通俗易懂,宣传效果就出来了。想想西方的唱诗班也一样,牧师神父引经据典讲得精彩,总不及用管风琴配上纯真无邪的童声合唱,直指人心,涤荡灵魂;抑或是干脆来一个黑人唱诗班,蓝调灵歌饶舌齐上,台上台下双手打拍,载歌载舞,一下子嗨翻整个教堂。

吴地宝卷,就是用苏州话宣唱的宝卷。清道光年间后,有一部分宝卷逐渐摆脱宗教气氛,以讲唱神话传说和民间故事为主,与地方曲艺戏曲同目的宝卷逐渐增多,有《琵琶记》《西厢记》《白蛇传》《珍珠塔》等。宣卷形式中还增加了丝竹乐器伴奏,常用的有《弥陀调》《韦陀调》《四季调》《紫竹调》等。通常的木鱼宣卷,用木鱼、星子伴奏,也有用乐器伴奏的丝弦宣卷。宝卷逐渐演变成为一种民间说唱形式,在庙会、婚庆、寿诞时宣唱。

在吴地乡镇,例如同里、锦溪、凤凰、胜浦镇等地方,宝卷、宣卷至今都在流传,成为吴地农村文化的重要组成部分。在城乡一体化的进程中,很多新建社区由原先的乡村撤并而来。在社区文化建设中,出现了一些民间自发的吴歌表演队,用"呜咳嗨嗨"唱唱身边的邻里情,唱唱农村股份合作社发了"年终奖",唱唱对于来年的新念想。

这种贴近百姓生活的传承方式,让人对于这门乡土艺术的传承,更增添了一份信心。

三、苏剧·百转春莺滩簧调

> 水国多台榭,吴风尚管弦。
> 每家皆有酒,无处不过船。
>
> ——〔唐〕白居易《夏至忆苏州》

二胡领头,琵琶、三弦、箫、笛、笙等一众乐器响起,优美的苏剧唱腔幽幽传来。苏剧,是苏州地区的地方剧种。这里,还得先费点脑细胞,区分几个概念,才能厘清苏剧的前世今生:

对白南词,又称南词,是一种清唱的曲艺形式,与苏州弹词同源而分流,有300年左右的历史。一般认为,苏剧由苏滩发展而来,而苏滩的前身就是对白南词。直到民国年间,苏剧在民间演出,有时还挂对白南词的牌子。

滩簧,由南词、昆曲演变而来。乾隆年间,滩簧小戏就已在江浙一带盛行,演出方式较为随意,围坐六七人,不化妆、着素衣,分别担任角色,自拉自唱,根据《清稗类钞·音乐》记载:"滩簧者,此弹唱为营业之一种也。集同业者五六人或六七人,分生、旦、净、丑脚色。惟不加化妆,素衣围坐一席。用弦子、琵琶、胡琴、鼓板。所唱戏文,惟另编七字句,每本五六出。歌白并作,闻以谐谑。"上海沪剧、宁波甬剧和苏州苏剧等剧种,都是由滩簧演变而来的。

苏滩,即苏州滩簧,产生于清代康乾年间。演唱的节目分为前滩和后滩:前滩,是先演出的正戏,绝大部分由昆剧改编而成,有《牡丹亭》《西厢记》《琵琶记》《长生殿》等剧目;后滩,内容源于滩簧,多是以丑角为主的幽默诙谐戏。乾隆年间,苏州滩簧流行一时,有几十副苏滩戏班同时在城乡演出。

苏剧，由苏滩蜕变而成。1909年，苏滩演员林步青与昆剧名旦周凤文合作，进行化妆苏滩演出，剧目名称叫《卖橄榄》。从此化妆苏滩的商演不断，并逐渐由曲艺演变为一个独立的戏剧剧种——苏剧。1941年，"国风新型苏剧团"成立，标志着苏剧正式成为了一个戏曲剧种。

这里补充一下，除了"苏滩—化妆苏滩—苏剧"的演变路径之外，苏滩还有另外一个发展方向：在开埠后的上海，苏滩主动适应起市民口味，由说唱戏文故事为主，渐渐改变为主要针砭时事。融入了海派文化后的苏滩，特别是其中的后滩，演化成了一种轻松活泼的曲艺形式，并与滑稽"独脚戏"等艺术形式融合，成为上海滩上风靡一时的"滑稽戏"。

滑稽戏在苏州，也有张幻尔、方笑笑等名角，20世纪50年代成立的苏州市滑稽剧团，创造了很多等优秀剧目。其中，《小小得月楼》在80年代被搬上大银幕。电影完整保留了苏式生活场景和苏式滑稽韵味，特别是讥讽了当时的不正之风，例如吃白食的干部家属"白娘娘"，至今让人印象深刻。为了保护这一曲艺形式，滑稽戏也被列入了第三批国家级非遗代表作名录。

说回苏剧，她与昆曲的关系颇有意思。昆曲是百戏之祖，自然是苏剧的老前辈。不过，在清代花雅之争后，昆曲迅速衰败。到了1942年，昆曲"传字辈"艺人组班的"仙霓社"散班之后，全中国竟然已经没有一个独立的昆曲剧团了。

好在吴地各种戏曲形式本来就互动频频，不仅苏滩苏剧的剧目中保留了昆曲精华，苏

传承古与今

滩苏剧的剧团更是接纳了很多昆曲艺人，称为"苏昆合流"。因此有人说，在昆曲最危险的时候，是苏剧拯救了昆曲。苏昆合流的影响是相互的、正向的：一方面，剧团留住了一星半点的昆曲火苗；另一方面，昆曲人才和底蕴，让苏剧表演艺术水准迅速提高。

20世纪50年代后的苏州，苏剧非常流行。苏剧与昆曲长期合班，许多艺人苏剧与昆曲兼能。江苏省苏昆剧团招收了大批学员，以昆曲学习打底，演出则以苏剧为主。剧团在经济上"以苏养昆"，在艺术上"以昆养苏"。两个剧种，竟然形成一种奇妙共生的状态。苏剧与昆曲在文学、音乐方面渊源深厚，要说区别，苏剧更为通俗、更加自由，因此也有人说苏剧是通俗化的昆曲。

不过到了今天，昆曲的影响力远远大于苏剧。由于苏剧与昆曲的近亲关系，如今苏剧演员的"主战场"往往在昆曲演出上，加之苏剧本身剧目较少，发展形势不容乐观。2006年，苏剧被列入第一批国家级非物质文化遗产名录，同时正式启动了艺术传承工作。

第二节　动情·评话弹词

一、大书小书·王周士光前裕后

> 沧浪亭御前弹唱垂青史；
>
> 光裕社启后箴言耀艺坛。
>
> ——苏州评弹博物馆《珠落玉盘》联

清乾隆时期，苏州出了个著名艺人王周士。"沧浪亭御前弹唱垂青史"说的就是关于他的传说：王周士曾在沧浪亭中，为南巡的乾隆作过汇报演出，得到了高度肯定；后来更是数度奉诏进京，为皇帝搞专场表演。

"光裕社启后箴言耀艺坛"说的是王周士的真实故事：1776年，王周士创建了苏州弹词界同业组织——光裕公所（光裕社），取"光前裕后"之意。这个公所在后来的岁月中,起到了制订行规、艺人互助、切磋书艺和培养后进的作用。二百多年来,光裕社出了一大批评弹名家响档,有"千里书声出光裕"之说。

苏州评弹,是苏州评话和苏州弹词的总称,俗称"说书"。无论是"说、噱、弹、唱",用的完全是吴侬软语,是一门典型的苏州本土艺术。2006 年,苏州评弹被列入第一批国家级非物质文化遗产名录。

苏州评话,和北方的评书有共通之处,最早可以追溯到唐宋说话和讲史。元代称"平话",至明代"平话"与"评话"通用。结构上,也是擅于讲长篇故事,每天说一回,每回约一个半小时,用"关子"来制造悬念,能连说上个一年半载。

苏州评话讲述的题材内容多为朝代更替、军事争战、侠义豪杰。苏州评话俗称为"大书",传统书目有《三国》《水浒》《隋唐》《岳传》《英烈》等。表演方式为徒口讲说,演出大都为单档,也就是一人、一桌、一椅,手上执一把折扇,备着一小块方巾,桌上放一块醒木;只需要一个眼神、两个动作、几句铺陈,便立马把听众带回到金戈铁马的年代中去。

苏州弹词与苏州评话最大的不同,在于说唱相间,既有说表,又有三弦、琵琶弹唱。苏州弹词形成于明代,由宋元之间在民间流传的说唱形式——词话和陶真发展而来。弹词流行于南方,鼓词流行于北方。演出方式大都为双档,也有单人、三人的形式。

苏州弹词的题材内容大

独艳众芳随

都取自传奇小说和民间故事,故又被俗称为"小书",传统书目有《珍珠塔》《玉蜻蜓》《描金凤》《啼笑因缘》等。走进一家书场,男演员着长衫儒雅潇洒,另一侧的女艺人则是身着苏式旗袍,清雅脱俗。一搭一档,一唱一和,将一段儿女情长的故事娓娓道来。

快而不乱,慢而不断;放而不宽,收而不短;

冷而不颤,热而不汗;高而不喧,低而不闪……

——〔清〕王周士《书品》

大书、小书的表演者,叫作"说书先生"。王周士的过人之处,不仅仅是有所谓"御前弹唱"的背书,关键在于他善于搞理论工作:针对究竟应该怎么说书,他总结出了《书品》;针对说书中应该克服和避免的问题,他总结出了《书忌》。

说书的表演场地叫作"书场"。说书人对故事的叙述,整体以第三人称视角作为主线;一路上说到了哪个人物,就模仿这个人物的语音和语调,并辅以动作和表情加以演绎,吴语中俗称"起角色"。

说书人讲究"说、噱、弹、唱":"说"指叙说故事,其中分为陈述故事环境、人物行为的"表",以及模仿故事中人物语言的"白";"噱"在苏州话中叫"放噱头",与相声中的"抖包袱"一样,逗人发笑;"弹"指使用三弦或琵琶进行伴奏;"唱"指艺人的自弹自唱。

以王周士为代表的说书先生们,说得是抑扬顿挫,噱得是妙趣横生,弹得是弦琶琮铮,唱得是轻清柔缓……

二、亦庄亦谐·四大家流派纷呈

云烟烟,烟云笼帘房;月朦朦,朦月色昏黄。

阴霾霾,一座潇湘馆;寒凄凄,几扇碧纱窗。

呼啸啸,千个琅玕竹;草青青,数枝瘦海棠。

病恹恹,一位多愁女;冷清清,两个小梅香。

——弹词开篇《潇湘夜雨》选段

书场正式演出之前,总要先来上一小段唱,称为"弹词开篇",实际上是起暖场作用,让台上的人清清嗓,让台下的人也静静场。王周士和光裕社的开篇弹唱得法,后面的好戏也在吴地拉开了帷幕。

清嘉庆、道光年间,苏州评弹陈遇乾、毛菖佩、俞秀山、陆瑞廷四大名家,奠定了如今苏州评弹的基本形式。咸丰、同治年间又出现马如飞、姚士章、赵湘舟、王石泉"后四大名家"。

其中,陈遇乾的陈调、俞秀山的俞调、马如飞的马调,是苏州评弹的三大流派。陈调浑厚苍劲、慷慨悲凉;俞调三回九转、清丽圆润;马调质朴爽快、意韵深长。他们的继承者,发展演变成更多的流派唱腔。

静候珠玉音

20世纪二三十年代,随着广播电台的出现,"空中书场"让评书、弹词传到了更多人的家中。在评弹的全盛时期,据记载苏州评弹书场共有700多家,评弹名家更是举不胜举。直到20世纪七八十年代,电视还不普及,一边吃饭一边听"空中书场",都还是苏城家家户户的习惯。一个个英雄人物,一段段历史风云,潜移默化间,不知道激荡了多少孩子的心灵。

评弹在发展过程中,演唱方法和润腔受到昆曲的影响;评弹中的"起脚色",也是借鉴了昆曲等戏曲的角色表演方式,增加了艺术表现力;评话弹词的脚本与昆曲剧本之间,互相改编更是不胜枚举。乾嘉之际昆曲式微,有的艺人改唱弹词。例如,四大名家中的陈遇乾就曾经是位昆曲艺人,他将昆曲唱法揉进弹词,自创一派。

吴地吴语滋养下的昆曲、弹词、苏剧、吴歌等艺术形式,互相借鉴滋养,不断创新发展。

银烛秋光冷画屏，碧天如水夜云轻。

雁声远过潇湘去，十二楼中月自明。

佳人是独对寒窗思往事，但见泪痕湿衣襟。

曾记得长亭相对情无限，今作寒灯独夜人。

——弹词开篇《秋思》选段

《秋思》的前四句来自两首唐诗，用杜牧的《秋夕》和温庭筠的《谣瑟怨》，点出秋意浓浓，然后引出人物情感，一路秋思下去。这种手法，在昆曲剧本中也很常见。

吴地的曲艺戏曲有一个共通的特点，那就是文字运用雅俗兼备、扎实到位。翻看很多弹词文本，一段段读起来朗朗上口，具有律动的美感。加上音乐唱腔配合，怎么不让人喜欢。

旧时艺人"跑码头"说书，抓住观众的心最为重要。叙事再恢弘的书目，也不会拖沓，特别是当听众遇到精彩的"关子书"时，往往都会惦记着下一步情节该如何发展。说书人会在一张一弛的节奏把握中，有话则长，无话则短，省略些无关紧要的情节。因此，常能听到"一宵已过，直抵来朝"之类的省略语句。

不过，到了该放缓节奏时，说书先生又会用尽每一点时间去描摹场景、事物、动作、心情……弹词《珍珠塔》里，讲到陈翠娥小姐下堂楼，一边走一边想，心中想见情郎，又不好意思，甚至下几层再回上去，丫头也劝来劝去。这十八级楼梯，说书先生卖足关子，吊足听众胃口，细细道来。这叫人肚肠根发痒的一段，最多可以说上个 18 天。

很多评弹长篇由小说或是戏曲改编而来，结合大量的叙述、评论、说表、渲染，内容更为丰富。评弹和北方评话一样，每次演出结束，都得来一个"欲知后事如何，且听下回分解"。一方面，的确是天色已晚，大家都得回去买菜烧晚饭了；另一方面，也是让听众意犹未尽，留个念想，明天准时准刻地来书场报到。

> 论世三千年惟妙惟肖；
>
> 弹词廿四史亦庄亦谐。
>
> ——苏州评弹博物馆楹联

前面所说的"光裕社"，就在如今苏州的宫巷口上。走进这个"光前裕后"的清代砖雕门楼，书厅的下午场里大都是老苏州，也偶有游客，几元钱是门票加上茶水，一边听着评弹，想到了就自己用热水瓶添水。隔着茶水的氤氲之气，铿锵处如珠落玉盘，婉约处余音绕梁，两个小时不知不觉地在闲适中溜走。

以前在书场、茶楼听书，最靠近书台的地方，往往设有桌台，倒不是给赞助商的 VIP 区，而是专供一些老听客坐的，他们有时会对演出提出意见建议，苏州话叫"扳错头"。可惜的是，随着时光的流逝，"口味精准"的老年听客越来越少了。而在离书台最远的地方，会有人站着"戤壁书"，就是不买筹子门票蹭着听的。在书场里窜来窜去的，还有卖油氽花生、盐金花菜的小贩，演出档与档之间，还有热毛巾在书场里抛来抛去，服务地道得很。

能像退休老苏州般在茶馆孵个半天，听听评弹，的确是种享受。不过，只要是能在纷繁忙乱中保持一份平和心态，也应该能够领悟这种苏式宁谧悠闲"慢生活"的真谛。

> 曲折池塘曲折径，真是风来水面自然凉。
>
> 一阵风一阵香，一阵阵凉风是一阵阵香。
>
> 千丝柳绿迎黄鸟，一片蝉声噪绿杨。
>
> 枝上蝉声吟断续，花间鸟语弄笙簧。
>
> ——弹词《珍珠塔》选段

苏州弹词《珍珠塔》已经有近二百年的历史,以它作为主要书目的"响档"名手众多。经过多年的打磨提升,不同的艺人处理方法不同,带来不同欣赏感受。因此在苏州,素有"唱不坍的《珍珠塔》"、"会唱珍珠塔,肚皮饿勿煞"的说法。

塔是"唱不坍"的,不过从受众角度看,苏州评弹的塔基着实令人担忧。现在的很多吴地青少年,苏州方言已经是能听不能讲了,真正能听懂评弹、喜欢评弹的人更是少之又少了。而原来遍布城乡的评弹主阵地——茶楼书场,近些年来数量锐减。

好在古城中,还留存着苏州评弹博物馆"吴苑深处"书场、石路太平坊梅竹书苑、中街路的和平里书场等等,周边还保留了一些乡镇书场;广播中有评弹节目,电视台有《电视书场》,大学里有评弹鉴赏课,社区中有公益演出……苏州评弹经历过严峻危机,如今尚能保住自己的一方阵地,来彰显其浓厚江南特色的人文内涵与精神魅力。

园林育新音①

从演员的角度看,1962 年创办的苏州评弹学校,一直在为苏州评弹输送着新鲜血液。评弹学校新校区位于苏州独墅湖高教区内,在西交利物浦大学、苏州大学、南京大学、东南大学、中国科学技术大学、新加坡国立大学研究生院等二十几所著名院校的簇拥下,像一朵小小的水仙,不亢不卑,安静从容,默默地坚守着本土艺术的传承,成为评弹艺术传承的殿堂。

特别说明一下,评弹学校占地并不大,一共 60 多亩。学校的主体建筑是新苏式风格,特别是在学校的内庭休闲区域,楼台水阁,池鱼荷花,就像弹词开篇《珍珠塔》中唱的那样——"曲折池塘曲折径,真是风来水面自然凉",地地道道的苏式园林风格。

园林艺术与评弹艺术,在新时代的苏州,又一次完美地融合。

---

① 苏州评弹学校官网

第三节 动人·百戏之祖

一、昆腔·水磨调

1

> 陟彼北芒兮,噫! 顾瞻帝京兮,噫!
> 宫阙崔巍兮,噫! 民之劬劳兮,噫!
> 辽辽未央兮,噫!
>
> ——[汉]梁鸿《五噫歌》

上古的巫师跳大神,皇家的祭祀乐舞,汉代的乐府诗歌,民间的山歌小调,都可以算作是中国古典戏剧的源头活水。

东汉梁鸿这首乐府体诗歌写的是——登上北芒山啊,噫! 回首望京城啊,噫! 宫殿高大壮丽啊,噫! 百姓在辛勤劳作啊,噫! 遥远漫长没有止境啊,噫! 这噫来噫去地歌唱出实情不要紧,可传到汉章帝耳朵里就出大问题了。梁鸿改名南逃至吴地的皋桥边,从此隐居闭门著书,留下了与夫人孟光"举案齐眉"的成语典故,也让"皋桥"成了很多诗篇中隐居的代名词。

中国最早的戏剧形式,是宋元杂剧。元杂剧以元大都为中心,涌现出关汉卿、郑光祖、马致远、白朴等名家,主要代表作有《窦娥冤》《汉宫秋》《倩女离魂》《梧桐雨》等等。在江南,从 12 世纪开始,有一种叫作"南戏"的表演形式登上舞台。随着北方的移民潮,北戏传到江南,与当地的民间曲调和吴地方言结合,形成了既有南戏声腔传统,又有北曲精华的特色声腔——昆山腔。

在第三章中,谈到过苏州园林中最具影响力的文艺沙龙——"玉山雅集"。玉山草堂的常驻艺术家,再加上八九十号来来往往的诗人画家,不仅出版了《玉山草堂雅集》,还经常在园林中搞昆山腔的专场演出。雅集常驻的艺术家有:"风月异人"是沙龙主办人顾瑛,"风月主人"是元四家之一的倪瓒倪云林,"风月福人"是擅吹铁笛的本土诗人杨维桢,"风月散人"就是昆山腔的缔造者——音乐人顾坚。

根据明代魏良辅著,文徵明手录的《南词引正》记载:"元朝有顾坚者,虽离昆山三十里,居千墩,精于南辞,善作古赋。扩廓帖木儿闻其善歌,屡招不屈。善发南曲之奥,故国初有昆山腔之称。"

上文中的两个地方需要解释一下,一是千墩就是现在的苏州昆山千灯镇;二是扩廓帖木儿又名王保保,名字并不雄浑,却是元朝最后一个猛人,没有他苦苦支撑,元朝的末代皇族可能直接被团灭,不可能有机会逃回大漠。顾坚没有理会猛人的召唤,一门心思投入昆山腔的艺术实践中去,还著有《陶真野集》和散曲集《风月散人乐府》。陶真是苏州弹词的前身,又一次说明吴地民间艺术间的互融互通。

昆山腔的音乐结构采用曲牌体,包含了唐宋大曲、宋词、元曲、诸宫调、唱赚等曲调。不过在当时,昆山腔还只是一种适合清唱的民间音乐。在园林水阁之中,文人唱和,风雅适然,但并没有形成完整的表演体系,还算不上是真正的戏剧。同时,昆山腔的流传范围也并不广泛,更没得到当时文人群体的普遍认可与重视。

顾坚,在苏州园林中,发出昆山腔的乳莺初啼。

> 板桥南岸柳如丝,柳下谁家将叛儿。
>
> 白苎尚能调魏谱,红牙原是按梁词。
>
> 雨添山翠通城染,潮没堤痕去路疑。
>
> 年少近来无此曲,旧游零落使人悲。
>
> ——〔明〕潘之恒《昆山听杨生曲有赠》

魏谱,说的是魏良辅的曲谱。15世纪末,明代官员魏良辅淡出官场江湖,追随着心中的音乐梦想,来到了当时南戏与北曲都十分活跃的苏州府太仓卫。魏良辅一开始钻研的是北曲,他自身基础很好,娴通音律,嗓音优美,文学修养还很高。因此,魏良辅信心满满,想来用不了几年,就能成为"中国好声音"了。

不巧的是,那时北曲有位著名歌唱家王友山,气场强大,粉丝众多,像山一样横亘在那里,实在是超越不了。于是,魏良辅另辟蹊径,转而研习南曲,还真的搞出了大名堂。清代余怀在《寄畅园闻歌记》中写道:"良辅初习北音,绌于北人王友山,退而缕心南曲,足迹不下楼十年。当是时,南曲率平直无意致,良辅转喉神调,度为新声。"

这十年中,憋着一股劲的魏良辅吸收各地曲调精华,宅在家里搞艺术创作。同时联合了一帮好手,包括精北曲的张野塘,精南曲的过云适,洞箫师张梅谷,笛师谢林泉,等等。经过反复琢磨,改良了原先曲调简单、缺少起伏的昆山腔;同时,让歌词的音调与曲调互相配合,也就是所谓"依字声行腔",延长字的音节,造成舒缓动人的节奏。这种崭新的唱腔形式细腻婉转、富于韵味。

明末《虞初新志》中记录下了魏良辅的演唱:"良辅转喉押调,度为新声,疾徐高下清浊之数,一依本宫,取字齿唇间,跌换巧掇,恒以深

先春乳燕鸣

邈助其凄泪。吴中老曲师如袁髯、尤驼者,皆瞠乎自以为不及也。"老魏的这种"新声"被称为"水磨调",达到了气无烟火、细若游丝的境界。改良后的昆山腔,从园林中清唱的小曲走向"雅化",成为流传后世的昆曲。

魏良辅到了晚年,著有《南词引正》(《曲律》),将在实践中摸索出来的艺术形式,用理论加以概括,受到了江南文人学士的推崇。继他之后,明清两代又有一批昆曲理论著述,例如沈璟的《南九宫十三调曲谱》、沈宠绥的《弦索辨讹》《度曲须知》、徐大椿的《乐府传声》等,构成了较为完备的曲乐理论体系。

魏良辅,昆曲之祖;昆曲,百戏之祖。

祖的二次方,魏良辅就自然升级,被奉为"曲圣"了。

> 骥足悲伏枥,鸿翼困樊笼。
>
> 试寻往古,伤心全寄词锋。
>
> 问何人作此? 平生慷慨,负薪吴市梁伯龙!
>
> ——〔明〕梁辰鱼《浣纱记》

经过魏良辅的革新,昆曲已经不再局限在昆山一隅,而以苏州府城为中心,迅速传播开来。由于其曲白音色以吴侬软语为准则,演员又大多是苏州人,形成了"四方歌者皆宗吴门"的局面。在吴地,一大批民间音乐家拜在魏良辅门下,学习"魏式标准演唱技法",其中就有昆山人梁辰鱼(字伯龙)。

梁辰鱼,是个喜欢音乐的文艺青年。不过,他长得不算文艺,据说老梁身长八尺有余,满脸的络腮大胡子,一身的豪侠之气。由于功名无望,他潜心填词度曲的戏剧创作,吸收了元杂剧的精华,创作出《浣纱记》(《吴越春秋》)。

整部戏从苎萝山下浣纱的西施与范蠡的初初相遇,一直说到两人最后泛舟太湖隐去,以儿女感情为主线,将整个吴越争锋的恢宏传奇铺陈开来。借的是个人离合,抒的是家国情怀。作品曲词工丽,剧情跌宕,全本用昆曲水磨调的形式展现在舞台上,引起了极大轰动。

同时,昆曲乐师们在伴奏中逐渐形成了固定搭配,笛、箫、管、笙、琵琶、弦子等乐器集于一堂,丰富了音色。绿叶红花,令昆曲的演唱更富感染力。这一专职班社逐渐形成了另一种吴地艺术——江南丝竹。

魏良辅的唱腔,梁辰鱼等人扎实的剧本,加上基本定型的乐器伴奏和表演形式,让昆山腔登上了戏剧的殿堂。从此,可供人演唱的吴地诗歌妙曲——昆曲,变成了展现人世悲欢的戏剧——昆剧。直到今天,各地的昆曲院团大多称为昆剧团。为了行文通顺,本书中将昆曲、昆剧统一称作昆曲。

明代中后期,王阳明的"心学",已经动摇了程朱理学的权威地位。王阳明傲然言道:"我的灵明,便是天地鬼神的主宰。天没有我的灵明,谁去仰他的高? 地没有我的灵明,谁去俯他的深?"(《阳明先生集要》)在江南文人中,也兴起了倡导个性自由的思潮。更多的文人雅士全情投入戏剧创作,极大地提升了昆曲的文学价值与艺术品位。

《浣纱记》,第一部完整的昆曲戏剧作品。

梁辰鱼,让昆曲从歌唱正式成为歌剧。

二、惊梦·杜丽娘

> 咱不是前生爱眷,又素乏平生半面。
> 则待来生出现,咋便今生梦见?
>
> ——〔明〕汤显祖《牡丹亭》

前生、今生、来生,世间爱情是戏剧艺术中永远的主题。戏剧演绎的是他人的悲欢离合,触动的却是自己内心的最深处。它能够让人屏息凝神,让人放肆欢笑,让人泪流不止。公元 1616 年,世界一下子失去了两位戏剧大师,汤显祖和莎士比亚。

汤显祖,是个心高气傲的小官。34 岁中进士后在南京做过六、七品闲职。南京这个明朝的"留都",本来就是摆摆架子的,各部衙门俱全,实际上毫无权力。好在这座城市依然富庶,人文荟萃,汤显祖在这里窝着,搞搞诗文唱和、戏剧创作,本来会是一生的太平逍遥。

但这位自称"余方木强,故无柔曼之骨"的文人,实在看不惯官场腐败,最终在 41 岁时没憋住,上了篇《论辅臣科臣疏》。结果可以想见,一下子被贬到雷州半岛去了,后来调任浙江。48 岁,汤显祖彻底告别官场,开始创作《牡丹亭》。《牡丹亭》把浪漫主义手法引入传奇创作,情节离奇,曲折多变,同时注重发掘人物内心幽微细密的情感。故事是这样的:

屌丝柳梦梅做了个梦,窥见花园梅树下有位佳人;与此同时,白富美太守之女杜丽娘,梦见一帅哥书生持垂

流水当鸣琴

柳而来，两人在园中相恋。这白富美因思成疾，死后被葬在梅树之下。三年后，屌丝赴京考公务员，两人终于人鬼相会；柳梦梅掘墓开棺，杜丽娘起死回生。

接下去的情节，放在当下的银屏上，一是可以按当代美剧流行的丧尸剧情，二是走《人鬼情未了》Unchained Melody 那类桥段。老汤选择了后者，当然按照常规，还得给他们加上一连串的爱情考验，以增加戏剧冲突。最后皇帝批准，两人终成眷属，以大团圆结局收官。

汤显祖在该剧《题词》中说：

> 如杜丽娘者，乃可谓之有情人耳。情不知所起，一往而深。生者可以死，死亦可生。生而不可与死，死而不可复生者，皆非情之至也。梦中之情，何必非真？

这情之所至，生可以死、死可以生的浪漫主义调调，现在看来没什么稀奇，但是在那个以程朱理学"存天理，灭人欲"，一代比一代更为压抑的年代里，追求个性解放、向往理想生活并非易事。所以一经上演，万人空巷，家传户诵，特别是在女粉丝中产生了强烈共鸣。

> 如花美眷，
> 似水流年。
>
> ——[明]汤显祖《牡丹亭》

穿越时空的生死之恋，还得用最华丽的辞采铺陈。在55出的长篇连续剧中，选一段《惊梦》，要知道仅这一小段唱起来，也要一个小时左右。开始是杜丽娘与丫鬟春香一人一句，在屋子里闲扯：

（丽娘）梦回莺啭，乱煞年光遍。人立小庭深院。

（春香）炷尽沉烟，抛残绣线，恁今春关情似去年？

（丽娘）晓来望断梅关，宿妆残。

（春香）你侧着宜春髻子恰凭栏。

（丽娘）剪不断，理还乱，闷无端。

春香建议,你闷就去"行走苏州园林"吧。当然,游园之前得搭足小姐架子,先问一下花径扫了没,再对镜梳妆一番,换好了一身衣服,又絮叨了半天,主仆二人方才正式入园:

不到园林,怎知春色如许!原来姹紫嫣红开遍,似这般都付与断井颓垣。良辰美景奈何天,赏心乐事谁家院!朝飞暮卷,云霞翠轩;雨丝风片,烟波画船。锦屏人忒看的这韶光贱!

两人看看池鱼花丛,听听莺啼燕语,开始了一波接着一波的二重唱,穿插了一段接着一段的双人舞,真的是美轮美奂。

逛累了回到家中,丽娘开始犯春困了。午休之前,还有一大段唱年已二八,还"剩"着呢之类的闺阁幽怨。好长,听得你都能睡着。终于,大小姐扶几睡着,于是好戏正式开场。

柳梦梅手持柳枝上场,一秒钟也不耽误,直接表白:"小姐,咱一片闲情,爱煞你哩!"当然,也怕惊着美女,直白后也有优美演唱,让丽娘有时间来调整一下情绪。

眼看着气氛对头,柳梦梅竟然上来便是"非诚勿扰"式的直接牵手,转过芍药栏,钻进湖山石边。考虑到尺度问题,编剧就让一大堆"花神"仙女跳着上场,优美婉约地交代了"此处略去一千字"的情节……

不过,要特别说明的是,老汤可不能被称作昆曲剧作家,他将《牡丹亭》搬上舞台,是回江西临川老家后的事情,人家创作的是当地流行声腔作品。只是由于昆曲逐渐在全国流行,经沈璟等人修改后,该剧目才正式搬上昆曲舞台。清初,《牡丹亭》成为昆曲的经典剧目之一,流传到了今天。

庭院深复深

除了《牡丹亭》外,昆曲中有影响的剧目还有很多:汤显祖"临川四梦"中另外三部作品《紫钗记》《邯郸记》和《南柯记》,王世贞的《鸣凤记》,沈璟的《义侠记》,高濂的《玉簪记》,李渔的《风筝误》,朱素臣的《十五贯》,孔尚任的《桃花扇》,洪升的《长生殿》,等等。

> 白日消磨肠断句,世间只有情难诉。
> 但是相思莫相负,牡丹亭上三生路。
>
> ——〔明〕汤显祖《牡丹亭》

昆曲很快从吴地的地方戏剧,走向北京,走向各地,成为影响最大的剧种,迎来了长达两百年的辉煌。据记载,明万历年间,仅苏州的职业昆班就达数千人。

在昆曲戏班中,苏州的昆曲家班非常有名。例如申班,就是明万历内阁首辅申时行的家班,在苏州城内百花巷戏厅中演出;还有范班、徐班等士绅蓄养的家庭昆班,专业水准一点儿也不下于职业选手。到了清代,著名的有戏曲家尤侗的家班,曹雪芹祖父曹寅的家班,等等。直到雍正即位后,禁止外官蓄养戏班,家班之风才告停歇。

值得注意的是,昆曲发展的二百多年中,昆曲清唱是一直存在的。甚至有人认为"独音""肉音"(清唱)为上,比丝竹伴奏的更具品位。《世说新语·识鉴》中记载了一段问答:"为何水磨腔以管乐为重,以徒歌为美?"答曰"丝不如竹,竹不如肉"。从这一点看起来,袁宏道笔下"虎丘音乐会"的吴歌清唱,与昆曲清唱,又是互有交集融会的吴地艺术形式。

二百多年中,昆曲名作纷呈、名家辈出,积累沉淀了大量经典剧目。直到清代中期,昆曲都是中国戏曲舞台上的绝对主力。它的戏剧体系、舞台表演、声腔音乐、曲牌曲目等等,深刻地影响了后来的很多剧种,这也就是昆曲被称为"百戏之祖"的原因。

不过,所谓物极必反、盛极而衰。昆曲歌词精雕细琢和节奏舒缓曼妙,曾经都是一种标准、一种时尚、一种流行。但是到了 18 世纪后期,大众的欣赏口味变了,各种地方戏曲开始兴起。这些地方戏更接地气,适合普通观众欣赏,被人们称为"花部"。此时,以昆曲为代表的"雅部"逐渐被挤出了舞台。20世纪初,昆曲已经到了濒临消亡的境地。

万幸的是,在昆曲的发源地出现了一个"苏州昆剧传习所",由当时拙政园的主人张紫东,狮子林的主人贝晋眉,还有徐镜清、穆藕初等人创办。传习所招收了 50 名儿童,学习昆曲。正是这一批"传字辈"演员,保留了昆曲的星星之火。

> 大千世界一个舞台,男男女女只是演员。
> 有的已经匆匆离场,有人则是初初登台。
>
> ——[英]莎士比亚《皆大欢喜》①

在现代人眼中,莎士比亚是经典。但在他的年代和他的世界里,剧场中所做的一切,都是为了迎合大众娱乐口味:

在莎翁自己投资建造的剧院中,每部戏要迎合高高在上的包厢中的王公贵族。但是,更难伺候的是在台前近距离面对的观众。他们省下面包钱买票,挤在台前的院子里全程站着,会因为一个低俗的笑话欢呼,也会因为演出的失误向演员丢东西。布景道具简陋没关系,日晒雨淋没问题,但要是这两个小时中让观众有一堆"尿点",老莎剧团的下一顿饭都有问题。

不过,如今在他的故乡,真的跑去剧场看一出莎翁戏的年轻人,也是寥寥无几。昆曲也是如此,曾经风靡苏州各个园林宅邸的流行歌曲,已经随着时间流逝,变成了古物。说来惭愧,像笔者这样苏州出生的土著,评弹说书从小听了很多,但还真没有完整地听过一折昆曲。

这里要感谢一下来自宝岛的白先勇,他引领倡导的青春版《牡丹亭》,让这门古老的艺术又青春了一把。苏州昆剧院的青春版《牡丹亭》,在"只删不改"的原则下,围绕一个"情"字,将原剧从 55 折精炼为 27 折,并配以现代灯光舞美效果,以青年演员担纲主演。在保留原作华美绮丽风格的基础上,更加符合现代人的节奏。

正是这出青春版《牡丹亭》,让包括笔者在内的很多土著,重新想去了解、去认识这门发源于苏州,并且曾经传遍全国的高雅艺术。它也成为非物质文

---

① All the world's a stage. And all the men and women merely players. They have their exits and their entrances.

第七章 苏艺,云舒云卷长相守

芳树醉游人

化艺术在新时期传承、保护与发展的一个成功范例。

苏州的园林工作者也行动起来,在原先静态的园林保护中,不断增加昆曲等动态的内容。例如网师园的夜游活动,拙政园的私人定制活动,留园的"留园寻梦"活动中,都有昆曲的身影。

以"留园寻梦"为例,从园林的检票口开始,工作人员身穿明式古装,手提红灯笼迎候;园中定时有昆曲、评弹、苏剧、乐器表演,加上在林泉耆硕之馆有核雕和苏绣技艺的现场演示,形成了物质文化遗产与非物质文化遗产的双保护、双展示。

游客仿佛是直接"穿越",直观地、沉浸式地感受古代园林生活方式。既丰富了苏州园林的游览内容,又是对昆曲艺术的最好推广。

 3

> 新弦采梨园,古舞娇吴歈。
>
> 曲度绕云汉,听者皆欢娱。
>
> ——〔唐〕李白《春日陪杨江宁及诸官宴北湖感古作》

诗中所说的梨园,是唐代都城长安的一个地名。唐玄宗在此地教演艺人,从此梨园与戏曲艺术、戏曲艺人联系在了一起。

2001 年 5 月,昆曲以全票通过,被联合国教科文组织列入首批"人类口头和非物质遗产代表作名录"。不过,在这个越来越扁平化的世界中,全球化也在逐渐地磨平文化差异。在世界各国文化遗产传承中,都面临着这个普遍问题。

看过很多报告,言必称保护文化传承。理论界公认的文化要素主要包括五个方面:一是精神要素,二是语言符号,三是规范体系,四是社会关系和社会组织,五是物质产品。语言在人类的交往活动中,不仅起着沟通的作用,还与符号一起,成为文化积淀和贮存的手段,其重要性不言而喻;人会迁徙同化,但语言的变化相对缓慢,有谱系可循。

吴语,是串起昆曲、评弹、苏剧、吴歌等非物质文化遗产的一根丝线。然而,吴语的生存现状不容乐观。就苏州话来说,最让人担忧的是,乡村还好些,在各个城区的中小学校中,课间语言已经快要听不到方言了。

虽然缺乏权威统计数据,作个田野调查还是比较容易的。依身边的情况看,苏州市民中的少年儿童中,绝大多数能够听得懂苏州话,但是能说比较标准苏州话的,已经不多了。当然,也有让人意外的小惊喜,例如现在苏州电视台的节目中,本地方言的特色新闻类、语言类节目越来越受到欢迎。

语言本来就是动态的,交流交融并非坏事。即使是魏良辅的新声腔,用的也是南宋后形成的"苏州方言 + 中州音"。第一章中我们说过,苏州文化本来由历史上的多次文化交融与碰撞所产生,而苏州的包容性正是城市向心力的源头。随着经济发展,人口流动,加速了普通话的全民普及;国际化的氛围和教育政策的引导,让英语也呈现扩张的趋势;反倒是苏州方言在派生能力、使用范围、使用频率方面有所萎缩。

定义地域文化的要素——语言,如何保持活态,是值得花更大的人力、精力、物力去投入、去保护的大事情。一说大事情,有人第一反应就是:嗨,可以花大钱了。且慢去建设楼堂馆所,搞什么大型工程,苏州话远远还没到供成文物的地步。其实,日常生活的点滴小事就可以做:

在教育系统内推广说苏州话的选修课、兴趣组;苏州话辅导进入更多的社区,更多的企业;地铁、公交车、城市轻轨等公共交通工具,在普通话后用苏州话报一下站名;会说苏州话的家长,回家多和孩子用方言交流交流……让我们每个人,都充分认识到苏州话所蕴含的文化价值,成为它的传播者和传承者。只要走心,我们应该能够延续这一语言环境。

苏州话,流淌在吴文化的血脉中,是一种文化情感的认同与归属,是一份家族与家乡的记忆与留恋,更是地域文化的根基与名片。无论是新苏州还是老苏州,身在园林苏州,保护与传承苏州话是我们的共同责任。

第八章　重构,岚光入梦月当帘

当我们从美学、从文学角度解析过园林,接着走了中外,拆了建筑,解了池石,分了花木……最后对与园林相关的吴文化元素,也作了简单的拆解。

解构,如同是庖丁解牛,将园子大卸八块,真是酣畅淋漓! 面对这一大堆被解构的材料,让我们在清空出来的园林中央,找个藤椅坐下,来上一口清香袭人的"碧螺春",哼个几句行腔婉转的"牡丹亭",歇口气、定定神。

重构,可不是个轻松的活计。

苏州园林从来就不是一成不变的,大到时代的变迁,小到园主的更替,或多或少都对园林风貌有所影响。无论是修复还是新建园林,不必追求百分之百地用原材料、原工艺、原色彩、原法式,能做到形神兼备足矣。

随着现代建筑工艺的发展,古人木构建筑中最担心的防火、防蛀、防潮问题都可以用现代手段解决,而地热、空调、卫浴系统在园林建筑中的应用,更是将园林生活带上了新的高度。

接下来,我们就得将这园子搭回去,既要有传承又要有弘扬,既要有古典风又要有现代韵,既要有文化品位又要有科技生活。最后再从苏州园林说开去,说说园林苏州的成功实践。

重构,构的是园林;筑园,筑的是梦想。

园林新苏州

第一节 苏州园林的本体演绎

一、原音重现·复制经典·苏州名片

> 阊门柳色烟中远,茂苑莺声雨后新。
>
> 此处吟诗向山寺,知君忘却曲江春。
>
> ——〔唐〕张籍《寄苏州白二十二使君》

在江南烟雨中,要重构园林,还是要先看看筑园大师计成对于园林生活的体会,看看他的园林春夏与秋冬:

《闲居》曾赋,"芳草"应怜;扫径护兰芽,分香幽室;卷帘邀燕子,闲剪轻风。片片飞花,丝丝眠柳。寒生料峭,高架秋千,兴适清偏,怡情丘壑。顿开尘外想,拟入画中行。

——让我们效法资深帅哥潘安,尽情歌咏:"筑室穿池,长杨映沼,芳枳树檎,游鳞瀺灂,菡萏敷披,竹木蓊蔼,灵果参差。"(《闲居赋》)也可以学着三闾大夫屈原,高唱芳草的咏叹调:"何所独无芳草兮,尔何怀乎故宇……何昔日之芳草兮,今直为此萧艾也。"(《离骚》)

——我们打扫着园中的曲径,呵护着芝兰的嫩芽,好让幽雅的居室里面飘来阵阵清香;我们卷起竹帘邀来春燕,燕尾就像是剪刀,优雅地裁剪着轻风。飞花片片舞,眠柳丝丝垂。春寒依然料峭,秋千高高架起,清净幽远自有闲适雅兴,湖石丘壑令人心旷神怡。不由得让我们产生世外桃源的感觉,仿佛进入山水画境之中穿行。

林阴初出莺歌,山曲忽闻樵唱,风生林樾,境入羲皇。幽人即韵于松寮,逸士弹琴于篁里。红衣新浴,碧玉轻敲。看竹溪湾,观鱼濠上。山容霭霭,行云故落凭栏;水面鳞鳞,爽气觉来欹枕。南轩寄傲,北牖虚阴。

半窗碧隐蕉桐，环堵翠延萝薜。俯流玩月，坐石品泉。

——林荫深处刚刚飞出鸟儿欢歌，远处山中传来樵夫的吴歌；清风吹过树林拂面，心境顿入清凉境界，就像进入羲皇的上古时代。幽居之人在松下小屋吟诗，隐逸之士在竹林深处弹琴。红色的芙蓉刚刚出水，碧绿的芭蕉雨落有声。

——在溪湾欣赏竹韵，在亭榭里观赏游鱼。山色迷蒙，行云故落凭杆；水波荡漾，爽气吹向枕边。在南轩寄托昂然风骨，开北窗享受片刻阴凉。芭蕉梧桐的碧荫，掩隐着半开的窗户；萝草薜荔的翠藤，爬满了四周的围墙。俯观流水欣赏着月影，静坐石上品赏着泉声。

芒衣不耐凉新，池荷香绾；梧叶忽惊秋落，虫草鸣幽。湖平无际之浮光，山媚可餐之秀色。寓目一行白鹭，醉颜几阵丹枫。眺远高台，搔首青天那可问；凭虚敞阁，举杯明月自相邀。冉冉天香，悠悠桂子。

——麻布衣衫已经顶不住秋凉，池中荷花只有些许余香；桐叶在秋风中忽然飘落，草丛里传来幽幽虫鸣。平湖浮光无际，山峦秀色可餐。秋高气爽，一行白鹭直上青天；秋风拂林，枫树经霜红艳如醉。

——登台望远，搔首踟蹰，尽可像苏轼那般高唱"明月几时有，把酒问青天。不知天上宫阙，今夕是何年"；凭栏敞阁，自会如李白那样低吟"举杯邀明月，对影成三人"。桂花的幽香，冉冉而来，悠悠弥漫整个庭园。

但觉篱残菊晚，应探岭暖梅先。少系杖头，招携邻曲。恍来临月美人，却卧雪庐高士。云冥黯黯，木叶萧萧。风鸦几树夕阳，寒雁数声残月。书窗梦醒，孤影遥吟；锦幄偎红，六花呈瑞。樟兴若过剡曲，扫烹果胜党家。

——只见破篱笆边，菊花已经快谢了；是时候去岭上探寻，看看向阳枝头上梅花是否绽放。拿一点儿沽酒铜钱，系在拐杖上面，去邀请邻里乡亲，一起开怀畅饮。月光柔和，恍若将有梅花仙子降临；雪满庭园，依稀看见旷达高人酣睡。冬云黯淡似暮，木叶萧萧作声。夕阳西下，几树昏鸦；月儿弯弯，数声寒雁。

——书斋窗边，酣梦初醒；独坐孤影，对空轻吟。冬天里，继续吟诵着诗歌，自比清雅的高人。锦帐围炉，屋中充满暖意；瑞雪纷纷，预兆来年好运。走到园林外，乘一叶扁舟访我的老友，就像是当年王徽之雪夜访友，乘兴而去兴尽而返,都不一定要见到本人。回到家中园林,取来积雪煎茶,如此雅趣,远胜于销金帐中的美酒啊。

草枯草长,雁去雁归,时光匆匆而过。到了清末民初,苏州园林的发展渐渐失速。总体而言,园林造得少、毁得多。这一时期,延续古典风格的新建园林不多,比较知名的有:

春在楼,位于东山镇,建于 20 世纪 20 年代。金氏兄弟在上海做棉纱生意发达后,回到家乡建设园宅。设计者是香山帮艺匠陈桂芳,整个园宅占地 7 亩多,其中花园占地不算大,点缀有假山、水池、回廊、曲桥。春在楼的最大特点,是处处可见精美的木雕、砖雕和石雕。因此,吴地民间称为"雕花大楼"。

启园,由商人席启逊所建,俗称"席家花园"。园林建于 20 世纪 30 年代,占地 40 余亩,位于东山杨家湾。启园属于苏州少见的山岳湖滨园林,依山而筑,濒临太湖。园林主体建筑——镜湖厅,临三万六千顷波涛,历七十二峰之苍翠。站在二楼,湖光山色尽收眼底。

随着西风东渐,一批建筑师将中西建筑风格巧妙糅合,撰写了中国建筑史上独具魅力的篇章。民国建筑在苏州遗存不多,最集中的要数十梓街附近区域,包括信孚里、同德里、同益里的老洋房,圣约翰教堂等等,其中最具风情的是"养天地正气,法古今完人"的东吴大学(现苏州大学)钟楼、红楼等建筑。当民国风格融入苏州园林,就构成了"中西合璧"的新式花园。

朴园,位于苏州城北,占地 1 万平方米,建于 20 世纪 30 年代,是上海商人汪氏的园宅。朴园采用传统造园布局,以山水为主景,有四面厅、花厅、亭廊等建筑物。建筑体量小巧,处处花木茂盛。从水泥线条的纯西式大门,到轩亭内的水泥台栏,处处透着一股"民国范"。

天香小筑,位于苏州市中心道路——人民路旁。占地 4 亩不到,园主也是席启逊。花园位于住宅东部,堆土叠石为山,散列太湖石,绕以长池曲廊。这个宅园以苏州古典园林的布局、结构为基调,同时夹杂了西洋建筑的很多特征,显得既别致又协调。

　　由于多年战乱,除了狮子林、拙政园等少数园林外,散落在城中的大多数园林宅第残破失修。20世纪50年代起,通过苏州政府的大力整修,留园、虎丘、寒山寺等多处园林名胜得到了全面恢复。正是在大量的整修实践中,通过园林管理者、研究者和工匠的共同努力,苏州园林的风韵与技艺得以延续。

3

> 吴酒一杯春竹叶,
> 吴娃双舞醉芙蓉。
> 早晚复相逢?
>
> ——〔唐〕白居易《忆江南·江南忆》

　　相逢,因为缘分;相逢,也要时机。第四章中曾经提及,在18世纪,很多中式园林元素出现在英国与欧洲大陆的园林中,不过这股"英华园"风尚很快就消退了。随着改革开放,中外交流生机勃发,苏州古典园林又一次成为友好的文化大使。

枯木对春华

　　1980年,苏州网师园的殿春簃小院,被整体"克隆"到了美国纽约大都会艺术博物馆。这座被称为"明轩"的精致庭院,占地460平方米,建筑面积230平方米,面积虽然不大,但移步换景、乾坤备至,开园就倾倒一片,成为苏州古典园林走向世界的领航者。

　　这种复制苏州园林经典,"出口"到国外的做法,实际上也把中国古代建筑、中国传统文化推向了世界。自"明轩"之后,共有40多座苏州园林落户30个国家及地区,例如加拿大温哥华的"逸园"、新加坡的"蕴秀园"、纽约的"寄兴园"、波特兰的"兰苏园"、洛杉矶的"流芳园"、瑞士日内瓦的"瑞苏园"、澳大利亚的"谊园"、爱尔兰的"爱苏园"等等。文化是软实力,随着园林"出口",进一步提升了苏州这个文化古城在海内外的影响力和知名度。

最值得庆幸的是,因为"明轩"受关注程度非常高,工程一开建,陆墓御窑恢复了烧制砖瓦;许多失散乡间已经有十余年的老技工,又能回到筑园现场。这些老匠人不仅把窗棂、砖细、石刻等传统苏作园林工艺保留传承下来;更重要的是,以老带新,带出了一批筑园的新生力量,让苏州园林之梦得以延续。

二、和弦乐段:居住本质·园林住宅

> 小筑三楹,看浅碧垣墙,淡红池沼;
>
> 相逢一笑,有袖中诗本,襟上酒痕。
>
> ——〔清〕俞樾题山塘街莳红小筑楹联

其实,在很多苏州人心中,都有一个袖中诗本,襟上酒痕的园林之梦。20世纪90年代,随着社会经济的快速发展,这种园林情结一下子被唤醒。

通过各界的共同努力,又有很多古典园林得到修复。同时,结合古城街坊改造,双塔、桐芳苑、江枫园、寒舍等等,一批园林式住宅小区相继建成。这些园林住宅以古典园林为蓝本进行开发,在建筑格调、景观布局方面,追求与园林形神相近;在内部使用功能方面,完全按照现代化住宅的标准。

多年来,陆续建成的园林住宅,有古城内的姑苏人家、拙政东园、苏州庭园、世家留园、南园小筑、平门府,以及天伦随园、东山景园、西山恬园、澄湖瑞园、桃花源,等等。在这里,处处可见古典园林的翘角飞檐、小桥流水、山石花木。随着技术手段、施工工艺的提高,地下室、停车库、地源热泵、中央空调、新风系统的配置,甚至电梯的添加,都让园林生活更为舒适惬意。

现代园林住宅碰到的难点,在于土地宝贵,院子的面积一般较小。如何继承苏州园林的神韵,以小见大,把山水亭阁摆布得错落雅致,考验着设计者和建筑者的水平。同时,各个小区的具体风格也有所不同,有的是纯古典苏式,有的是现代中式,这里就不详细记述了。

作为一种住宅产品，园林住宅继承苏州古典园林的精华，符合现代居住需求，融汇古今，惠及了更多人群。

2

水绕一湾幽居是适；
花围四壁小住为佳。
——虎丘拥翠山庄灵澜精舍联

园林住宅水绕一湾、花围四壁，与苏州历史文脉相契合，逐渐被现代人接受。同时，随着经济发展，私人筑园也成为现代苏州的一道亮丽风景。

园宅融古今

其中，面积最大的是"静思园"。静思园位于吴江同里古镇边，占地百亩，由当地企业家陈金根历时十年完成，原名"进思园"，与同里古镇内的"退思园"相互应和。在社会学家费孝通的建议下，改为"静思"，取宁静思远之意，更着重于追求雅致的风格。整个园林建筑沿袭古典园林格局，两湖一带的水面占了三分之一的面积，加上九曲回廊、亭台楼阁、水榭石舫、假山奇石、曲径通幽，成为一个各地游客纷至沓来的"新苏州园林"。

新建的私家园林还有西北街的翠园、十全街的南石皮记、相城区的易园等等。近些年来，古城内遗留下的一些古典宅院，也被喜欢苏州园林的个人、团体购置修复。这些小型庭院，镶嵌在苏州古城脉络之中，与苏式生活紧密相扣，传承给后人的是"生活版"的苏州园林，比起整体推倒重来的城市街区改造，更具历史与文化价值。

> 曲槛倒涵波，俗障都空，两面荷花三面柳；
>
> 疏窗虚受月，纤尘不染，二分烟水一分秋。
>
> ——〔清〕张荣培题苏州沧浪亭联

曲槛涵波、疏窗受月的苏州园林，就像是一张城市名片，对于整个城市的品牌形象具有提升作用。有专家回忆，正是当年在网师园小楼中的数轮会谈，奠定了中新合作苏州工业园区的总体框架。如今，经济稳步发展的苏州，又为园林保护提供了坚实的基础。

当苏州古典园林不再是私人所有，这些经典大作便成为全体市民的财富。苏州市民很幸福，记得小时候每个家庭，每年都能从居委会领到几张免费入园票。最早是"园林币"，一种彩色塑料圈做的代币；后来是纸质的"苏州园林券"，鼓励市民去园林游赏。

如今的信息化时代，有"园林年卡"，用几张大园门票的价格，可以全年多次进入各大园林，老年人更可以免费游园。随着移动互联和大数据时代来临，刷身份

20 世纪 90 年代的园林优惠券

证、刷手机的形式已经开始推广。估计再过几年，就可以直接"刷脸"入园了。

更可喜的是，近年来在苏州的各个街道社区中，利用各种零星空地，建造了一批小游园和园林小品。个个设计精细雅致，小点的有亭台花木，大点儿的还有水池假山，让市区处处有园林，时时可休憩。春看繁花、夏雨听荷、秋赏落叶、冬踏白雪的园林情怀，走近了、融入了老百姓的日常生活。

徜徉在苏州街头巷尾，各类公共建筑中处处有园林的元素，甚至于马路边的公交候车亭，都是标标准准的园林亭廊，体现了鲜明的城市特色。

第八章　重构，岚光入梦月当帘

宝带桥边鹊啄花，金阊门外柳藏鸦。

吴娥卷幔看花笑，十日春晴不在家。

——〔明〕吴兆《姑苏曲》

　　从古城西北的金门阊门外，穿过园林苏州，一直来到古城东南的宝带桥边，处处可以看见园林特色的新建筑。其中，苏州博物馆堪称是穿越历史与现代的经典大作。每天在这里排队入馆的人很多，博物馆中也常有唐寅、祝枝山等吴地名家的特展。

苏博波敛滟

　　苏博设计师贝聿铭，是世界级的建筑设计师。他善于采用钢材、混凝土、玻璃与石材构筑现代主义建筑，代表作品有美国肯尼迪图书馆、香港中国银行大厦等等。最有意思的是，他在法国人视作珍宝的卢浮宫门口，硬生生地竖了个玻璃金字塔，引起巨大争议。但历史证明，这个设计不仅是在外观上，更在内部功能方面，成为现代建筑设计的经典大作。第一眼看是强抽象、强对比、强冲击，但再看几眼，竟然觉得与周围的古老建筑非常协调。

　　很多人不知道，这位设计师的家族在苏州居住了6个世纪，他自己的一段童年时代就是在狮子林度过的。一个在苏州园林中长大的孩子，能在年老时设计家乡的博物馆，不难想象他对此所倾注的热情。苏州博物馆与他的另一件作品——日本美秀美术馆有些神似，这位建筑师早就收敛了壮年时的锋芒，把建筑与环境的和谐作为重中之重。贝聿铭懂苏州，也尊重这座城市的历史文化，因此他的总体设计思路是两句话："不高、不大、不突出"，"中而新、苏而新"。

　　占地1万平方米的苏博，结合了苏州园林建筑风格，把博物馆置于院落围合之间，通过粉墙黛瓦的雅致色系，点明了地域文化传承的主题；通过花岗石屋顶、仿木纹的金属隔栅、浅池塘、石板桥、八角亭和片石假山，以现代中式的风格来演绎传统园林符号。当然，一看到简洁流畅的玻璃钢结构，就知道是地道的"贝聿铭氏"风格了。苏博在建筑风格上"和而不同"，与比邻而居的拙政园、忠王府、园林博物馆等建筑群落完美融合。

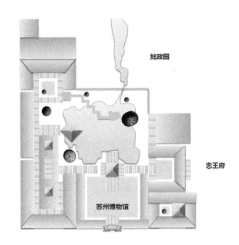

苏博示意图

纽约现代艺术博物馆（MOMA）的设计师谷口吉生（Yoshio Taniguchi）有一句经典描述：博物馆就像一只茶杯，它不会炫耀自己，但当你为它注入绿茶时，它就会显现出双方的美好。苏州博物馆就是这样一件作品，在新苏式的新园林里，阳光透过屋顶漫射进展厅，一件件文物就灵动起来，仿佛在向你倾诉一桩桩尘封的往事。

这里插个故事，虽然苏博里的宝贝能追溯到石器时代，但要论起镇馆之宝，非"真珠舍利宝幢"莫属。这座宋代宝幢高120厘米，选取水晶、玛瑙、琥珀、珍珠、檀香木、金银等一大堆好东西，运用了多种雕刻彩绘工艺制作，充分体现了江南手工艺的精巧。

宝幢的发现，纯粹属于意外的惊喜。据说，20世纪70年代有3个翘课的初中生，爬上城南残破的瑞光塔，无意中在第三层的塔心发现了一个窖穴，里面藏了一堆珍宝。想来这3位也已近暮年，知道这个故事的也是老苏州了。其实，苏博在文物所附的介绍中，若是加上这3位偶然发现者的名字，让梵音悠悠的展品，与普通市民相连，岂不是更有人文意韵？

高会惜分阴，为我攀梅，细写茶经煮香雪。
长歌自深酌，请君置酒，醉扶怪石看飞泉。
——〔清〕顾文彬集辛弃疾词题怡园南雪亭联

从古到今，像顾文彬这样的造园家，都得拥有雄厚的经济基础，再加上些机缘巧合,方可拥有一片都市山林。好在我们生活在一个园林城市,可以在节假日游览苏州古典园林,也可以在苏博等公共建筑中欣赏新苏州园林。

其实,只要有心,在家中也可以坐拥苏州园林。以亩为尺度,在园林大宅内将亭台池石铺陈;以几十平方米为尺度,也是灵动的微缩园林;以两三平方米为尺度,也可以用园林元素点缀一下居家生活:

如果是在偏僻的乡野,在一两亩的尺度上,可以尽享园林生活。在园中央挖个小池,起个文艺些的名字,叫"墨池"还是"涤砚池"好呢?暂不决定,先浮上几片荷叶,养上几尾红鲤;池的尽头堆几块湖石,沾点儿仙气就叫"鹤屿";再架上一座三步的小小石拱桥,来点儿俗的叫"玉带";池边几间房舍一个小亭,挂上"乐知堂"、"揽月厅"、"听雨轩"、"适然亭";修竹间的两米土路,旁边的三株梅花,往大点儿叫就是"竹径"、"香雪林";曲廊上砖刻"自在"、"濯缨";园子边边角角上也不能闲着,有不打农药的三片"蔬畦",有篱笆围起散养几只老母鸡的"鸠鸣圃"……信息化时代,只要是头顶有 Wifi,采买有快递,往来有鸿儒,生活品质不但不会下降,周末抽空做缸米酒、晒点酱、腌点菜,一家人又是何其自在呢?

如果在几十平方米的尺度上,有个天井,有个顶楼天台,有个一楼小花园,有个大点儿的阳台,都可以成为小小园林。这点郑板桥写得非常透彻:"十笏茅斋,一方天井,修竹数竿,石笋数尺,其地无多,其费亦无多也。而风

独步一池春

中雨中有声,日中月中有影,诗中酒中有情,闲中闷中有伴,非唯我爱竹石,即竹石亦爱我也。彼千金万金造园亭,或游宦四方,终其身不能归享。而吾辈欲游名山大川,又一时不得即往,何如一室小景,有情有味,历久弥新乎?对此画,构此境,何难敛之则退藏于密,亦复放之可弥六合也。"(《板桥题画竹石》)——能时时欣赏的竹石小景,和没空去住、只能空关的大园子比起来,要珍贵许多啊。

如果是在繁华的市区,即使是在一两平方米的尺度上,也可以增

添些园林意趣。大多数都市人,为了工作交通、老人就医、孩子上学,还是住在市区,但如今市区园林别墅的价格,已是天价。不过,所谓"室雅何须大,花香不在多":稍大些的阳台上放上一块湖石,点缀两盆修竹;在考虑防水和承重的基础上砌上一方小池,养几尾小尺寸的红鱼,又何尝不是得到苏州园林的衣钵呢?即便是小阳台,甚至被洗衣机、晾晒区挤成一两个平方米的小角落,对着"万能的某宝"许个愿,订个竹对联一挂,点缀些绿植鲜花,接上个小小的太阳能水泵,加上一个泡脚的木桶,来个流水叮咚。虽然没有纯古典园林的大气,好歹也沾了些许园林意趣。

园林的空间,随着心中意境可收可放。拥有一份闲适的园林心境,即使是在钢筋水泥的丛林中,何愁寻找不到心灵小憩之地呢?

第二节　园林街区的重生实践

一、七里山塘

1

> 自开山寺路,水陆往来频。
>
> 银勒牵骄马,花船载丽人。
>
> 芰荷生欲遍,桃李种仍新。
>
> 好住湖堤上,长留一道春。
>
> ——〔唐〕白居易《武丘寺路》

一批古典园林宅庭被修复,一批新苏式建筑拔地而起,成为古城保护中的一个个亮点。在抓重点、抓亮点的基础上,强化线与面的考量,更加有利于古城肌理的传承与保护。2002 年,山塘街历史街区的改造,就是这方面的成功探索。

说起山塘街,首先得提到唐代诗人苏州刺史白居易。能在知天命的年纪,与两座天堂结缘,而且还都在当地留下良好的口碑与印记,殊为不易。白居易先是在杭州当了 20 个月的刺史,期间修建了西湖"白堤";公元 825 年,在苏州当了 17 个月的一把手,期间修通了山塘河,并沿河筑堤为路,直达武丘(虎丘)。

从阊门出发,山塘街与山塘河长度约为 7 里,俗称"七里山塘到虎丘"。阊门内外原先就是一个商业集中区,而虎丘又是城中百姓郊游首选地,随着水陆两路畅通,串珠成线,这一带成为苏州最为繁华的商业街区。

对于这座短暂停留的城市,老白一辈子都无法忘怀。离开时他没带什么贵重物品,而是很文艺地带了一块青石石笋、几朵莲花回到长安:"归来未及问生涯,先问江南物在耶。引手摩挲青石笋,回头点检白莲花。"(《问江南物》)

过了四年,他回忆苏州:"吴苑四时风景好,就中偏好是春天。诚知欢乐堪留恋,其奈离乡已四年。"(《早春忆苏州寄梦得》)第六年,他作《忆旧游》:"江南旧游凡几处,就中最忆吴江隈。长洲苑绿柳万树,齐云楼春酒一杯。阊门晓严旗鼓出,皋桥夕闹船舫回。六七年前狂烂漫,三千里外思徘徊。"

山塘繁华地

在第十三年,他唱到:"粽香筒竹嫩,炙脆子鹅鲜。水国多台榭,吴风尚管弦。每家皆有酒,无处不过船。齐云楼上事,已上十三年。"(《和梦得夏至忆苏州呈卢宾客》)第十八年,已经是古稀之年的白居易叹道:"一别苏州十八载,时光人事随年改。不论竹马尽成人,亦恐桑田半为海。莺入故宫含意思,花迎新使生光彩。为报江山风月知,至今白使君犹在。"(《送王卿使君赴任苏州》)

因为苏州的园林胜景、山水情缘,不仅是本地土著,很多在这里生活的新苏州人,无论离开多久,都好像是有一根隐形的丝线牵着连着。他们的心,时不时会被轻轻地扯上那么一下。

> 柳暗阊门逗晓开，半塘塘下趁溪回。
>
> 炊烟拥柁船船过，芳草缘堤步步来。
>
> ——〔宋〕范成大《半塘》

　　半塘是指山塘街的一半，一座半塘桥横跨河道两岸。苏州民间有"狮子回头望虎丘"的传说，神虎在七只狸猫帮助下，把狮子赶走，狮子只能永远待在城西，成为狮山，整日里恶狠狠地回望虎丘山。这七只狸猫，从此镇守在山塘街每一里路的桥头，所以七里山塘又叫"七狸山塘"。

　　明清两代，山塘街商业高度繁荣，留下玉涵堂、敕建报恩禅寺、五人墓、普济桥、通贵桥等古迹。山塘街也是苏州街巷特征的典型代表。山塘街紧傍山塘河，河面石桥座座，店铺住家鳞次栉比。房屋前门沿街，后门临河，有的还建成特殊的过街楼。

　　乾隆为庆祝母亲 70 大寿，送了一件非常独特的礼物。他在皇家园林中造了一条"苏州街"，仿照山塘地区盛景，两岸商家招牌灿若云锦，茶楼、酒肆、银号、布匹等各种商号齐全。商号中陈列木制假商品，一群宫女太监扮作商人游客，端的是个高规格的 Cosplay 秀场。清末战乱，山塘繁华不再。

　　苏州古城区内，还有很多成片的古民居。如何在维系固有格局基础上，改善居民日常的生活条件，本身就是一个难题。2002 年起，苏州启动山塘历史街区保护性修复工程。这种探索取得了成功，如今的山塘已经恢复了旧日的繁华。

　　行走山塘街，各种文物古迹，例如会馆、寺庙、祠堂、戏楼、牌坊、园林、古桥、宅第等等，都得到了有效的保护；同时，居住、旅游和文化功能得到增强。这条古老的街道，也成为园林街区重生的成功范例。

1

> 鸳鸯荡漾双双翅，杨柳交加万万条。
> 借问春风来早晚，只从前日到今朝。
>
> ——〔唐〕白居易《正月三日闲行》

从山塘街，穿过古城中部一直向东，就来到了平江路历史街区。这一带水波荡漾，杨柳轻摇，"水陆并行、河街相邻"的双棋盘城市格局保存完整。千年的岁月，仿佛仅仅是从前日穿越到今朝。

平江历史街区，位于苏州古城东北隅，面积约116.5公顷。不仅有小桥流水、粉墙黛瓦、古巷幽深的江南水城特色，街区最大的特点是文化底蕴深厚，集聚了丰富的历史遗迹和人文景观。例如，在这里镶嵌着被列入世界文化遗产名录的苏州园林——耦园，被评为世界非物质文化遗产代表作的昆曲展示区——中国昆曲博物馆，等等。

在阮仪三等专家的指导下，平江路风貌保护与环境整治工程取得非常好的效果。城墙、河道、桥梁、街巷、民居、园林、会馆、寺观、古井、古树、牌坊等百余处古代城市景观，基本保持或恢复了原貌。在硬件保护的同时，街区充分发挥文化底蕴深厚的优势，已经形成了休闲旅游的特色。苏式宅院客栈、国际青年旅舍、各种艺术画廊、古琴茶艺会馆等相继落户。

平江路与观前街商业区离得并不远，但一个清静古朴，一个喧哗热闹，仿佛是两个世界。在这里，古代建筑环境和生活方式被完整保留，并原生态地呈现出来，堪称苏州古城的一个缩影。

2

> 小舫一艘新造了，轻装梁柱庳安篷。
> 深坊静岸游应遍，浅水低桥去尽通。
>
> ——〔唐〕白居易《小舫》

游览平江历史文化街区，最适合驾舟水上，缓行慢品。这一带深坊静岸、浅水低桥，太多的地方可以"去尽通"、"游应遍"，给人以无穷的寻幽乐趣。一条街，几座桥，数条弄堂，连接着一幅活态的苏式生活画面；一面老墙、一株古树、一块石雕，都透着历史的沧桑。

特别值得一提的是，街区改造的规划之初，大方针是在适度疏解街区人口密度的基础上，有计划地保留适当比例的原住民，保留街坊的原有风貌与生活格局。在这里可以品茶休闲，欣赏评弹、昆曲和古琴；可以购买精致的苏式工艺品；可以下榻园林式酒店，感受雅士生活；可以入住民居客栈，体验苏州市井生活；还可以和居民闲话家常，品尝苏式点心……

平江柳拂面

走进一家小店，可以在未来某个选定的日子里，寄张明信片给朋友或者自己，小店粉丝们把这个叫作"寄给未来"。观景赏曲回到过去、穿街沿河行走现在、几笔涂鸦寄给未来，本身就是满满的诗意。

在这条满是古城记忆的长廊中，听一曲苏昆，撑一把纸伞，在江南细雨中踽踽独行，会不会遇见丁香花般的姑娘呢？

三、特色街区

> 欲买小舟随雁去，便从幽壑听龙吟。
> 明年春满长洲苑，拄杖穿花处处寻。
> ——〔明〕袁凯《怀曾彦鲁》

有了山塘街、平江路街区的成功改造，古城内街区重生的步子就迈得更

大、也更加自信。春满长洲茂苑,拄杖穿花追寻,不难发现一个又一个成功的案例。先从个人最欣赏的一个街区说起:

蓺门横街——充满生活气息的历史街区。严格意义上说,这还真不能算作一个街区(Block),只是小小的一条横街沿河而筑,古朴的屋子,青石砖的小弄堂,两边的两层小楼,真的是一根晾衣的青竹竿,就可以搁到马路对面人家了。以前周边乡民就是摇了船儿进城,运菱藕、鸡鸭、鱼虾、大米、茭白、水芹来横街卖,自然而然地形成了个大菜场。

可贵的是,城市改造者并没有为了街道的改造,建个新市场把原来的店商迁离,而是通过适度改造、适度保护,形成了一条既有古城风貌,又充满了市井生活气息的街道。这里每天的热闹程度比观前街还夸张,特别是苏州吃货们最爱的"鸡头米"上市时,横街上简直是"轧出人性命来"了。

有人会说,蓺门横街没改造啊,不就是整修了几幢房子,刷了刷漆,还是又挤又乱啊。但是,如果真将这些本地人的生活元素都拿掉,仿古建筑造得再好,又有什么意义呢?

想想全国依照上海新天地,搞了多少个克隆,但真正成功的不多。归根究底,新天地的成功来自于对海派文化和石库门建筑的传承。再看其他几个城市的街区改造经典,"南京1912"抓住了民国文化与建筑的精髓;成都的"宽窄巷子"抓住的是当地人与生俱来的那股子悠闲劲儿……

在历史街区的传承发展中,建筑的保护非常重要;同时,对于生活方式的活态保护,对于城市个性的传承刻画,更是城市重生的魅力源泉。

> 众里寻他千百度。
> 蓦然回首,那人却在,灯火阑珊处。
>
> ——〔宋〕辛弃疾《青玉案·元夕》

位于古城东部的苏州工业园区,以围绕金鸡湖的现代建筑群落,形成了一个现代感十足的"洋苏州"。可就在洋味十足的园区里,由古典苏式园林建筑群组成了斜塘老街。它是在斜塘古镇原址上,全新打造的一个园林街区,主打"国际范"的食文化。

走在老街上，粉墙黛瓦、青石成行，河道街巷的棋盘格局和亭台阁榭，尽显古朴风格。进入一幢幢苏式建筑中，不仅有苏帮菜馆，还有湘菜、粤菜、日本菜、韩国菜、泰国菜、咖啡、酒吧等等。在"洋苏州"吹来一股江南风，让人觉得亲切非常。

学建筑的看看斜塘老街附近的几个街区，一定会觉得非常有意思。周边都是住宅小区，风格是前些年流行的彻底"拿来主义"，一听名字就有"代入感"了："南山巴黎印象"小区据说是法国建筑师安东尼·贝叙的作品，"德邑"别墅区是德式的简约现代风格，"伊顿小镇"住宅区中的别墅，简直就是把英国常见的红砖小楼采摘下来，搁在斜塘河边……

众里寻他千百度，蓦然回首，Mr. Right 一直在路灯下等着啊。我们又何尝不是呢？满世界不停地暴走，恨不能把看见的好东西都在家里搞个备份，猛一回头，咦，为什么还是外婆家两枝修竹、一个石笋的小天井看着舒心，住着自在呢？

弦管渐随华月减，园林催斗晚香新。
眼前风景堪留醉，且喜偷闲半日身。
——〔清〕吴周钤《饮虎丘山景园》

偷得浮生半日闲，在园林苏州里逛逛。先来到桃花坞历史街区，这里结合唐伯虎故居，主打的是文化牌。以这个历史街区为核心，整个苏州桃花坞历史文化片区西、北至护城河，东至人民路，南到东中市、景德路，占苏州古城区近八分之一的面积。

这片区域中，有两处清雅的明代苏州园林：一是列入世界文化遗产名录的"艺圃"，二是面积不大，但园景毓秀的"五峰园"。通过改造提升，这一片区将成为吴地非物质文化遗存的集中展示区。

怡园历史街区，是古城中新近规划的一个街区，西起新春巷，东至人民路，北起景德路，南到干将路，总用地面积 18.26 公顷。从最近完成的规划论证不难发现，在山塘、平江等经验基础上，管理者对于街区重生的理解越来越明晰透彻。怡园片区制定了四个具体保护目标"①：

---

① 参见苏州市旅游局网站

古藤新枝绿

文化特色传承——对相关历史文化遗存进行分系列、分年代保护，引导合理有效利用，以点带面，将传统文化融入街区产业发展和环境优化等各个层面，提升街区文化氛围。

产业创新发展——在引入传统手工业，提升特色餐饮业，培育琴棋书画产业的同时，注重街区传统产业的创新发展，适应现代需求。

民居专业维修——研究制定传统民居维修、整修技术审查要点，保护民居传统建筑特色，改善街区整体风貌。

居民合理更新——保证原住民比例，并通过居住条件的改善和就业岗位的优化，引导街区居民有机自然更新。

的确，仅有建筑没有生活的城市重生，搞得再精美，也只是盆景摆设。从现状看，最让人忧虑的是古城"原住民"逐渐减少，原真传统的生活方式也在逐渐消失。通过老街坊适度改造，结合产业发展，留住一部分原住民，留下一部分年轻人，的确是古城保持活力、市井文化得以传承的关键所在。只有处理好这个问题，才是真正意义上的城市重生。

 第三节　园林苏州的布局谋篇

一、城市重生·知易行难

烟水吴都郭，阊门架碧流。

绿杨深浅巷，青翰往来舟。

——〔唐〕李绅《过吴门二十四韵》

现代苏州的城区规划，以2500多年历史的吴都古城为核心，四周是我们熟悉的苏州高新区、苏州工业园区、吴中、吴江、相城等新城区。作为一个常住人口破千万的城市，以国际主流城市规划学者的标准，苏州早就已经是"大都市（Metropolis）"了。因此，大都市的各种复杂矛盾，不可避免地也会在现代版的阖闾大城浮现。

1925年，勒·柯布西耶（Le Corbusier）曾提出过一个"巴黎更新规划"——把塞纳河以北的巴黎旧城拆平，搞一群玻璃办公大厦组团，以高速公路连接。估计现在巴黎人想起来，都会脊背发凉。虽然在法国没能实现，这种机械造城的方式在19世纪中叶的美国倒是实现了一大半。看看刘易斯·芒福德（Lewis Mumford）在1961年是怎么描述洛杉矶的：洛杉矶现在已经变成了一个没有特征的住宅区，多道的高速公路、坡道和高架桥把这些住宅区包围起来……在汽车尾气笼罩下的公路上车辆的行驶速度非常缓慢……洛杉矶中心66%的地方都被街道、高速公路、停车场和车库所占据。城市在摊大饼式地蔓延，更悲催的是，不仅是一个城市，按照另一位著名规划学者——简·雅各布斯（Jane Jocobs）的观点，更多的美国城市是如此雷同，"城市特征都不复存在"。

现代城市与生活的主题，简·雅各布斯讲了很多，也很透。在一大堆男性规划大师之中，她非常特别，首先她是个记者，属于半路出家，主要通过细致观察和切身体验，提出观点；其次是1961年的美国正处于大拆大建的高峰期，一幢幢高楼、一个个新城在人们洋溢的自信中拔地而起，她的很多观点在当时显得那样的格格不入。

②

> 江南好，风景旧曾谙。
> 日出江花红胜火，春来江水绿如蓝，
> 能不忆江南？
> ——〔唐〕白居易《忆江南·江南好》

在简·雅各布斯的心中，沉甸甸的倒不是烟雨江南，而是她那份对于美国都市生活的田园憧憬。在《美国大城市的死与生》中，简老太太宣言般地提出，城市的本质在于多样性，城市的活力来源于多样性。看看一个甲子之前，一些看起来普普通通、具体琐碎的观点,不被触动,有点难。

城市的韵律

街边步道要连续,有各类杂货店铺,才能成为安全健康的城市公共交流场所。街区要短小,社区单元应沿街道来构成一个安全的生活网络。城市应该分解成高效的、尺度适宜的社区单位。

公园绿地和城市开放空间并不是当然的活力场所,周边应与其他功能设施相结合才能发挥其公共场所的价值。城市地区至少要有两种以上的相混合的主要功能,以保证在不同的时段都能够有足够的人流来满足对一些共同设施的使用。

大型旧城改造工程,特别是救济式住房项目,不能与城市原有的物质和社会结构相割裂,改造后的工程必须能重新融入原有城市的社会经济和空间肌理。城市需要不同年代的旧建筑,不是因为它们是文物,而是因为它们的租金便宜从而可以孵化多种创新性的小企业,有利于促进城市的活力……

每个城市有每个城市的特点,雅各布斯的观点不一定适用,但她那一份人文主义规划情怀,是我们不应缺失的。刘易斯·芒福德在他的鸿篇《城市发展史》中,也提出过一个设问:我们是要一个完美的蜂窝(Sub-human Hive)还是一个充满生机的城市?答案,不言自明。

二、古城传承·渐入佳境

> 复叠江山壮,平铺井邑宽。
>
> 人稠过杨府,坊闹半长安。
>
> ——〔唐〕白居易《齐云楼晚望偶题十韵》

阖闾大城经过近 40 年的发展,人稠坊闹,繁华非常。如同中国的很多城市一样,变化迅猛,有时甚至让人措手不及。这城市化、工业化节奏与古城保护的精雕细琢,一快一慢,如何协调处理,的确非常具有挑战性。以现在的视野去追溯多年前的一些城市规划决策,可能不是最理想的,但的确是在当时的客观条件与理念水平上,比较正确的选择。

　　举个例子,有人说苏州城西狮山片区的规划不好,工厂与住宅毗邻。这就是不知道历史的揣度了。20 世纪 90 年代初,苏州就有意保护 14 平方公里的古城,迁出部分古城内的企业,并在城西建设新区。当时规划面积 6.8 平方公里,除古城迁出的工业企业外,还吸引外资企业,并布局住宅、娱乐、商业等配套设施。就这个关于 6.8 平方公里的决策,还有观点认为太过大胆,引起过不小的争论。想想 20 年间,古城西部的行政管理区域从 6.8、25、52,一路增加到 258 平方公里。以现在的视角,去揣度当时冲破陈规的勇敢决策,未免有失公允。

　　再举个古城内的例子,干将路是古城内东西向主干道,穿越古城段为 3.5 公里,经过拓宽改造后,联通了古城两侧的东园(工业园区)西区(高新区)。但拓宽过程中,拆掉了一些历史建筑和传统街区。有人说,当时就应该前瞻性地想到,会有地铁,就不必去动古城中心区域了。其实,站在 1993 年的苏州,相信还真没人能预料,20 多年后,这个小小的旅游城市,会拥有几路地铁,几路现代轻轨,三圈绕城公路……

　　再优秀的城市规划师都不会设计"虫洞",无法预见如此迅速的工业化与城市化节奏啊。

北风一夕阻东舟,清早飞帆落虎丘。
运数本来无得丧,人生万事不须谋。
——〔宋〕王安石《苏州道中顺风》

　　一会儿逆风一会儿顺风,让诗人感叹起命运人生来。城市的发展,也从来不是线性的,有快有慢,有扩张也有收缩。

　　由于飞速的发展,回头看,很多城市规划可能难以适应今天的要求。那么，经过 30 多年快速城市化的进程，我们的视域、格局应该已经拓展得足够宽广，技术、艺术储备也已经足够充分。在此时、在此刻、在此地，我们对自己的要求必须更高。

行走过岁月

记得笔者的系主任老彼得上课时常举剑桥中心新建的商业综合体为例，讲古城保护与商业开发之间的博弈。这个建筑处于核心历史街区，各方有一堆担心——立面影响整条街古老建筑风格，人流车流影响市中心交通，对周边小商铺产生的冲击、噪声对旁边居民的影响……经过几年时间的评估、沟通、修改、论证，才得以开工建设。当时觉得好笑，为这最多两三万平方米的商业楼，为周边这些最多两三百年的"古迹"，犯得着吗？过了这些年，再来看看自家古城中一些令人遗憾之处，想想在很多时候，还真是应该多一份较真的"傻劲"。

在拥有千年文化积淀的城市中，在经济社会快速发展的背景下，更需要雅各布斯式的人文情怀，更需要苏州刺绣般的精细操作，将一座更具历史文化意韵的古城留给后人。2012 年，苏州将古城区的沧浪、平江、金闾三个行政区合并成立"姑苏区"，并设立苏州国家历史文化名城保护区，担起古城统筹保护的重任——从散点的古典园林、古民居，直到成片历史街区、古城风貌……

通过保护与发展，历史文化与现代文明交融，人文景观与自然景观融合，古城将成为一个古典园林的博览区、历史文化遗产的聚集区和苏式生活的体验区。而在大苏州范围内，水乡古镇密布，例如甪直、周庄、锦溪、千灯、沙溪、木渎、同里、西山、东山、陆慕、光福、震泽、黎里等等，加上明月湾、陆巷、三山岛等极具特色的古村落，都是吴地历史文化珍宝，都需要我们保护、传承、发展下去。

> 太湖东西即长洲,临水孤城远若浮。
>
> 雨过云收山泼黛,管弦歌动酒家楼。
>
> ——〔宋〕杨备《长洲》

雨过云收山泼黛,讲的是风景;管弦歌动酒家楼,写的是生活。在苏州,已经有9座列入《世界文化遗产名录》的古典园林:沧浪亭、狮子林、拙政园、留园、网师园、环秀山庄、退思园、艺圃、耦园。再加上500处各级文物保护单位,260多处控制保护古建筑,800多处古桥、古井、古牌坊、古砖雕门楼等古构筑物,分布在苏州各处,我们的身边。以昆曲、古琴等非物质文化遗产为代表,加上各类民间手工艺、吴地生活场景,也时不时地出现在现代苏州人的生活中。

如果说苏州园林是一颗颗镶嵌在古城中的珍珠,那么山塘、平江等街区就是"珠线",古城的整体保护就是"珠帘"。点线面的结合,说起来容易,但涉及方方面面。通过一个个街区的改造提升,就像是一块块拼图,能将苏州古城区域 步 步、块 块地保护起来。在这个过程中,通过不断调整具体工作方法,在实践中不断扬弃,历史文化名城的整体风貌就能进一步彰显出来。

近来,古城内陆续提出了9个片区的概念:阊门桃花坞片、拙政园片、平江路片、怡园观前片、天赐庄片、盘门片、虎丘片、西园留园片、寒山寺片。相信通过今后的努力,古城保护与适度开发相结合,必将因地制宜地找准保护和发展的契合点。

一方面能在完善公共设施,改善居住环境的基础上,让区域内的居民保持着传统的生活方式与市井文化;另一方面进一步挖掘出古城的文化元素和文化内涵,实现古城历史积淀的可持续发展。

朱户千家室，丹楹百处楼。
水光摇极浦，草色辨长洲。

——〔唐〕李绅《过吴门二十四韵》

苏州的城市规划体系，以古城为核心，从一开始的城西开发，到东园西区"一体两翼"，再到如今的"一核四城"，苏州千万市民在共同筑园、筑城、筑梦。根据《苏州市新型城镇化与城乡发展一体化规划》，苏州在未来五年将以"1450"——一个中心城区（苏州），4个副中心城市（昆山、太仓、常熟、张家港）和50个中心镇的空间形态，全力推进新型城镇化和城乡一体化发展。

随着一系列古建筑保护、园林保护、历史文化名城名镇保护、城市紫线管理、历史街区保护的地方法规和管理办法出台，古城保护越来越深入市民心中。同时，贝聿铭、陈从周、罗哲文、郑孝燮、周干峙、阮仪三等一大批专家学者都曾为苏州古城保护出谋划策；以金山帮匠人为代表的一大批建筑业者，也在不断恢复老工艺，探索新技艺。

繁华在园林

古代苏州园林的辉煌，在于园主、文人、工匠的合力。如今，市民、学者、业界三方合力，物质文化遗产和非物质文化遗产保护齐头并进，保护、利用与发展三者相互协调。

盛世园兴，苏州园林与园林苏州前景光明。

结　语

①

　　苏州园林,就像是一首首凝固的诗,一幅幅立体的画。而在这诗情画意中荡漾开来的,是一曲雅乐:

　　按照陈从周先生的提法,是花影、树影、云影、水影、风声、水声、鸟语、花香,无形之景,有形之景,交响成曲。(《园林谈丛》)

　　按照金学智先生的观点,园林是以文学、书法、绘画、雕刻、工艺美术、盆景以及音乐、戏曲等门类艺术作为和声协奏的,既宏伟繁富而又典雅的交响乐。(《中国园林美学》)

　　行走苏州园林,品味着诗之情、画之意,聆听着典雅的古乐,透过一扇扇花窗漏窗,我们看了古今园林,道了城市规划,说了中外建筑,聊了吴地文化……

②

　　园林生活,门外是熙熙攘攘的繁华都市,门内是舒缓精致的苏式生活。门内门外弥漫开来的,是万千雅韵:

　　陈继儒总结园林生活的种种:净几明窗,一轴画,一囊琴,一只鹤,一瓯茶,一炉香,一部法帖;小园幽径,几丛花,几群鸟,几区亭,几拳石,几池水,几片闲云。(《小窗幽记》)

　　计成说起园林生活的节奏:夏天凉亭浮白,冰调竹树风生;冬日暖阁偎红,雪煮炉铛涛沸;夜雨芭蕉,晓风杨柳。(《园冶》)

　　行走苏州园林,片山勺水、古木回廊,都在诠释着千百年来的苏式生活,等待着与我们对话。

3

这些年,城市波澜壮阔的大发展中,每一个人都开足了马力,因为身边人都在飞奔,跑得青春飞扬,跑得汗水流淌,跑得喜悦自信;吴地,也在每个普通人的飞奔中,以超高速的发展,走过了一个堪称样板的发展路程。

从20世纪70年代末,到整个80年代,苏州抓住机遇,以大量农村劳动力资源,加上"星期天工程师"式的初阶技术引进,让苏南大地乡镇企业如雨后春笋般发展起来。这与明清极盛时家家织机、商户云集的情形,颇有些神似。

从90年代开始,依托上海的辐射带动,苏州主动承接国际产业转移,电子信息等产业迅速发展,一批知名的外资企业在这里落户,开放型经济、开发区模式全国闻名。

新世纪以来,苏州硬是搬来了很多高校和科研院所,以自主知识产权为着力点,同时抓住外资企业的溢出效应,在后工业化时代着力大众创业,万众创新,奋力以发展促转型。

目前,上海启动了全球科技创新中心建设,这是继农村改革、乡镇企业发展、浦东开发开放后,苏州面临的又一次重大历史机遇。以苏南自主创新示范区为抓手,全面创新驱动发展战略,这座古城正在新的时代中,蓄力新的飞越。

城市形态方面,变化更是惊人。最近一次区划调整后,苏州城区面积已经扩至2910平方公里,城市化率已经达到70%以上。随着三圈环线,以及多条地铁轻轨通车,"一核四城"、"1450"的城市形态与城市功能不断完善。

最让人惊喜的是,城乡一体化的推进,不仅模糊了城市与乡村的界线,更让城乡居民在收入、养老、卫生、教育方面的差别越来越小。

4

不过,有时自信满满的我们也会偶尔走神,一时忘记奔向何处,或是究竟为什么而飞奔。直到一些对个体而言,无奈、无力、无言的事情,跳出来提醒我们,也许是一场突降的浓重雾霾,一次揪心的工厂事故,一个代工厂的突然关门闪人……苏州经过多年的高速发展,城市快速扩张,发展水平已经相当高,但并非没有隐忧。

这时候,的确适合去园林中走一走,静一静,想一想。园林精神所推崇的是胸怀旷达,淡泊名利,但决不是舍弃拼搏竞争。苏式生活是精、是雅、是人文,但绝不是让人慢下来,更不是让我们停一停,等一等。

范仲淹说"进亦忧,退亦忧",也是在提醒我们,有忧患意识,要问题导向,要调整前行。在新的时期,在崛起的长三角都市群中找准定位,注入新内涵,勇闯新路径,亦是这座古老而又充满活力的城市更上一层楼的关键所在。

依托古城文化底蕴,千年历史积淀,现代的张家港精神、昆山之路、园区理念、高新区创新……在吴地雅乐雅韵中,适时地三省吾身,适时地凝精聚神。沉下心来,积蓄能量,微调方向,抓石有痕,稳增长中促转型,新常态下新启程,从历史、从文化、从他山吸收更多,将是园林苏州前行的强大动能。

行走园林苏州,让我们更好地从园林中汲取经验,建设身边的园林社区、园林街区、园林城市、苏式乡村。

行走园林苏州,人文渊薮、精雅艺术,无不体现了吴地的文化软实力,这是城市的根与魂,期盼着我们一代又一代地传承。

行走园林苏州,在"人间天堂"中生活的每个人,都能从悠远的历史、深厚的文化中吸取养分,以各自的努力与创新,为这个城市谱写新的篇章。

一个经济强、百姓富、环境美、社会文明程度高的城市,一座至臻至美的园林城市,让苏州土著、新苏州人,乃至洋苏州人,携手同行,奋力追寻。

行走苏州园林,栖居园林苏州。

且行,且珍惜。

主要参考书目

［1］陈从周:《园林谈丛》,上海文化出版社,1980

［2］刘敦桢:《苏州古典园林》,建筑工业出版社,1980

［3］童寯:《江南园林志》,建筑工业出版社,1963

［4］周维权:《中国古典园林史》,清华大学出版社,1990

［5］金学智:《苏州园林》,苏州大学出版社,1999

［6］阮仪三:《江南古典私家园林》,译林出版社,2012

［7］邵忠:《苏州古典园林艺术》,中国林业出版社,2001

［8］曹林娣:《凝固的诗,苏州园林》,中华书局,1996

［9］曹林娣:《中国园林艺术论》,山西教育出版社,2001

［10］罗哲文:《世界文化遗产:苏州古典园林》,古吴轩出版社,1999

［11］居阅时:《园道:苏州园林的文化涵义》,上海人民出版社,2012

［12］王毅:《翳然林水:心中国园林之境》,北京大学出版社,2014

［13］宁晶:《日式庭园读本》,中国电力出版社,2012

［14］张家骥:《中国造园论》,山西人民出版社,2003

［15］魏嘉瓒:《苏州古典园林史》,三联书店出版社,2005

［16］杨晓山:《私人领域的变形:唐宋诗歌中的园林与玩好》,江苏人民出版社,2009

［17］徐叔鹰:《苏州地理》,古吴轩出版社,2010

［18］王稼句:《苏州山水》,苏州大学出版社,2000

［19］周秦:《苏州昆曲》,苏州大学出版社,2004

［20］苏简亚:《苏州文化概论》,江苏教育出版社,2008

［21］Michael Marme: Suzhou: Where the Goods of All the Provinces Converge, Stanford University Press, 2005

［22］Paolo Santangelo: Urban Society in Late Imperial Suzhou, Cities of

Jiangnan in Late Imperial China, by Linda Cooke Johnson（Editor）, State University of New York Press, 1993

［23］刘易斯·芒福德:《世界城市发展史——起源、演变和前景》,中国建筑工业出版社,2004

［24］奥利·吉勒姆:《无边的城市——论战城市蔓延》,中国建筑工业出版社,2007

［25］彼得·霍尔:《城市和区域规划》,中国建筑工业出版社,2008

［26］文丘里:《建筑的复杂性与矛盾性》,中国水利水电出版社,2006

［27］赵冈:《中国城市发展史论集》,新星出版社,2006

［28］汉宝德:《如何欣赏建筑》,生活·读书·新知三联书店,2013

［29］刘敦桢:《中国古代建筑史》,中国建筑工业出版社,1980

［30］葛剑雄:《中国人口史》,复旦大学出版社,2002

［31］宗白华:《美学散步》,上海人民出版社,1981

［32］黑格尔:《美学》,商务印书馆,1984

［33］计成:《园冶注释》,陈植校注,建筑工业出版社,1998

［34］文震亨:《长物志校注》,陈植校注,江苏科学技术出版社,1984

［35］范成大:《吴郡志》,江苏古籍出版社,1986

［36］沈复:《浮生六记》,江苏古籍出版社,2000

［37］李渔:《闲情偶寄》,作家出版社,1996

［38］朱长文:《吴郡图经续记》,江苏古籍出版社,1986

［39］顾禄:《桐桥倚棹录》,上海古籍出版社,1980

［40］李斗:《扬州画舫录》,上海古籍出版社,1982

［41］姚承祖:《营造法原》,中国建筑工业出版社,1986

后 记

笔者并非苏州园林这个包罗众多学科的大课题中,任何一个门类的专家学者,只是一个生于斯、长于斯,也终将老于斯、归于斯的苏州土著。

儿时的苏州城,的确是个带着点儿脂粉气的小城,小桥流水,岁月静好。但有点儿太过安静了,少年时憧憬着离开,后来也的确离开过六年。借用沈从文的一句话:我行过许多地方的桥,看过许多次的云,喝过许多种类的酒,却只爱过一个正当最好年龄的人。无论是行走在石头城的梧桐大道,行走在剑河的百座小桥,还是更多的城市、港口、乡村,看人来人往,世事纷纷,心中越来越惦记的,是家乡的事和家乡的人。

现在想来,少年时父母的期盼叮咛大都作了耳旁之风,但有两句话一直记得,算是小市民人家最朴素的家风。第一句来自祖母,我出生时她早已仙逝。她常对父亲说要"吃得苦中苦"。第二句是父亲的"多读书做杂家"。现在想来,也正是祖母的这一句话和一大堆杂书,支撑他这个 20 世纪 50 年代的南大毕业生,在大西北荒原的地质队中,度过了近 20 年的青春岁月。

我们这一代,小时候物质虽然比较缺乏,但与父辈比起来,苦中苦是一点儿都没吃过。不过,说到这杂家,由于机缘巧合,倒也已经实现了一半:三心二意地读了国际商务、中美政治、规划经济,杂七杂八地在同一家单位打了一连串工:六年外资招商,三年办公室研究室,四年厂房基建,一年在最西部乡镇,最近几年又在做科技招商,服务大众创业万众创新。

我和我身边的很多人,用了一大半职业生涯,吸引很多国内外优秀企业在这里发展,在苏州从一个旅游城市变成工业强市的过程中,有过自己的一份努力与付出。同时作为一个普通市民,也享受到了快速发展所带来的自豪与喜悦。但在后工业化时代,和国内很多城市一样,我们直接面对的就是浓浓的雾霾。在高速发展带来激情、信心甚至是有些自大之时,闷闷地挨上大自然的一记绵绵八卦掌,那一份反思与无奈才更让人痛彻心扉。

其实,对于城市形态的保护与发展、城市文化的传承与延续等课题,平日里累积的想法很多,有时也用 Evernote 记下点滴,但是成日里忙忙碌碌,真正有机会提笔成集的少之又少。35 岁时为拿个学位,在剑桥读了一年规划经济,学得还算轻松,又没心思与 20 岁的人一起疯,有点闲暇就用脚步丈量小城,泡在学院图书馆里写了一本《行走剑桥》(凤凰出版社,2010)。

那么,对于我生活的城市呢?来本《行走苏州》,这题目就太大了,苏州早已经不是"小苏州",而是个千万人口的大都市,对于家乡的真情实感,得从小一点的题目写出来,更为实在。思来想去,苏州园林便是最好的载体。说起这园林,因为从小浸润其中,年少时并不以为意。好在故乡对于人的塑造,虽是涓涓细流,但在府学道山下的幼年、在瑞云峰边的三载、在家附近的沧浪之水……点点滴滴,早就刻在心坎里,嵌到骨头缝里去了。

子曰的四十不惑和老外曰的中年危机,都太绝对了些。四十人生,步子不一定要慢下来,新常态下稳步向前;但是,心境真是应该静下来,多些思考与感悟。无惑无忧无强求,不急不争不远游。也正因为有了这种心态,才适合去读读苏州园林,这部集文化、艺术、建筑、规划于一体的鸿篇。

借用沈复《浮生六记》开篇的一段:"正值太平盛世,且在衣冠之家,居苏州沧浪亭畔,天之厚我,可谓至矣。东坡云:事如春梦了无痕,苟不记之笔墨,未免有辜彼苍之厚。"生于长于沧浪亭边的我,于是就有了这个付诸笔墨、记录园林的想法。

夜阑人静,轻轻关上书房门,泡上一壶清茶,听上两曲古琴,班门弄斧地写一写苏州园林,算作是给自己迈入不惑之年的一份礼物。不过,因为完全用的是晚上和周末时间,这一年,欠着年近八十老父母的近郊踏青,欠着资深美女志菁一大堆要追的美剧,欠着云翔小帅哥每个周末的枪神记、使命召唤、骑砍、LOL 对战……

匆匆搁笔。错漏之处不少,还请方家包涵。

2015 年于菁云小筑

后记

263